普通高等教育土建学科专业"十二五"规划教材

高等学校建筑环境与能源应用工程专业规划教材

供 热 工 程

（上册 供暖工程）

邹平华　主编

邹平华　方修睦　王　芃　倪　龙　编著

石兆玉　主审

中国建筑工业出版社

图书在版编目(CIP)数据

供热工程（上册 供暖工程)/邹平华主编. —北京：中国建筑
工业出版社，2017.12（2023.4重印）
普通高等教育土建学科专业"十二五"规划教材
高等学校建筑环境与能源应用工程专业规划教材
ISBN 978-7-112-21162-3

Ⅰ.①供…　Ⅱ.①邹…　Ⅲ.①供热系统-高等学校-教材
Ⅳ.①TU833

中国版本图书馆 CIP 数据核字(2017)第 214172 号

本书为普通高等教育土建学科专业"十二五"规划教材，分上、下两册。

本书根据建筑环境与能源应用工程专业课程基本要求和专业培养计划的课程体系编写。在上册——供暖工程中全面系统地阐述了以热水和蒸汽作为热媒的集中供暖系统的构成、工作原理和设计方法，介绍了有关供暖设备的基本知识。

本书体现了编写组多年来从事"供暖工程"的教学经验和科研工作体会，反映了国内外供暖工程领域的最新研究进展，汲取了国内外供热工程教材的精华。力求文字通俗易懂，简明扼要；图形表现注重清晰、标准和突出重点。内容系统性强，为教学和自学提供便利。每章后附形式多样的思考题与习题，利于加深对所学内容的理解。通过扫描部分章节附带的二维码，可观看知识点动画与图片（部分为付费观看），便于扩大学生的知识面和增强学习兴趣。

本书可作为建筑环境与能源应用工程专业的教材，亦可作为其他有关专业的参考教材，还可作为从事供热通风空调工程设计、制造、安装和运行人员的工作参考用书。

为了更好地支持相应课程的教学，我们向采用本书作为教材的教师提供课件，有需要者可与出版社联系。

建工书院：http://edu.cabplink.com/index
邮箱：jckj@cabp.com.cn　电话：010-58337285

责任编辑：齐庆梅
责任校对：王宇枢　刘梦然

普通高等教育土建学科专业"十二五"规划教材
高等学校建筑环境与能源应用工程专业规划教材
供热工程　（上册 供暖工程)
邹平华　主编
邹平华　方修睦　王　芃　倪　龙　编著
石兆玉　主审

*

中国建筑工业出版社出版、发行（北京海淀三里河路9号）
各地新华书店、建筑书店经销
北京红光制版公司制版
北京君升印刷有限公司印刷

*

开本：787×1092毫米　1/16　印张：11½　字数：284千字
2018年6月第一版　2023年4月第五次印刷
定价：26.00元（定价不含动画内容）
ISBN 978-7-112-21162-3
(30329)

前　言

供热工程广泛应用于国民经济各个部门，与能源应用、环境保护、节能减排、雾霾治理和提高生活质量密切相关。为了使供热系统经济、节能、安全、可靠运行，需要有一大批具有专门知识的专业人才。学习《供热工程》，为培养这一类专门人才打下必要的基础。

《供热工程》根据建筑环境与能源应用工程专业课程基本要求和专业培养计划的课程体系编写。书中总结了编制组近年来在"供热工程"教学中的经验和科研工作体会，反映了国内外供热工程领域的最新研究成果，汲取了国内外供热工程教材中的精华。

全书分为上、下两册：上册——供暖工程；下册——集中供热。两册内容相对独立，可以全选或单选使用。

供热工程（上册　供暖工程）中分别介绍了热水供暖系统和蒸汽供暖系统。全面系统地阐述了常见各类集中供暖系统的构成和工作原理；热水供暖系统等温降和非等温降的水力计算方法；低压蒸汽和高压蒸汽供暖系统的水力计算方法；散热器、暖风机和辐射板等散热设备的工作原理、布置和选用计算。书中各章节既相对独立又相互联系。

在编写过程中作者注意深入浅出，前后呼应；结合国情，外为中用。叙述文字简单明确；图文配合诠释概念和原理；图形表达侧重突出重点；例题与水力计算方法匹配。扩展和延伸了单管式供暖系统的形式，高层建筑供暖系统的形式，单、双管供暖系统的最佳调节公式等内容。

为了扩大学生的知识面和学习兴趣，加强对系统和设备工作原理等知识的理解，书中部分章节增加了可扫描的二维码，以供观看与教学内容相关的图片和动画（其中一部分为免费观看，另一部分用▶标记的为低价收费观看）。此项工作为初次尝试，图片和动画数量有限，有待今后补充和完善。

在使用本教材时，可视实际的教学时数及课程安排取舍。为此在一些章节编号后标以星号（＊），以示可作为选修或自学的内容。

本书可作为高等工科院校建筑环境与能源应用工程专业"供热工程"课程的教材，亦可作为相关专业教学参考，还可作为从事供热通风空调工程设计、制造、安装和运行人员工作参考用书。

本书由邹平华、方修睦、王芃、倪龙合编，邹平华担任主编。绪论由邹平华编写；第1章由方修睦、王芃、倪龙合编；第2章～第4章由邹平华编写；第5章由邹平华、王芃合编；第6章由方修睦、邹平华、王芃合编。王芃为本书成稿做了大量辅助工作。

本书承蒙清华大学石兆玉教授细致审阅，提出了不少宝贵意见，在此谨致衷心谢意。

在本书编写过程中，得到了本学科专业指导委员会的支持和鼓励，得到了中国建筑工业出版社领导的支持，中国建筑工业出版社齐庆梅编辑做了大量的组织工作。在此一并向他们表示衷心感谢。

由于时间仓促和编者水平有限，错误和不妥之处在所难免，恳请批评指正。如有意见和建议，可寄送哈尔滨工业大学（Email：zph@hit.edu.cn，cahnburg@hit.edu.cn）。索取教材配套ppt，可发邮件至 jiangongshe@163.com。

目 录

绪　　论

　　供暖是室外温度下降到某一水平，用人工方法向建筑物供给热量并保持一定的室内温度，创造适宜的生活或工作条件的技术。供暖的主要目的是冬季为人们创造温暖、舒适的生活或工作环境，供暖设施是寒冷地区保证人的身体健康、提高生活质量和工作效率、提高产品质量的基本建筑设备。冬季采取怎样的手段将热量送到室内？当室外温度不断变化时，如何保证室内温度维持在一定的水平？怎样消耗最少的燃料、对环境影响最小，而获得最好的供暖效果？面对五花八门的供暖产品市场，如何选择合适的供暖设备？房间要选多大的管道、用多少散热设备，才能取得满意的供暖效果？为了解答上述问题和其他有关供暖的问题，让我们共同走进《供暖工程》。

1. 供暖系统

　　供暖工程是将热能应用于室内供暖的工程。供暖系统是实现供暖的硬件系统。

　　（1）供暖系统的基本组成及其工作原理

　　供暖系统由热源、管道系统和散热设备三个基本部分组成，分别生产、输送和应用热能。热媒将热源生产的热能通过管道系统送到散热设备中，将三个部分有机联系成一个系统。散热设备向室内散热实现供暖的功能。热媒有热水、蒸汽和热烟气，其中热水和蒸汽为常用热媒。用示意图来初步了解供暖系统的基本原理和构造。

　　图1为简单的热水供暖系统示意图。热水供暖系统以热水为热媒。热源1制备的热水由循环水泵6提供动力，沿供水管2进入散热设备3，在散热设备中向建筑物5的房间散热而降低温度，沿回水管4回到热源重新加热。

　　图2为简单的蒸汽供暖系统示意图。蒸汽供暖系统以蒸汽为热媒。蒸汽锅炉1生产的

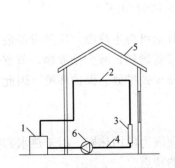

图1　热水供暖系统示意图

1—热源；2—供水管；3—散热设备；
4—回水管；5—建筑物；6—循环水泵

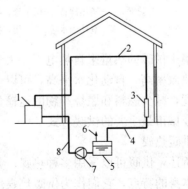

图2　蒸汽供暖系统示意图

1—蒸汽锅炉；2—供汽管；3—散热设备；4—凝结水管；
5—凝结水箱；6—放气管；7—凝结水泵；8—室外凝结水管

蒸汽靠自身压力沿供汽管 2 进入散热设备 3，在散热设备内定压冷凝向房间供暖；冷凝水沿凝结水管 4 自流入凝结水箱 5；凝结水经凝结水泵 7 加压，沿室外凝结水管 8 送回到锅炉重新加热。放气管 6 用于排放系统内的空气。

（2）集中供暖与局部供暖

供暖系统分为集中供暖系统和局部供暖系统。局部供暖是热源、管道系统和散热设备在结构上合为一体或者设置在同一单体建筑内，直接在建筑物内生产、传输和应用热量的供暖方式。图 1 其实就是一个户式热水供暖系统，是典型的局部供暖系统。户式热水供暖系统的热源以往采用小锅炉，现在可采用电锅炉或燃气壁挂炉。我国北方的火墙、火炕，国外的壁炉等烟气供暖，各种使用电热和燃气供暖设备等的供暖方式都属于局部供暖的范畴。集中供暖是热源和散热设备分别设置，由热源通过管道向多个建筑物供暖的方式。图 3 为热水集中供暖系统示意图。由热源 1 向多个建筑物供暖（图中仅示意性地给出 3 个）。热源可以是独立的锅炉房，也可以是供应热能的大型集中供热热源（热电厂或大型锅炉房）的热力站（转换供热介质种类、改变供热参数、分配、控制及计量供给热用户热量的综合体）。在换热器 2 中室外管网与室内供暖系统的循环水交换热量，室外管网中温度为 τ_g 的循环水由供水管 6 进入换热器，将热量传递给室内供暖系统的循环水后温度降至 τ_h，由回水管 7 回到热源。供暖热用户的循环水从换热器获得热量，温度升至 t_g（$\tau_g > t_g$），经供水管 3 输送至散热设备 5，向室内散热后温度降至 t_h，并由回水管 4 回到换热器被重新加热。室内供暖系统和室外供热管网分别为两个互相隔绝的系统，循环水泵 8 和 9 分别给这两个系统提供循环动力。

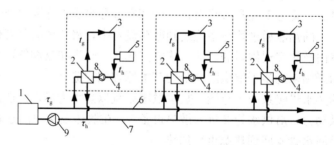

图 3　集中热水供暖系统示意图

1—热源；2—换热器；3—供水管；4—回水管；5—散热设备；6—室外供水管；

7—室外回水管；8—用户循环水泵；9—室外管网循环水泵

由于集中供暖的热量来自热电厂、大型锅炉房或其他可再生热源。热源设备最主要的优越性是热效率高，自动化水平高，可以节省热能、节省燃料、减少排放物，节省劳动力和劳动强度，减少燃料和燃烧产物的运输量，有利于减少碳排放、保护环境。因此集中供暖成为当今城市最主要的供暖方式。

（3）供暖热媒

如上所述，供暖可以采用多种热媒，其中热水和蒸汽为常用热媒。由于热水和蒸汽这两种介质本身的特点，它们作为供暖热媒也具有不同的特点。

1）热水作为热媒的主要特点

优点：有利节能减排，经济性好。供水温度低，漏水量小，散热损失小。可随室外温度的变化调节供热量。热水供暖温度较蒸汽低，可降低热电厂的抽汽压力，降低热电厂的标煤耗量和提高经济性。室内温度波动小，人体舒适度高；散热设备表面温度低，室内卫生条件好，因而供暖质量好。易损和需要经常维护的部件少，运行管理较简单，维修费用低。管道和设备锈蚀较轻，使用寿命长。

缺点：散热设备传热系数和传热温差小，相同设计热负荷下所需供暖设备面积多；管径大，初投资高。输送热水时，循环水泵消耗电能，运行费用高。发生事故时，热水供暖系统的管道与设备易产生冻结危害。水的密度大，系统高度相同时水产生的压头大，因此，用于高层建筑需要分区，以避免压头超过散热设备的承压能力。

2) 蒸汽作为热媒的主要特点

优点：蒸汽依靠自身的压力输送，运行费用低。蒸汽供暖时散热设备传热系数和传热温差大，所需散热设备面积小，凝结水管道管径小，初投资低。停止供热时不存在冻害。蒸汽密度比水小得多，用蒸汽向高层建筑高层部分供给热量，不存在超压问题。

缺点：蒸汽温度高，易漏汽，凝结水回收率不高，散热损失大，能耗高。只能采用间歇调节，室内温度波动大，舒适度差。蒸汽供暖时散热设备表面温度高，灰尘在高温时分解加剧，室内空气质量差。蒸汽作热媒热得快、冷得快。蒸汽和凝结水在管道内流动时伴随相变，状态多变，部件需要经常维护，管理复杂，维修费用高。管道（特别是凝结水管）和设备氧腐蚀严重，使用寿命短。

热水凭借在节能环保、供暖质量、运行管理、使用寿命和经济效益等方面的优势，成为当前国内外住宅和公用建筑集中供暖的主要热媒。工业企业有生产用汽时的厂房、间歇生产的车间和需要临时供暖的场合，可以用蒸汽作为热媒。工业企业的办公楼等辅助建筑可以用蒸汽制备热水供暖。

2. 国内外供暖技术发展概况

人类生存、发展与热能利用相随、相伴，供暖是人类应用热能的主要方式。人类社会的进步史也是热能利用技术进步的历史。社会进步和技术经济发展促使和推动供暖技术的发展与进步。其中供暖作为集中供热的主要热负荷，其发展与机械、电力工业生产的发展、机械制造技术的进步和设备的开发密不可分。从最原始的直接燃烧固体燃料的辐射供暖到火炉、壁炉等利用烟气的局部辐射供暖，从局限于一个建筑物内的热水或蒸汽供暖发展到向多个建筑物的集中供暖。

(1) 国外供暖技术发展概况

人们在考古活动中发现早在古罗马、土耳其和希腊等国家的王族宫殿中就有应用地板辐射供暖的遗迹。后来俄罗斯等欧洲国家的壁炉、西伯利亚的火炕、日本和韩国的地炕都应用了辐射供暖的原理。这些采用热烟气的供暖方式都属于局部供暖。

采用热水和蒸汽的供暖技术起源于欧洲。不同资料所记载的发明年代有差别，但都在17世纪以后，发明者也众说纷纭。1675年，英国工程师埃文林在温室中用热水供暖。1745年英国上校提出蒸汽供暖的建议，但未实际应用。1784年蒸汽机发明家詹姆斯·瓦特用蒸汽给自己的办公室、公司浴池和纺织厂供暖，从此蒸汽供暖得到越来越广泛的应用。19世纪40年代，资本主义生产完成了从工场手工业向机器大工业过渡的阶段，西方国家进入了工业革命时代。工业革命使供暖技术的发展进入了一个新的阶段，创造出热水锅炉和金属散热器。在俄罗斯，第一个热水供暖系统出现于 1834 年。19 世纪 90 年代在德国出现了双管热水供暖系统。20 世纪 30～40 年代在苏联有垂直式和水平式单管供暖系统的应用。1905 年出现辐射供暖系统。1907 年俄罗斯圣·彼得堡儿童医院的 13 栋楼采用了自然循环热水供暖系统，1909 年在圣·彼得堡剧院出现了机械循环热水供暖系统，集中供暖渐具规模。1917 年十月革命后，集中供暖快速发展，供暖技术走在世界前列，出现了一批杰出的专家和学者，研究了与供暖有关的建筑热工、供暖系统设计计算的基本理论和供暖系统形式，20 世纪 30 年代或更早已有供暖教科书出版。苏联解体后，技术进步相对迟缓。欧美国家发展集中供暖的情况与各国的气候和能源及其政策有关。一些欧美国家（例如美国、英国等）在民用建筑中仍然以户式局部供暖为主。丹麦、芬兰、德国等欧洲国家注重集中供暖，20 世纪 40 年代国外新型钢制散热器问世，结束了长期应用铸铁散热器的历史。由于不耐腐蚀，钢制散热器也曾一度被禁用，经过几十年改进制造工艺和加强供暖系统水处理后又重新投入市场。北欧国家研发了一系列新型散热器、换热器、调节阀、控制器和各类仪表等，行销世界许多国家。由于能源危机，20 世纪 70 年代以后一些欧洲国家注重推行分户计量供暖，取得良好的节能效果。

（2）中国供暖技术发展概况

我国在远古时代就有钻木取火的传说，西安半坡遗址出土的新石器时代仰韶时期的房屋中就发现了方形灶坑，屋顶设有小孔用来排烟。夏商周时期出现供暖火炉，汉代出土文物中有带炉箅子的炉灶和带烟道的局部供暖设备。至今在北京故宫和颐和园还有保存完整的火地，是早期采用烟气进行地板辐射供暖的典型实例。其他简单的辐射供暖，如火墙、火炕、火炉等在北方农村沿用至今。

在旧中国供暖事业基础非常薄弱。只在比较发达的大都市（如北京等），以及受国际化影响（如哈尔滨等）和有外国租界地的大城市（上海、天津等）的一些高档建筑物中装有供暖设施，当时被人们认为是稀有的、高贵的室内建筑设施。新中国成立后，从 20 世纪 50 年代开始发展集中供暖，当时铸铁散热器品种单一，不少是仿制品（例如大 60 型、小 60 型和 M132 型等），传热性能不佳。20 世纪 50、60 年代供暖热媒采用蒸汽和热水，20 世纪 70 年代以后由于节能和提高供暖质量等原因，在民用建筑中开展了大规模的"汽改水"工程。20 世纪 70 年代开始生产暖风机。20 世纪 80 年代开始生产钢制散热器，改进铸铁散热器。2000 年之后出现各种材质的散热器，并引进和生产了其他新型供暖设备（如电热膜、加热电缆和预制辐射板等），满足了经济水平提高、生活品位不同的人们对散热设备的要求。

以前供暖系统形式主要采用垂直式双管和单管系统，单管系统尤其流行，只在一些公共建筑的厅堂和会议室局部采用水平式单管系统。2000 年后，开始采用共用立管的分户式系统，户内为水平式系统，增加了计量和控制装置。20 世纪 70 年代前除曾在为数不多的工厂和公共建筑采用过辐射供暖之外，主要采用对流供暖。近年来随着新型塑料管材的问世，地板辐射供暖得到大力推广。

在发展集中供暖的初期几乎没有自动控制手段，冷热不均现象严重，能耗指标高。随着各种调节阀的引进和研发、流量计量仪表的不断问世，供暖系统的自控水平和调节手段不断提高，取得了可观的节能效果。直到 20 世纪 80 年代集中供暖普及率还不高。改革开放以后，随着国民经济建设的持续高速发展和社会生活水平的提高，我国的集中供暖事业迅速发展。截至 2015 年末，全国城市集中供暖总面积已达到 67.2 亿 m^2，不少矿区、林区和农场等人们集中居住的地方也实现了集中供暖，普及率迅速提高，对提高居民生活质量和推动经济发展，建设现代化城市起到重要作用。

20 世纪 50 年代，我国主要学习苏联的供暖技术和翻译苏联的供暖教材。50 年代后期原哈尔滨建筑工程学院和西安冶金学院等高校编写了本校用教材，在此基础上于 60 年代初出版了适应我国社会发展和需求的供暖与供热教材。80 年代，原哈尔滨建筑工程学院、西安冶金建筑工程学院、天津大学、太原理工大学等高校进一步提升了这些教材的水平，对推动国内供暖技术的发展和应用、培养技术人才起到积极作用。

经过数十年众多专业技术人员的不断努力，1975 年建设部颁布了《工业企业采暖通风和空调调节设计规范》TJ 19—75，于 1987 年颁布了适合我国国情的《采暖通风与空气调节设计规范》GBJ 19—87，2003 年对该规范全面修订并颁布了《采暖通风与空气调节设计规范》GB 50019—2003，之后针对民用建筑和工业建筑进行细化，于 2012 年和 2015 年分别颁布了《民用建筑供暖通风与空气调节设计规范》GB 50736—2012 和《工业建筑供暖通风与空调设计规范》GB 50019—2015。近年来还颁布了一系列其他有关供暖的标准规范。这些标准和规范总结了我国在专业领域的实践经验，反映了各时代的研究成果，借鉴了有关国际标准和国外先进标准，对提高行业技术水平和推动技术进步起到了重要作用。

总之，国内外供暖技术走过了由局部供暖发展到集中供暖，由自然循环到机械循环供暖，由小规模到大规模，由简单到复杂的系统形式的发展历程。当前的集中供暖与集中供热密不可分。集中供暖的热源多来自集中供热热源。提高能效、减低供暖能耗、开发再生能源来满足经济和社会发展对供暖的需求是不断努力的目标。

3. 教材内容

本教材分上、下两册，上册为供暖工程，下册为集中供热。考虑可根据教学计划或需要单选或全选，两册内容相对独立。在本书（上册 供暖工程）中全面阐述以热水和蒸汽为热媒的室内供暖系统的形式、结构和工作原理，供暖设计热负荷的计算，管道系统水力计算的基本原理和计算方法，散热设备的性能和选择计算。有关集中供暖的室外管网和热源等内容将在本教材的下册介绍。加注（＊）号的章节，可根据教学需要和教学时数选修。

我国的供暖事业已得到空前的发展，从理论到实践技术水平都有极大的提升，但还有许多理论研究、产品开发和应用研究工作有待开展。特别是工程粗放、供暖能耗指标高、调节控制手段差的局面还需要进一步改变，在减轻失调提高供暖系统的能源效率、降低单位面积能耗指标、提高管道输送效率、降低碳排放指标、提高自控和智能化水平等方面与国际先进水平还有差距，需要一大批专业人才进行研究和实践。希望通过本教材的学习，能为培养具有供暖系统设计、运行、管理和产品开发的基础知识和技能，能实现供暖系统高效、节能、环保运行的专门人才奠定基础。

第1章 供 暖 热 负 荷

热负荷是单位时间内的供热量或耗热量。热负荷大小与许多因素有关，而这些影响因素也可能是变化的。设计供暖系统所采用的热负荷称为设计热负荷。如设计热负荷取值偏大，则将增大管道系统的管径和设备容量，增大投资；设计热负荷取值偏小，可减小管道系统管径和设备容量、降低投资，但可能不满足供热要求，应正确、合理地确定设计热负荷。

1.1 供暖室内、外计算温度

1.1.1 供暖室外计算温度

供暖室外计算温度 t_w' 是热负荷计算的重要基础数据。如采用过低的 t_w' 值，会使供热系统的造价增加；如采用值过高，则不能保证供暖效果。

目前国内外选定供暖室外计算温度的方法，可以归纳为三种：一种是根据围护结构的热惰性原理来确定，另一种是采用不保证率的方法来确定，第三种是根据不保证天数的原则来确定。

围护结构的热惰性原理是苏联建筑法规规定供暖室外计算温度采用的方法。它规定的供暖室外计算温度要按 50 年中最冷的八个冬季里最冷的连续 5 天的日平均温度的平均值确定。通过围护结构热惰性原理分析得出：在采用 2½ 砖实心墙情况下，即使昼夜间室外温度波幅为 ±18℃，外墙内表面的温度波幅也不会超过 ±1℃，对人的舒适感没有影响。根据热惰性原理确定的供暖室外计算温度偏低。

美国、加拿大、日本等国家一般采用不保证率的方法，计算参数并不唯一，选择空间较大。美国、加拿大以全年 8760 小时为基础（日本以 11～2 月为基础），按 99.6% 和 99% 的两种累积保证率计算，得出 2 个设计干球温度，让设计者选择。一般根据所选的级别不同，每年冬天最多允许有 35 个小时或 88 个小时不满足供暖要求。

不保证天数方法的原则是：允许有几天时间可以低于规定的供暖室外计算温度值，亦即允许这几天室内温度可低于室内计算温度 t_n 值。不保证天数根据各国规定而有所不同，有规定 1 天、3 天、5 天等。

目前我国现行《民用建筑供暖通风与空气调节设计规范》规定："供暖室外计算温度应采用历年平均不保证 5 天的日平均温度。"对大多数城市来说，是指将 1971 年 1 月 1 日至 2000 年 12 月 31 日共 30 年的历年日平均温度进行升序排列，通过按历年平均不保证 5 天时间的原则对数据进行筛选计算后得到。与采用热惰性原理对比，采用不保证 5 天的方法确定 t_w' 值，使我国大部分城市的 t_w' 值普遍提高了 1～4℃，从而降低了供暖系统的设计热负荷并节约了费用，而对供暖效果无太大影响。由此确定的供暖室外计算温度，大体上与采用 97.5% 保证率的不保证率方法计算的 t_w' 数值相当。

我国幅员辽阔，由于地理纬度、地势等条件的不同，各地气候差异较大，气象基本要素直接影响建筑围护结构及建筑能耗。我国《严寒和寒冷地区居住建筑节能设计标准》中根据采暖度日数 $HDD18$ 和空调度日数 $CDD26$ 将严寒和寒冷地区共分为 5 个气候子区，见表 1-1。

建筑热工设计严寒与寒冷地区区划指标　　　　　表 1-1

二级区划名称	区划指标	
严寒 A 区（1A）	$6000{\leqslant}HDD18$	
严寒 B 区（1B）	$5000{\leqslant}HDD18{<}6000$	
严寒 C 区（1C）	$3800{\leqslant}HDD18{<}5000$	
寒冷 A 区（2A）	$2000{\leqslant}HDD18{<}3800$	$CDD26{\leqslant}90$
寒冷 B 区（2B）		$CDD26{>}90$

注：1. $HDD18$ 是将一年中室外日平均温度低于 18℃ 时的温度差值累加；

　　2. $CDD26$ 是一年中室外日平均温度高于 26℃ 时的温度差值累加。

1.1.2 室内计算温度

室内计算温度 t_n 是指室内距地面 2m 以内人们活动地区的平均空气温度。室内空气温度的选定应满足人们生活和生产工艺的要求。生产要求的室温，一般由工艺要求确定。生活用房间的温度，主要决定于人体的生理热平衡。它和房间的用途、室内的潮湿状况和散热强度、人的着衣状况、劳动强度以及生活习惯、生活水平等有关。

许多国家所规定的冬季室内温度在 16～22℃ 范围内。根据国内有关卫生部门的研究结果：当人体衣着适宜，保暖量充分且处于安静状况时，室内温度 20℃ 比较舒适，18℃ 无冷感，15℃ 是产生明显冷感的温度界限。冬季的热舒适（$-1{\leqslant}$PMV（预测平均投票数）$\leqslant+1$）对应的温度范围为：18～28.4℃。本着提高生活质量、满足室温可调要求，在到达舒适的条件下尽量考虑节能的原则，《民用建筑供暖通风与空气调节设计规范》选择偏冷（$-1{\leqslant}$PMV$\leqslant0$）的环境，将严寒和寒冷地区主要房间冬季供暖室内计算温度定为 18～24℃，大部分建筑供暖室内计算温度为 18～20℃，辐射供暖室内计算温度宜降低 2℃。设置值班供暖房间的冬季供暖室内计算温度不低于 5℃。

工业建筑供暖室内计算温度按下述原则确定：（1）生产厂房、仓库、公用辅助建筑的工作地点按作业人员的能量消耗程度确定供暖室内计算温度（见表 1-2）；（2）生活、行政辅助建筑及厂房、公用辅助建筑的辅助用室根据建筑用途确定供暖室内计算温度；（3）生产工艺对厂房有温、湿度要求时，按工艺要求确定。

工业建筑供暖室内计算温度　　　　　表 1-2

项目	供暖室内计算温度（℃）			备注
生产厂房、仓库、公用辅助建筑的工作地点	轻作业①	中作业②	重作业③	
	18～21	16～18	14～16	
	10	7	5	每名工人占用面积大于 50m²
生活、行政辅助建筑及厂房、公用辅助建筑的辅助用室	浴室、更衣室	办公室、休息室、食堂	盥洗室、厕所	
	≥25	≥18	≥14	

注：①能量消耗在 140W 以下的工种为轻作业工种，如仪表、机械加工、印刷、针织等；②能量消耗在 140～220W 的工种为中作业工种，如木工、钣金、焊接等；③能量消耗在 220～290W 的工种为重作业工种，如人力运输、大型包装等。

1.2 供暖设计热负荷

在某一室外温度 t_w 下，为了使建筑物达到要求的室内温度 t_n，由供暖系统在单位时间内供给的热量 Q_n，称为供暖热负荷。在室外计算温度 t'_w 下的供暖热负荷，称为供暖设计热负荷。它是设计供暖系统和选择设备的最基本依据。

要使室内空气温度保持不变，必须使室内的总失热量与总得热量保持相等，即

$$Q_1 + Q_2 + Q_3 = Q_n + Q_4 \tag{1-1}$$

式中　Q_1——围护结构传热耗热量，W；

　　　Q_2——加热由门、窗缝隙渗入室内的冷空气的耗热量，称冷风渗透耗热量，W；

　　　Q_3——加热由门、孔洞及相邻房间侵入的冷空气的耗热量，称冷风侵入耗热量，W；

　　　Q_4——太阳辐射进入室内的热量，W；

　　　Q_n——供暖系统供给室内的热量，W。

民用建筑中的其他得热量，如人体、炊事、电器设备和照明散热量等（统称为自由热），由于散热量不稳定，为了维持室内温度，一般按最不利条件，即自由热为零的工况来计算。这样，供暖设计热负荷 Q'_n 可用下式表示：

$$Q'_n = Q'_1 + Q'_2 + Q'_3 - Q'_4 \tag{1-2}$$

上式带 "′" 的上标符号均表示在设计工况下的各项数值。

对于工业建筑，在计算设计热负荷时还应考虑加热由外部运入的冷物料和运输工具的耗热量、通风耗热量、工艺设备和其他管道等热表面的散热量、热物料的散热量等。

在工程设计中，计算供暖设计热负荷时，常把围护结构的传热量 Q'_1 分成基本耗热量 $Q'_{1,j}$ 和附加（修正）耗热量 $Q'_{1,x}$ 两部分进行计算。基本耗热量是指在设计条件下，通过房间各部分围护结构（门、窗、墙、地面和屋顶等）从室内传到室外的稳定传热量的总和。附加（修正）耗热量是指围护结构的传热状况发生变化而对基本耗热量进行修正的耗热量。当将太阳辐射进入室内的热量纳入修正耗热量时，供暖设计热负荷可以表示为：

$$Q'_n = Q'_{1,j} + Q'_{1,x} + Q'_2 + Q'_3 \tag{1-3}$$

式中　$Q'_{1,j}$——围护结构的基本耗热量，W；

　　　$Q'_{1,x}$——围护结构的附加（修正）耗热量，W；

　　　其他符号同式（1-2）。

1.2.1 围护结构的基本耗热量

围护结构是指将室内与室外分隔开的所有建筑结构的总称，包括墙、门、窗、地面和屋顶等。

在工程设计中，围护结构的基本耗热量是按一维平壁稳定传热过程进行计算的。围护结构基本耗热量可按下式计算：

$$q' = KF(t_n - t'_w)a \tag{1-4}$$

式中 q'——围护结构基本耗热量，W；

K——围护结构传热系数，W/(m²·℃)；

F——围护结构面积，m²；

t_n、t'_w——分别为供暖室内计算温度和供暖室外计算温度，℃；

a——围护结构的温差修正系数。

整个建筑物或房间的基本耗热量 $Q'_{1,j}$ 等于各围护结构基本耗热量 q' 的总和。

$$Q'_{1,j} = \sum q' = \sum KF(t_n - t'_w)a \qquad (1-5)$$

1.2.1.1 围护结构的传热系数

1. 匀质多层材料组成的围护结构（平壁）的传热系数

一般建筑物的外墙和屋顶都属于匀质多层材料的平壁结构，其传热过程如图 1-1 所示。传热系数 K 值可用下式计算：

$$K = \frac{1}{R_0} = \frac{1}{\frac{1}{\alpha_n} + \sum \frac{\delta_i}{\alpha_{\lambda,i}\lambda_i} + R_k + \frac{1}{\alpha_w}} = \frac{1}{R_n + \sum R_i + R_k + R_w}$$

$$(1-6)$$

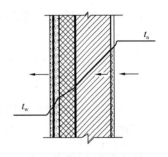

图 1-1 通过围护结构的传热过程

式中 K——由匀质多种材料（平壁）组成的围护结构的传热系数，W/(m²·℃)；

R_0——由匀质多种材料（平壁）组成的围护结构的传热阻，m²·℃/W；

α_n、α_w——分别为围护结构内表面、外表面的换热系数，W/(m²·℃)；

R_n、R_w——分别为围护结构内表面、外表面的换热阻，m²·℃/W；

λ_i——围护结构各层导热系数，W/(m·℃)；

$\alpha_{\lambda,i}$——材料导热系数修正系数；

δ_i——围护结构各层厚度，m；

R_i——由单层或多层材料组成的围护结构各材料层热阻，m²·℃/W；

R_k——封闭空气间层的热阻，m²·℃/W。

围护结构表面换热过程是对流和辐射的综合过程。围护结构内表面的换热是壁面与邻近空气的自然对流换热和与其他壁面的辐射换热；围护结构外表面的换热是由于风力作用产生的强迫对流换热和向天空及周围环境的辐射换热。工程计算中采用的换热系数分别列于表 1-3 和表 1-4。

内表面换热系数 α_n　　表 1-3

围护结构内表面特征	α_n[W/(m²·K)]
墙、地面、表面平整或有肋状突出物的顶棚，当 $h/s \leqslant 0.3$ 时	8.7
有肋、井状突出物的顶棚，当 $0.2 < h/s \leqslant 0.3$ 时	8.1
有肋状突出物的顶棚，当 $h/s > 0.3$ 时	7.6
有井状突出物的顶棚，当 $h/s > 0.3$ 时	7.0

注：h 为肋高（m）；s 为肋间净距（m）。

外表面换热系数 α_w 表 1-4

围护结构外表面特征	$\alpha_w[W/(m^2 \cdot K)]$
外墙和屋顶	23
与室外空气相通的非供暖地下室上面的楼板	17
闷顶和外墙上有窗的非供暖地下室上面的楼板	12
外墙上无窗的非供暖地下室上面的楼板	6

2. 由两种以上二向（或三向）非均质材料组成的围护结构（平壁）的传热系数

由多层非均质材料组成的围护结构的传热系数 K 按下式计算：

$$K = \frac{1}{R_0} = \frac{1}{R_n + \bar{R} + R_k + R_w} \tag{1-7}$$

式中　　K——多层非均质材料组成的围护结构的传热系数，$W/(m^2 \cdot ℃)$；

$\bar{R}$——多层非均质材料组成的材料层的平均热阻，$m^2 \cdot ℃/W$；

其他符号同式（1-6）。

$\bar{R}$ 按照《民用建筑热工设计规范》GB 50176—2016 中附录 C 的规定计算。

在严寒地区和一些高级民用建筑中，围护结构内常增加空气间层以减少传热量，如双层玻璃、空气屋面板、复合墙体的空气间层等。间层中的空气导热系数比组成围护结构的其他材料的导热系数小，增加了围护结构传热阻。空气间层传热同样是辐射与对流换热的综合过程。在间层壁面涂覆辐射系数小的反射材料，如铝箔等，可以有效地增大空气间层的换热热阻。对流换热强度，与间层的厚度、间层设置的方向和形状以及密封性等因素有关。当厚度相同时，热流朝下的空气间层热阻最大，竖壁次之，而热流朝上的空气间层热阻最小。同时，在达到一定厚度后，反而易于对流换热，热阻的大小几乎不随厚度增加而变化了。在工程设计中，封闭空气间层热阻 R_k 可查《民用建筑热工设计规范》GB 50176—2016。

3. 考虑结构性热桥的围护结构平均传热系数

我国的墙体以前以红砖为主，此时在建筑外围护结构中，墙角、窗间墙、凸窗、阳台、屋面、楼板、地板等处形成的结构性热桥对墙体传热系数的影响不大。因此在以前进行围护结构基本耗热量计算时，非透明类围护结构传热系数计算中忽略了结构性热桥的影响。门窗类的透明围护结构，将结构性热桥影响直接加在了门窗本体传热系数中（如双层木窗 $K=2.68W/(m^2 \cdot ℃)$），即包含了窗周边热桥的影响）。近些年我国围护结构变化较大，结构性热桥影响已经不能忽略。

围护结构传热系数应由围护结构平壁的传热系数 K 与结构性热桥产生的附加传热系数 ΔK 组成。为方便工程上应用，将附加传热系数折算到平壁传热系数上，则平均传热系数可以表示为：

$$K_p = K + \Delta K = K + \frac{\sum \psi_j l_j}{F} = \varphi K \tag{1-8}$$

式中　　K_p、K——分别为围护结构平均传热系数和围护结构平壁的传热系数，$W/(m^2 \cdot ℃)$；

ΔK——结构性热桥产生的附加传热系数，$W/(m^2 \cdot ℃)$；

l_j——围护结构第 j 个结构性热桥的计算长度，m；

ψ_j——围护结构第 j 个结构性热桥的线传热系数，W/(m·℃)；

φ——围护结构平壁传热系数的修正系数，可按附录 1-1 选取。

其他符号同式（1-4）。

ψ_j 的计算详见建筑热工规范。

4. 地面的传热系数

在冬季，室内热量通过靠近外墙的地面传到室外的路程较短，热阻较小；而通过远离外墙地面传到室外的路程较长，热阻较大。因此，室内地面的传热系数随着离外墙的远近而有变化，但在离外墙约 8m 以外的地面，传热量基本不变。基于上述情况，在工程中一般采用近似方法计算，把地面沿外墙平行的方向分成周边地面和非周边地面两个计算地带，周边地面为墙面内 2m 以内的地面，周边以外的地面应为非周边地面。外墙角周边地面面积重复计算 $2×2＝4m^2$ 的面积。地面传热系数 K_d 根据地面的保温层热阻查附录 1-2 确定。

5. 屋面和顶棚的综合传热系数

平面屋顶的传热系数按平壁传热系数公式计算。近些年坡屋面应用较多，当用顶棚面积计算其传热量时，采用屋面和顶棚的综合传热系数 K：

$$K = \frac{K_1 K_2}{K_1 \cos\alpha + K_2} \tag{1-9}$$

式中 α——屋面和顶棚的夹角；

K_1、K_2——分别为顶棚和屋面的传热系数，W/(m²·℃)；

α 见图 1-2。

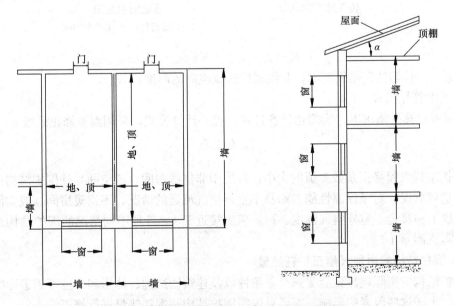

图 1-2 围护结构传热面积的尺寸丈量规则

（对平面屋顶，顶棚面积按建筑物外廓尺寸计算）

1.2.1.2 围护结构传热面积的丈量

不同围护结构传热面积的丈量方法按图 1-2 的规定计算。

外墙面积的丈量，高度从本层地面算到上层的地面。对平屋顶的建筑物，最顶层的丈量是从最顶层的地面到平屋顶的外表面的高度；而对有闷顶的斜屋面，算到闷顶内的保温层表面。外墙的平面尺寸，应按建筑物外廓尺寸计算。两相邻房间以内墙中心线为分界线。

门、窗的面积按外墙外面上的净空尺寸计算。

闷顶和地面的面积应按建筑物外墙以内的内廓尺寸计算。对平屋顶，顶棚面积按建筑物外廓尺寸（除挑檐部分）计算。

地下室面积的丈量，位于室外地面以下的外墙，其耗热量计算方法与上述地面耗热量的计算相同，但传热地带的划分，应从与室外地面相平的墙面算起，亦即把地下室外墙在室外地面以下的部分，看作是地下室地面的延伸，如图 1-3 所示。

1.2.1.3　温差修正系数

对供暖房间围护结构外侧不是与室外空气直接接触，而中间隔着不供暖房间（或空间）的场合（图1-4），通过该围护结构的传热量应为：

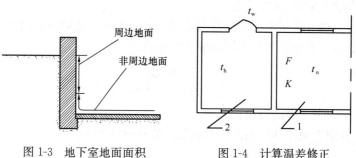

图 1-3　地下室地面面积　　　图 1-4　计算温差修正
传热地带的划分　　　　　　　系数的示意图
1—供暖房间；2—非供暖房间

$$q' = KF(t_n - t_h) = KF(t_n - t'_w)a \tag{1-10}$$

式中　t_h——传热达到热平衡时，非供暖房间或空间的温度，℃；

其他符号同式（1-4）。

t_h 要通过热平衡求得。为简化计算过程，统一计算公式，采用温差修正系数 a。

$$a = \frac{t_n - t_h}{t_n - t'_w} \tag{1-11}$$

围护结构温差修正系数 a 值的大小，取决于非供暖房间（或空间）外围护结构的保温性能和透气状况。对于保温性能差和易于室外空气流通的情况，不供暖房间（或空间）的空气温度 t_h 更接近于室外空气温度，则 a 值更接近于 1。各种不同情况的围护结构温差修正系数可见附录 1-3。

1.2.2　围护结构的附加（修正）耗热量

围护结构的实际耗热量会受到气象条件以及建筑物结构、体形和方位等因素影响而有所增减。由于这些因素的影响，需要对房间围护结构基本耗热量进行修正。

1.2.2.1　朝向修正耗热量

朝向修正耗热量是考虑太阳辐射对建筑物的有利作用和南北向房间的温度平衡要求而对围护结构基本耗热量的修正。太阳辐射对南北向房间影响不同，向阳面的围护结构较干燥，外表面和附近气温较高，围护结构向外传递热量较少；北向房间由于接受不到太阳直射，人们的实感温度低，而且墙体的干燥程度北向也比南向差，围护结构向外传递热量多。采用的修正方法是按围护结构的不同朝向，采用不同的修正率。需要修正的耗热量等于垂直的外围护结构（门、窗、外墙及屋顶的垂直部分）的基本耗热量乘以相应的朝向修正率。

在《民用建筑供暖通风与空气调节设计规范》中，朝向修正采用的是"南向附减，北向附加"的修正方法。冬季日照率≥35%的地区，可根据当地冬季日照率、辐射照度、建筑物使用和被遮挡情况，从图1-5中选用。对于冬季日照率≤35%的地区，东南、西南和南向修正率，宜采用-10%～0%，东、西两向可不修正。

1.2.2.2 风力附加耗热量

风力附加耗热量是考虑室外风速变化而对围护结构基本耗热量的修正。在计算围护结构基本耗热量时，表1-4中外表面换热系数 α_w 的数值是对应风速约为 3～5m/s 的计算值。我国大部分地区冬季平均风速一般为 2～3m/s。因此，《民用建筑供暖通风与空气调节设计规范》规定：在一般情况下，不必考虑风力附加修正，只对建在不避风的高地、河边、海岸、旷野上的建筑物，以及城镇、厂区内特别突出的建筑物，垂直外围结构基本耗热量进行风力附加修正；风力附加率取为 5%～10%。

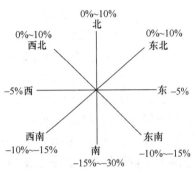

图 1-5　朝向修正率

1.2.2.3 两面外墙修正耗热量

当供暖房间有两面以上外墙时，拐角处换热条件变化使局部耗热量有所增加，对其外墙的基本耗热量附加5%。

1.2.2.4 窗墙面积比超大修正耗热量

当公共建筑房间的窗、墙（不含窗）面积比超过1:1时，窗的基本耗热量附加10%。

1.2.2.5 间歇供暖附加耗热量

对于夜间基本不使用的办公楼和教学楼等建筑，在夜间时允许室内温度自然降低，可按间歇供暖系统设计，间歇附加率应附加于房间各围护结构基本耗热量和其他附加（修正）耗热量的总和上，间歇附加率可取20%；对不经常使用的体育馆和展览馆等建筑，间歇附加率可取30%。如建筑物允许预热时间长，如2h，则其间歇附加率可以适当减少。

1.2.2.6 高度附加耗热量

高度附加耗热量是考虑房屋高度对围护结构耗热量的影响而附加的耗热量。在建筑物供暖耗热量计算中，为考虑室内竖向温度梯度，而导致围护结构上部的耗热量增大，常用两种不同的计算方法：

第一种方法是计算房间各部分围护结构耗热量时采用同一室内计算温度，当房间高于4m时计入高度附加值。

高度附加率，应附加于房间各围护结构基本耗热量和其他附加（修正）耗热量的总和上。民用建筑和工业辅助建筑物（楼梯间除外）的高度附加率，当房间高度大于4m时，每高出1m应附加2%。由于围护结构耗热作用等影响，房间竖向温度的分布并不总是逐步升高的，因此对高度附加率的上限值作了限制，规定总的附加率不应大于 15%。采用地面辐射板、吊顶辐射板或燃气红外线辐射供暖的房间，当房间高度大于 4m 时，每高出 1m，宜附加 1%，但总附加率不宜大于 8%。

建筑物或房间在室外供暖计算温度下，整个建筑物或房间的传热耗热量 Q'_1，可用下式综合表示：

$$Q'_1 = Q'_{1,j} + Q'_{1,x} = [\sum aK_m F(t_n - t'_w)(1 + x_{ch} + x_f + x_L + x_m)](1 + x_g)(1 + x_j)$$

$$(1\text{-}12)$$

式中 x_{ch}——朝向修正率，%；

       x_f——风力附加率，%；

       x_L——两面外墙修正率，%；

       x_m——窗墙面积比超大修正率，%；

       x_j——间歇附加率，%；

       x_g——高度附加率，%；

其他符号同式（1-3）和式（1-4）。

第二种方法是对于层高高于 4m 的生产厂房，采用不同的室内计算温度来计算房间各部分围护结构耗热量，其冬季室内计算温度 t_{nx}，按下列规定采用：

（1）计算地面的耗热量时，采用工作地点的温度，$t_{nx} = t_g$；

（2）计算屋顶和天窗耗热量时，采用屋顶下的温度，$t_{nx} = t_d$；

（3）计算门、窗和墙的耗热量时，采用室内平均温度，$t_{nx} = (t_g + t_d)/2$。

屋顶下的空气温度 t_d 受诸多因素影响，难以用理论方法确定。最好是按已有的类似厂房进行实测确定，或按经验数值，用温度梯度法确定，即

$$t_d = t_g + (H - 2)\Delta t \qquad (1\text{-}13)$$

式中 t_d、t_g——分别为屋顶下的空气温度和工作地点温度，℃；

       H——屋顶距地面的高度，m；

       Δt——温度梯度，℃/m。

建筑物或房间在室外供暖计算温度下，通过围护结构的传热耗热量 Q'_1，可用下式综合表示：

$$Q'_1 = Q'_{1,j} + Q'_{1,x} = [\sum aK_m F(t_{nx} - t'_w)(1 + x_{ch} + x_f + x_L + x_m)](1 + x_j) \quad (1\text{-}14)$$

式中符号同式（1-12）。

分析表明，在某些情况下，如室内散热量不大的机械厂房，两种计算方法所得的结果虽有差异，但出入不大。

此外，对于散热量小于 23W/m² 的生产厂房，当其温度梯度值不能确定时，可用工作地点温度计算围护结构耗热量，并按第一种方法规定的高度附加方法进行修正。

1.2.2.7 户间传热修正耗热量

当相邻房间温差小于 5℃时，为简化计算起见，通常不计入通过隔墙和楼板等的传热量。但当居住建筑的入住率不高，相邻住户供暖系统处于关闭状态或低室温状态下运行时，如果不计算户间传热量，那么，入住住户的室内温度就会达不到室内计算温度；因此当相邻房间温差≥5℃或通过隔墙和楼板等的传热量大于该房间热负荷的 10%时，应计算

户间传热量。户间传热量影响室内系统的初投资，因此在确定分户热计量供暖系统的户内供暖设备容量和户内管道时，应考虑户间传热对供暖设计热负荷的附加。如附加量取得过大，初投资也增加较多，规定附加量不宜超过设计热负荷的 50%。但是户间传热对供暖热负荷附加量的大小不影响热源、室外供热管网的初投资，对实施室温可调和供热计量收费的供热系统运行能耗的影响也较小，因此该附加热负荷不统计在供暖系统的总设计热负荷内。

1.2.3 冷风渗透耗热量

在风力和热压造成的室内外压差作用下，室外的冷空气通过门、窗等缝隙渗入室内，被加热后逸出。把这部分冷空气从室外温度加热到室内温度所消耗的热量，称为冷风渗透耗热量 Q_2。民用建筑和工业建筑冷风渗透耗热量计算方法不同。

1.2.3.1 民用建筑冷风渗透耗热量计算方法

在设计条件下，多层和高层民用建筑，加热由门窗缝隙渗入室内的冷空气的耗热量 Q'_2，可按下式计算：

$$Q'_2 = 0.278 V \rho'_w c_p (t_n - t'_w) \tag{1-15}$$

式中　Q'_2——加热由门窗缝隙渗入室内的冷空气的耗热量，W；

　　　V——经门、窗缝隙渗入室内的总空气量，m^3/h；

　　　ρ'_w——供暖室外计算温度下的空气密度，kg/m^3；

　　　c_p——冷空气的定压比热，$c_p=1.0056kJ/(kg \cdot ℃)$；

　　0.278——单位换算系数，$1kJ/h=0.278W$；

　　　其他符号同式（1-4）。

不考虑房间内所设人工通风作用的建筑物的渗风量计算方法有缝隙法和换气次数法。

（1）用缝隙法计算建筑的冷风渗透量

经门、窗缝隙渗入室内的总空气量与热压及风压大小有关。

1）只考虑风压作用时的冷风渗透量

对多层住宅或其他多层民用建筑，当楼梯间不采暖，且与楼梯间相通的房间有门，但经常关闭时，楼梯间内空气温度介于房间温度与室外温度之间时，经门、窗缝隙渗入室内的总空气量按下式计算：

$$V = \Sigma(lLn) \tag{1-16}$$

式中　l——房间某朝向上的可开启门、窗缝隙的长度，m；

　　　L——每米门窗缝隙的渗风量，$m^3/(m \cdot h)$，见表 1-5；

　　　n——缝隙渗风量的朝向修正系数，见附录 1-4。

每米门窗缝隙的渗风量 L [$m^3/(m \cdot h)$]　　　　表 1-5

门窗类型	冬季室外平均风速（m/s）					
	1	2	3	4	5	6
单层木窗	1.0	2.0	3.1	4.3	5.5	6.7
双层木窗	0.7	1.4	2.2	3.0	3.9	4.7

续表

门窗类型	冬季室外平均风速（m/s）					
	1	2	3	4	5	6
单层钢窗	0.6	1.5	2.6	3.9	5.2	6.7
双层钢窗	0.4	1.1	1.8	2.7	3.6	4.7
推拉铝窗	0.2	0.5	1.0	1.6	2.3	2.9
平开铝窗	0.0	0.1	0.3	0.4	0.6	0.8

注：1. 每米外门缝隙的渗风量，为表中同类型外窗的两倍。

2. 当有密封条时，表中数据可乘以 0.5~0.6 的系数。

门窗的缝隙的计算长度，建议按下述方法计算：当房间仅有一面或相邻两面外墙时，全部计入其门、窗的缝隙长度；当房间有相对两面外墙时，仅计入风量较大一面的缝隙长度；当房间有三面外墙时，仅计入风量较大的两面缝隙长度。

2）考虑热压与风压联合作用时的冷风渗透量

a. 热压作用

冬季建筑物的内、外温度不同，由于空气的密度差，室外空气在下部一些楼层的门窗缝隙进入，通过建筑物内部楼梯间等竖直贯通通道上升，然后在上层一些楼层的门窗缝隙排出。这种引起空气流动的压力称为热压。

假设沿建筑物各层完全畅通，建筑物的理论热压，可按下式计算：

$$P_r = (h_z - h)(\rho'_w - \rho_n)g \tag{1-17}$$

式中　P_r——理论热压，Pa；

　　ρ'_w、ρ_n——分别为供暖室外计算温度下的空气密度和室内计算温度对应的室内空气密度，kg/m³；

　　h、h_z——分别为计算高度和中和面（室内外压差为零的界面）标高（通常在纯热压作用下，可近似取建筑物高度的一半），m。

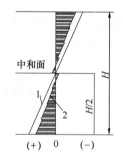

图 1-6　热压作用原理图

1—楼梯间及竖井热压分布曲线；2—各层外窗热压分布曲线

式（1-17）规定，热压差为正值时，室外压力高于室内压力，冷风由室外渗入室内。图 1-6 直线 1 表示建筑物楼梯间及竖直贯通通道的理论热压分布线。

实际上，建筑物外门、窗等缝隙两侧的热压差仅是理论热压 P_r 的一部分，其大小还与建筑物内部贯通通道的布置、门窗缝隙的密封性、建筑物内部隔断及上下通风等状况有关，即与空气从底层部分渗入而从顶层部分渗出的流通路程的阻力状况有关。为了确定外门、窗两侧的有效作用热压差，引入热压差有效作用系数（简称热压差系数）C_r。它表示有效热压差 ΔP_r 与相应高度上的理论热压差 P_r 的比值。其值见表 1-6。

有效热压差可按下式计算：

$$\Delta P_r = C_r P_r = C_r(h_z - h)(\rho'_w - \rho_n)g \tag{1-18}$$

式中符号同式（1-17）。

热压差系数 C_r   表 1-6

内部隔断情况	开敞空间	有内门或房门		有前室门、楼梯间门或走廊两端设门	
		密闭性差	密闭性好	密闭性差	密闭性好
C_r	1.0	1.0～0.8	0.8～0.6	0.6～0.4	0.4～0.2

b. 考虑热压与风压联合作用，且室外风速随高度递增时的计算方法。该方法为《民用建筑供暖通风与空气调节设计规范》规定的方法。

$$V = \sum(lL_0 m^b) \tag{1-19}$$

式中 m——风压与热压共同作用下，考虑建筑体形、内部隔断和空气流通等因素后，不同朝向、不同高度的门窗冷风渗透压差综合修正系数；

b——外窗、门缝隙的渗风指数，$b = 0.56～0.78$，当无实测数据时，可取 $b = 0.67$；

L_0——在单纯风压作用下，不考虑朝向修正和建筑物内部隔断情况时，通过每米门窗缝隙进入室内的理论渗风量，$m^3/(m \cdot h)$；

其他符号同式（1-16）。

L_0 按下式计算：

$$L_0 = a_1\left(\frac{\rho'_w}{2}v_0^2\right)^b \tag{1-20}$$

式中 a_1——外门窗缝隙渗风系数，当无实测数据时，可根据建筑外窗空气渗透性能分级的相关标准，按表 1-7 确定，$m^3/(m \cdot h \cdot Pa^b)$；

v_0——冬季室外最多风向的平均风速，m/s；

其他符号同式（1-16）、式（1-17）和式（1-19）。

外门窗缝隙渗风系数下限值   表 1-7

建筑外窗空气渗透性能分级	I	II	III	IV	V	VI	VII	VIII
$a_1[m^3/(m \cdot h \cdot Pa^{0.67})]$	0.1	0.2	0.3	0.4	0.5	0.6	0.75	0.86

门窗冷风渗透压差综合修正系数 m 按下式计算：

$$m = C_r \Delta C_f (n^{1/b} + C)C_h \tag{1-21}$$

式中 ΔC_f——风压差系数，在纯风压作用下，取建筑物迎背风两侧风压差的一半，当无实测数据时，可取 0.7；

C——作用于门窗上的有效热压差与有效风压差比；

C_h——渗风高度修正系数；

其他符号同式（1-16）、式（1-18）和式（1-19）。

渗风高度修正系数 C_h 按下式计算：

$$C_h = 0.3h^{0.4} \tag{1-22}$$

式中 h——计算门窗的中心线标高，从底层室内地坪算起，m。

作用于门窗上的有效热压差与有效风压差比 C 按照下式计算：

$$C = \frac{C_r(h_z - h)g}{C_r \Delta C_f C_h v_0^2 \rho_w} \frac{(\rho'_w - \rho_n)}{2} \tag{1-23}$$

化简后，C 值按下式计算：

$$C = 70 \frac{h_z - h}{\Delta C_f v_0^2 h^{0.4}} \frac{t'_{nL} - t'_w}{273 + t'_{nL}} \qquad (1\text{-}24)$$

式中　t'_{nL}——建筑物内形成热压作用的竖井内的空气计算温度，当走廊及楼梯间不供暖时，按温差修正系数取值，供暖时取为 16℃或18℃；

h_z——单纯热压作用下，建筑物中和面的标高，可取建筑物总高度的 1/2，m；

其他符号同式（1-4）、式（1-17）～式（1-21）。

计算 m 值和 C 值时，应注意：

① 如计算得出 $C \leqslant -1$ 时，即 $(1+C) \leqslant 0$，则表示在计算层处，即使处于主导风向朝向（$n=1$）的门窗也无冷风渗入，或有室内空气渗出。此时，同一楼层所有朝向门窗渗风量，均取零值。

② 如计算得出 $C > -1$，即 $(1+C) > 0$ 的条件下，计算出 $m \leqslant 0$ 时，则表示所计算的给定朝向的门窗无冷风渗入，或有室内空气渗出，此时，处于该朝向的门窗渗风量，取为零值。

（2）用换气次数法计算渗风耗热量——用于民用建筑的概算法

多层建筑的渗风量也可按房间的换气次数来估算。

$$V = n_k V_n \qquad (1\text{-}25)$$

式中　V_n——房间的内部体积，m³；

n_k——房间的换气次数，次/h，可按表 1-8 选用。

居住建筑的房间换气次数（次/h）　　　表 1-8

房间暴露情况	一面有外窗或门	两面有外窗或门	三面有外窗或门	门　厅
换气次数	0.25～0.67	0.5～1	1～1.5	2

【例题 1-1】北京一栋住宅建筑的总层数 $N=20$，层高 $h_c=2.9$m，竖井空气温度 +3.0℃，有户门，房间窗户朝向东北（$n=0.5$），窗缝渗风指数 $b=0.67$，外窗缝隙渗风系数 $a_l=0.3$m³/(m·h·Pa^b)，供暖室外计算温度 $t'_w=-7.6$℃，此时空气密度 $\rho'_w=1.33$kg/m³，冬季室外最多风向的平均风速 $v_0=4.7$m/s。试求该楼第 2 层、第 10 层及第 20 层的每米窗缝的渗风量。

【解】采用考虑热压与风压联合作用时冷风渗透量的计算方法。

（1）根据式（1-20）计算北京市的理论渗风量

$$L_0 = a_l \left(\frac{\rho_w}{2} v_0^2\right)^b = 0.3 \times \left(\frac{1.33}{2} \times 4.7^2\right)^{0.67} = 1.84 \text{ m}^3/(\text{m·h})$$

（2）根据式（1-22）计算高度修正系数

第 2 层（$h=4.35$）：$C_h = 0.3h^{0.4} = 0.3 \times 4.35^{0.4} = 0.54$

第 10 层（$h=27.55$）：$C_h = 0.3h^{0.4} = 0.3 \times 27.55^{0.4} = 1.13$

第 20 层（$h=56.55$）：$C_h = 0.3h^{0.4} = 0.3 \times 56.55^{0.4} = 1.51$

（3）根据式（1-24）计算有效热压差与有效风压差比 C

取热压系数 $\Delta C_f = 0.7$，则

第 2 层：$C = 70 \dfrac{h_z - h}{\Delta C_f v_0^2 h^{0.4}} \dfrac{t'_{nL} - t'_w}{273 + t'_{nL}} = 70 \times \dfrac{20 \times 2.9 \times 0.5 - 4.35}{0.7 \times 4.5^2 \times 4.35^{0.4}} \times \dfrac{3 + 7.6}{273 + 3} = 2.60$

第 10 层：$C = 70 \dfrac{h_z - h}{\Delta C_f v_0^2 h^{0.4}} \dfrac{t'_{nL} - t'_w}{273 + t'_{nL}} = 70 \times \dfrac{20 \times 2.9 \times 0.5 - 27.55}{0.7 \times 4.5^2 \times 27.55^{0.4}} \times \dfrac{3 + 7.6}{273 + 3} = 0.07$

第 20 层：$C = 70 \dfrac{h_z - h}{\Delta C_f v_0^2 h^{0.4}} \dfrac{t'_{nL} - t'_w}{273 + t'_{nL}} = 70 \times \dfrac{20 \times 2.9 \times 0.5 - 56.55}{0.7 \times 4.5^2 \times 56.55^{0.4}} \times \dfrac{3 + 7.6}{273 + 3}$
$= -1.04$

（4）根据式（1-21）计算 m

按有户门，且各门、窗缝隙气密性较好，由表 1-6 选取 $C_r = 0.6$，则

第 2 层：$m = C_r \Delta C_f (n^{1/b} + C) C_h = 0.6 \times 0.7 \times (0.5^{1/0.67} + 2.60) \times 0.54 = 0.67$

第 10 层：$m = C_r \Delta C_f (n^{1/b} + C) C_h = 0.6 \times 0.7 \times (0.5^{1/0.67} + 0.07) \times 1.13 = 0.20$

第 20 层：$m = C_r \Delta C_f (n^{1/b} + C) C_h = 0.6 \times 0.7 \times (0.5^{1/0.67} - 1.04) \times 1.51 = -0.43$

（5）根据式（1-19）求每米窗缝缝长的渗风量：

第 2 层：$V = L_0 m^b = 1.84 \times 0.67^{0.67} = 1.41 \text{ m}^3/(\text{m} \cdot \text{h})$

第 10 层：$V = L_0 m^b = 1.84 \times 0.20^{0.67} = 0.63 \text{ m}^3/(\text{m} \cdot \text{h})$

第 20 层：$V = L_0 m^b = 1.84 \times (-0.43)^{0.67} = -1.05 \text{ m}^3/(\text{m} \cdot \text{h})$

将第 20 层处于东北朝向的门窗冷风渗透量取为零值。

1.2.3.2 工业建筑冷风渗透耗热量计算方法

由于工业厂房较高，室内外温差产生的热压较大，因此单层工业厂房的门、窗缝隙冷风渗透耗热量 Q_2 可根据建筑物的高度及玻璃窗的层数，按表 1-9 列出的百分数进行估算。

渗透耗热量占围护结构总耗热量的百分率　　　表 1-9

玻璃窗层数	建筑物高度（m）		
	<4.5	4.5~10.0	>10.0
	百分率（%）		
单层	25	35	40
单、双层均有	20	30	35
双层	15	25	30

当车间内无其他人工通风系统工作，无天窗，无大量余热产生时，多层工业车间的外门窗缝隙每米缝长渗风量可按民用多层建筑渗风量计算；用缝隙法公式计算渗风量后，再计算其耗热。

1.2.4 冷风侵入耗热量

在冬季受风压和热压作用下，冷空气由开启的外门侵入室内。把这部分冷空气加热到室内温度所消耗的热量称为冷风侵入耗热量。

冷风侵入耗热量，按下式计算：

$$Q'_3 = 0.278 V_w c_p \rho'_w (t_n - t'_w) \tag{1-26}$$

式中　Q'_3——冷风侵入耗热量，W；

V_w——冷风侵入量，m^3/h；

其他符号同（1-15）。

由于冷风侵入量 V_w 不易确定，冷风侵入耗热量可采用外门基本耗热量乘以表 1-10 的百分数的简便方法进行计算。亦即：

$$Q'_3 = NQ'_{1,j,m} \tag{1-27}$$

式中　$Q'_{1,j,m}$——外门的基本耗热量，W；

　　　　N——考虑冷风侵入的外门附加率，按表 1-10 选用。

建筑物的阳台门不必考虑冷风侵入耗热量。表 1-10 中，一道门比两道门的附加值小，是因为一道外门的基本耗热量大。

外门附加率 N 值　　　　　　　　　　表 1-10

外门布置状况	附加率
一道门	$65n\%$
两道门（有门斗）	$80n\%$
三道门（有两个门斗）	$60n\%$
公共建筑和生产厂房的主要出入口	500%

注：n——建筑物的楼层数。

表 1-10 中的外门附加率，只适用于短时间开启的、无热风幕的外门。对于开启时间长的单层生产厂房的大门（大于 15min），冷风侵入量 V_w 可根据经验公式（1-28）确定，并按公式（1-26）计算冷风侵入耗热量。

$$V_w = \frac{3600[A + (a + Nv_{pj})F]}{\rho_w} \tag{1-28}$$

式中　a——系数，查《实用供热空调设计手册》，$kg/(s \cdot m^2)$；

　　　　A——系数，查《实用供热空调设计手册》，kg/s；

　　　　N——常数，kg/m^3；当大门尺寸为 3.0m×3.0m 时，$N=0.25$；当大门尺寸为 4.0m×4.0m 时，$N=0.2$；当大门尺寸为 4.7m×5.6m 时，$N=0.15$；

　　　　v_{pj}——冬季室外平均风速，m/s；

　　　　F——车间上部可能开启的排风窗或排气孔的面积，m^2。

对于车间内无机械通风造成的余压（或正或负）、无天窗、无大量余热的多层厂房冷风侵入耗热量，可按多层民用建筑冷风侵入耗热量计算方法计算。

【例题 1-2】哈尔滨市一单层民用办公建筑，层高 6m（图 1-7）。在夜间时允许室内温度自然降低。试计算其中会议室（101 号房间）的供暖设计热负荷。

已知围护结构条件：

外墙：构造见图 1-8，模数空心砖（240mm 厚，

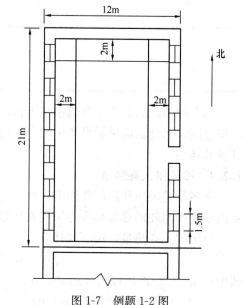

图 1-7　例题 1-2 图

13 排孔），$\lambda=0.44\mathrm{W/(m\cdot ℃)}$；EPS 苯板（聚苯乙烯泡沫塑料），$\lambda=0.033\mathrm{W/(m\cdot ℃)}$；混合砂浆，$\lambda=0.87\mathrm{W/(m\cdot ℃)}$，苯板导热系数修正系数 $\alpha_\lambda=1.05$。

外窗：双层塑钢窗。尺寸（宽×高）为 $1.5\times2.0\mathrm{m}$，$K=2.5\mathrm{W/(m^2\cdot ℃)}$。可开启部分的缝隙总长为 13m；每米缝隙的冷风渗透量 $L=1.35\mathrm{m^3/(m\cdot h)}$。

外门：双层木门。尺寸（宽×高）为 $1.5\times2.0\mathrm{m}$。$K=1.5\mathrm{W/(m^2\cdot ℃)}$。可开启部分的缝隙总长度为 6.3m。

屋面：见图 1-9，钢筋混凝土，$\lambda=1.74\mathrm{W/(m\cdot ℃)}$；XPS（挤塑聚苯乙烯泡沫塑料），$\lambda=0.032\mathrm{W/(m\cdot ℃)}$；水泥砂浆，$\lambda=0.93\mathrm{W/(m\cdot ℃)}$；混合砂浆，$\lambda=0.87\mathrm{W/(m\cdot ℃)}$，水泥珍珠岩，$\lambda=0.18\mathrm{W/(m\cdot ℃)}$，XPS 导热系数修正系数 $\alpha_\lambda=1.1$。

地面：室内外地坪高差 0.6m，地面采用 XPS 板满铺，保温层热阻 $R=0.5\mathrm{m^2\cdot ℃/W}$。

哈尔滨市室外气象资料：供暖室外计算温度 $t_\mathrm{w}'=-24.2℃$，冬季室外平均风速 $v_\mathrm{pj}=3.2\mathrm{m/s}$，$\rho_\mathrm{w}'=1.39\mathrm{kg/m^3}$。

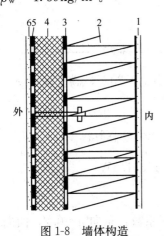

图 1-8　墙体构造

1—混合砂浆 20mm 厚；2—模数空心砖 240mm 厚（13 排孔）；3—胶粘剂；4—EPS 苯板保温层 100mm 厚；5—聚合物砂浆压入玻纤网格布；6—涂料面层

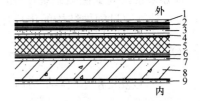

图 1-9　屋面构造

1—保护层；2—防水层；3—水泥珍珠岩找坡层 30mm 厚；4—水泥砂浆找平层 20mm 厚；5—XPS 板保温层 120mm 厚；6—隔气层；7—水泥砂浆找平层 20mm 厚；8—钢筋混凝土板 120mm 厚；9—混合砂浆饰面层 20mm 厚

【解】1. 计算围护结构传热耗热量

（1）计算外墙传热系数

由表 1-3 和表 1-4 查得内外表面的换热系数，忽略胶粘剂、玻纤网格布和涂料面层热阻，由式（1-7）计算围护结构的传热系数。

$$K=\cfrac{1}{\cfrac{1}{\alpha_\mathrm{n}}+\sum\cfrac{\delta_i}{\alpha_\lambda\lambda_i}+R_\mathrm{k}+\cfrac{1}{\alpha_\mathrm{w}}}$$

$$=\cfrac{1}{\cfrac{1}{8.7}+\cfrac{0.02}{0.87}+\cfrac{0.24}{0.44}+\cfrac{0.1}{1.05\times0.033}+\cfrac{1}{23}}$$

$$=0.28\ \mathrm{W/(m^2\cdot ℃)}$$

哈尔滨市为 I(B)区,由附录 1-1 查得 $\varphi=1.3$,由式(1-6)计算外墙平均传热系数。

$$K_m = \varphi K = 1.3 \times 0.28 = 0.36\ \text{W/(m}^2 \cdot \text{℃)}$$

(2)计算屋面传热系数

忽略保护层、防水层和隔气层热阻,由式(1-7)计算屋面的传热系数。

$$K = \cfrac{1}{\cfrac{1}{8.7} + \cfrac{0.02 \times 2}{0.93} + \cfrac{0.03}{0.18} + \cfrac{0.02}{0.87} + \cfrac{0.12}{1.74} + \cfrac{0.12}{1.1 \times 0.032} + \cfrac{1}{23}}$$

$$= 0.26\ \text{W/(m}^2 \cdot \text{℃)}$$

(3)根据地面保温层热阻 $R=0.5\text{m}^2 \cdot \text{℃/W}$,查附录 1-2 地面构造 2,得到:周边地面 $K_d=0.2\text{W/(m}^2 \cdot \text{℃)}$,非周边地面 $K_d=0.09\text{W/(m}^2 \cdot \text{℃)}$。

该建筑窗墙面积比<1:1,取 $x_m=0$。冬季室外平均风速<4m/s,取 $x_f=0$。

将各项填入表 1-11 中,求得修正后耗热量为:

$$Q'_1 = \sum aK_m F(t_n - t'_w)(1 + x_{ch} + x_f + x_L + x_m) = 12268.8\ \text{W}$$

(4)该办公楼按间歇供暖系统设计,取间歇附加率 $x_j=20\%$,高度修正 $x_g=4\%$。根据式(1-12)计算通过围护结构的传热耗热量 Q'_1 为:

$$Q'_1 = [\sum aK_m F(t_n - t'_w)(1 + x_{ch} + x_f + x_L + x_m)](1 + x_g)(1 + x_j)$$

$$= 12268.8 \times (1 + 0.04) \times (1 + 0.2) = 15311.5\text{W}$$

2. 计算冷风渗透耗热量 Q'_2

(1)根据附录 1-4,查得哈尔滨市的冷风朝向修正系数:东向 $n=0.2$,西向 $n=0.7$。只计算西向冷风渗透量。西向窗缝隙的总长度为 $6 \times 13 = 78\text{m}$。由式(1-16)得总冷风渗透量 V 为:

$$V = lLn = 78 \times 1.35 \times 0.7 = 73.7\text{m}^3/\text{h}$$

(2)由式(1-15)可得,加热由门窗缝隙渗入室内的冷空气的耗热量 Q'_2 为:

$$Q'_2 = 0.278V\rho_w c_p(t_n - t'_w) = 0.278 \times 73.7 \times 1.39 \times 1 \times [18 - (-24.2)] = 1201.8\ \text{W}$$

3. 计算外门冷风侵入耗热量 Q'_3

按开启时间不长的一道外门考虑。由表 1-10 可得:

$$Q'_3 = NQ'_{1,j,m} = 0.65 \times 1 \times 189.9 = 123.4\ \text{W}$$

4. 计算 101 房间供暖设计热负荷

$$Q'_n = Q'_1 + Q'_2 + Q'_3 = 15311.5 + 1201.8 + 123.4 = 16636.7\ \text{W}$$

所有计算结果见表 1-11。

表 1-11

房间耗热量计算表

房间编号	房间名称	围护结构名称及方向	面积计算	面积	传热系数 K	室内计算温度 t_n	供暖室外计算温度 t'_w	室内外计算温度差 $t_n-t'_w$	温差修正系数 a	基本耗热量 Q'_{1j}	朝向 x_{ch}	风力 x_f	两面外墙 x_L	窗墙面积比 x_m	$1+x_{ch}+x_f+x_L+x_m$	修正后耗热量1 Q'_{11}	高度修正 x_g	修正后耗热量2 Q'_{12}	间歇 x_j	围护结构耗热量 Q'_1
				m²	W/(m²·℃)	℃	℃	℃		W	%	%	%	%	%	W	%	W	%	W
1	2	3	4	5	6	7	8	9	10	11	12	13	14	15	16	17	18	19	20	21
101	会议室	北外墙	12×6	72	0.36					1093.8	0		5		105	1148.5				
		西外墙	21×6−6×1.5×2	108	0.36					1640.7	−5		5		100	1640.7				
		西外窗	6×1.5×2	18	2.5					1899.0	−5		5		100	1899.0				
		东外墙	21×6−6×1.5×2	108	0.36					1640.7	−5		5		100	1640.7				
		东外门	1.5×2	3	1.5	18	−24.2	42.2	1	189.9	−5	0	5		100	189.9				
		东外窗	5×1.5×2	15	2.5					1582.5	−5		5		100	1582.5				
		屋面	21×12	252	0.26					2764.9	0		0	0	100	2764.9	4			
		地面I	2×2×20.64+2×11.28	105.12	0.2					887.2	0		0	0	100	887.2				
		地面II	(20.64−2)×(11.28−4)	135.7	0.09					515.4	0		0	0	100	515.4				
		合计														12268.8		12759.6	20	15311.5

1.3 围护结构的最小传热阻

在进行围护结构设计时，为了限制通过围护结构的传热量过大，防止内表面水蒸气凝结，以及限制内表面与人体之间的辐射换热量过大而不满足人的基本热舒适需求，所规定允许采用的围护结构传热阻的下限值称为围护结构的最小传热阻。

在稳定传热条件下，围护结构传热阻、室内及室外空气温度、围护结构内表面温度之间的关系式为：

$$\frac{t_n - \theta_{i,w}}{R_n} = \frac{t_n - t_w}{R_0} \tag{1-29}$$

$$R_0 = R_n \frac{t_n - t_w}{t_n - \theta_{i,w}} \tag{1-30}$$

式中 R_0、R_n——分别为围护结构的传热阻和围护结构内表面换热阻，$m^2 \cdot ℃/W$；

t_n、t_w——分别为室内和室外空气温度，℃；

$\theta_{i,w}$——非透明围护结构内表面温度，℃。

在《民用建筑热工设计规范》中，将围护结构不结露和基本热舒适作为围护结构保温设计的目标。利用围护结构内表面温度与室内空气温度的温差 Δt_w 作为非透明围护结构保温设计的限值（见表1-12），设计时可根据建筑的具体情况酌情选用。

建筑的内表面温度与室内空气温度的温差限值　　　　　　　　表 1-12

房间设计要求	墙体		楼、屋面	
	防结露	基本热舒适	防结露	基本热舒适
允许温差 Δt_w（℃）	$\leqslant t_n - t_L$	$\leqslant 3$	$\leqslant t_n - t_L$	$\leqslant 4$

注：$\Delta t_w = t_n - \theta_{i,w}$，$t_L$ 为空气露点温度。

式（1-30）是稳定传热条件下得出的公式。实际上随着室外温度波动，围护结构内表面温度也随之波动。热惰性不同的围护结构，在相同的室外温度波动下，其内表面温度波动不同。用墙体的内表面温度与室内空气温度的温差限值 Δt_w 代替 $t_n - \theta_{i,w}$，用冬季室外热工计算温度 t_e 代替 t'_w，则可以得到满足表1-12要求的墙体最小传热阻值 $R_{min,q}$ 为：

$$R_{min,q} = \frac{t_n - t_e}{\Delta t_w} R_n - (R_n + R_w) \tag{1-31}$$

式中 $R_{min,q}$——满足 Δt_w 要求的墙体最小传热阻的值，$m^2 \cdot ℃/W$；

t_e——冬季室外热工计算温度，℃；

其余符号同式（1-7）和式（1-30）。

t_e 与围护结构的热惰性指标 D 有关，按围护结构热惰性指标 D 值分成四个等级（见表1-13）。当采用 $D > 6$ 的围护结构（所谓重质墙）时，采用供暖室外计算温度 t'_w 作为检验围护结构最小传热阻的冬季室外计算温度。当采用 $D \leqslant 6$ 的中型和轻型围护结构时，为了能保证与重质墙围护结构相当的内表面温度波动幅度，就得采用比供暖室外计算温度 t'_w 更低的温度，作为检验轻型或中型围护结构最小传热阻的冬季室外计算温度，亦即要求更大一些的围护结构最小传热阻值。

冬季室外热工计算温度　　　　　　　表 1-13

围护结构热惰性指标	计算温度（℃）
$6.0 \leqslant D$	$t_e = t'_w$
$4.1 \leqslant D < 6.0$	$t_e = 0.6t'_w + 0.4t_{e,min}$
$1.6 \leqslant D < 4.1$	$t_e = 0.3t'_w + 0.7t_{e,min}$
$D < 1.6$	$t_e = t_{e,min}$

注：表中 t'_w、$t_{e,min}$ 分别为供暖室外计算温度和累年最低日平均温度，℃。

匀质多层材料组成的平壁围护结构的 D 值，可按下式计算：

$$D = \sum_{i=1}^{n} D_i = \sum_{i=1}^{n} R_i s_i \tag{1-32}$$

式中　R_i——各层材料的传热阻，$m^2 \cdot ℃/W$；

　　　s_i——各层材料的蓄热系数，$W/(m^2 \cdot ℃)$。

材料的蓄热系数 s 值，可由下式求出：

$$s = \sqrt{\frac{2\pi c \rho \lambda}{Z}} \tag{1-33}$$

式中　c——材料的比热，$J/(kg \cdot ℃)$；

　　　ρ——材料的密度，kg/m^3；

　　　λ——材料的导热系数，$W/(m \cdot ℃)$；

　　　Z——温度波动周期，s（一般取 $24h = 86400s$ 计算）。

材料的密度以及建筑部位对 $R_{min,q}$ 均有影响，采用修正系数来修正不同材料和建筑不同部位对 $R_{min,q}$ 的影响，见下式：

$$[R_{min,q}] = \varepsilon_1 \varepsilon_2 R_{min,q} \tag{1-34}$$

式中　$[R_{min,q}]$——修正后的墙体热阻最小值，$m^2 \cdot ℃/W$；

　　　ε_1——热阻最小值的密度修正系数，按表 1-14 选用；

　　　ε_2——热阻最小值的温差修正系数，按表 1-15 选用。

在按照围护结构的密度确定密度修正系数 ε_1 时，对于内、外保温体系，应按扣除保温层后的构造计算围护结构的密度；对于自保温体系，应按围护结构的实际构造计算密度。当围护结构构造中存在空气间层时，若空气间层位于墙体（屋面）材料层一侧时，应按扣除空气间层后的构造计算密度；否则应按实际构造计算密度。

热阻最小值的密度修正系数 ε_1　　　　表 1-14

密度（kg/m^3）	$\rho \geqslant 1200$	$1200 > \rho \geqslant 800$	$800 > \rho \geqslant 500$	$500 > \rho$
修正系数 ε_1	1.0	1.2	1.3	1.4

注：ρ 为围护结构的密度。

热阻最小值的温差修正系数 ε_2　　　　表 1-15

部位	修正系数 ε_2
与室外空气直接接触的围护结构	1.0
与有外窗的不采暖房间相邻的围护结构	0.8
与无外窗的不采暖房间相邻的围护结构	0.5

【**例题 1-3**】沈阳市一住宅建筑的外墙为二砖墙（图 1-10），导热系数 $\lambda = 0.81\text{W}/(\text{m} \cdot ℃)$，$\rho = 1800\text{kg}/\text{m}^3$，$c = 1.05\text{kJ}/(\text{kg} \cdot ℃)$；内抹 20mm 石灰砂浆，$\lambda = 0.87\text{W}/(\text{m} \cdot ℃)$，$\rho = 1700\text{kg}/\text{m}^3$，$c = 1.05\text{kJ}/(\text{kg} \cdot ℃)$；外抹 20mm 水泥砂浆，$\lambda = 0.93\text{W}/(\text{m} \cdot ℃)$，$\rho = 1800\text{kg}/\text{m}^3$，$c = 1.05\text{kJ}/(\text{kg} \cdot ℃)$。室内计算温度 $t_n = 18℃$。试计算墙体传热系数，并与满足基本热舒适需求时，应采用的最小传热阻相对比。

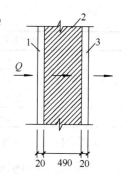

图 1-10　例题 1-3 图
1—石灰砂浆；
2—砖墙；
3—水泥砂浆

【**解**】1. 确定实际传热热阻

根据式（1-7）可得

$$R_0 = \frac{1}{\alpha_n} + \sum \frac{\delta_i}{\lambda_i} + \frac{1}{\alpha_w} = \frac{1}{8.7} + \frac{0.49}{0.81} + \frac{0.02}{0.87} + \frac{0.02}{0.93} + \frac{1}{23.0}$$

$$= 0.808\text{m}^2 \cdot ℃/\text{W}$$

$$K = \frac{1}{R_0} = \frac{1}{0.808} = 1.24\text{W}/(\text{m}^2 \cdot ℃)$$

2. 确定围护结构的热惰性指标

根据公式（1-32）可得

$$D = \sum_{i=1}^{n} D_i = \sum_{i=1}^{n} R_i s_i = \sum_{i=1}^{n} \frac{\delta_i}{\lambda_i} \sqrt{\frac{2\pi c_i \rho_i \lambda_i}{Z}}$$

$$= \frac{0.49}{0.81} \times \sqrt{\frac{2\pi \times 1050 \times 1800 \times 0.81}{86400}} + \frac{0.02}{0.87} \times \sqrt{\frac{2\pi \times 1050 \times 1700 \times 0.87}{86400}}$$

$$+ \frac{0.02}{0.93} \times \sqrt{\frac{2\pi \times 1050 \times 1800 \times 0.93}{86400}}$$

$$= 6.381 + 0.244 + 0.243 = 6.868 > 6$$

3. 确定围护结构的最小传热热阻

（1）沈阳市供暖室外计算温度 $t'_w = -16.9℃$，根据表 1-13 规定，该围护结构属重型结构。围护结构的冬季室外计算温度 $t_e = t'_w = -16.9℃$。

（2）查表 1-12，$\Delta t_w = 3℃$；根据公式（1-31）可得

$$R_{\text{min,q}} = \frac{t_n - t_e}{\Delta t_w} R_n - (R_n + R_w) = \frac{18 - (-16.9)}{3} \times \frac{1}{8.7} - \left(\frac{1}{8.7} + \frac{1}{23}\right) = 1.18 \text{ m}^2 \cdot ℃/\text{W}$$

砖砌体的密度 $\rho = 1800\text{kg}/\text{m}^3$，查表 1-14 和表 1-15，$\varepsilon_1 = 1.0$，$\varepsilon_2 = 1.0$，由式（1-34）可得满足基本热舒适需求时，$[R_{\text{min,q}}] = 1.18\text{m}^2 \cdot ℃/\text{W}$。

由于该外墙围护结构的实际传热热阻 $R_0 < [R_{\text{min,q}}]$，因此不满足基本热舒适需求。

复 习 思 考 题

1-1　我国供暖室外计算温度是如何确定的？

1-2　围护结构耗热量由哪几部分组成？各项附加（修正）耗热量是如何计算的，围护结构传热耗热量是如何计算的？

1-3　冷风渗透耗热量有哪几种计算方法？

1-4　供暖设计热负荷由哪几项组成？

1-5　温差修正系数是如何确定的？

1-6 围护结构的平均传热系数是如何确定的?

1-7 如何计算围护结构最小热阻?

1-8 长春市一单层民用建筑,层高3m(图1-11)。试计算该建筑的供暖设计热负荷。

已知外墙、外窗条件同例题1-1。地面:室内外地坪高差0.6m,地面采用XPS板满铺,保温层50mm厚;外门高2.0m,$K=1.5W/(m^2 \cdot \text{℃})$。屋面传热系数为$0.35W/(m^2 \cdot \text{℃})$,顶棚为20mm厚木屑板。

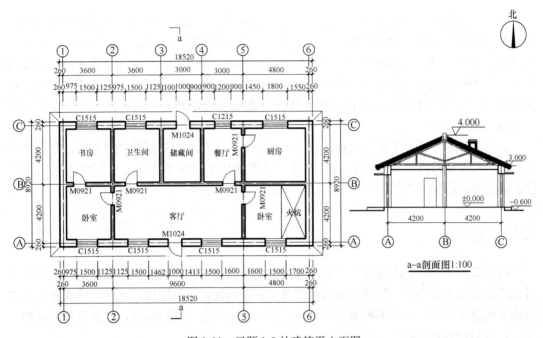

图 1-11 习题 1-8 的建筑平立面图

第2章 散热器热水供暖系统

供暖系统是"为使建筑物达到供暖目的，而由热源、散热设备和管道等组成的系统"。热媒是供暖系统中传递热能的媒介物（介质）。热媒在热源得到热量，沿管道输送到各散热设备，在散热设备内向供暖房间供热后再回到热源被重新加热。上述过程不断地重复进行，使供暖房间的室温保持在一定水平达到供暖目的。常见供暖系统按热媒不同分为热水供暖系统和蒸汽供暖系统（见第6章）。常用散热设备有散热器、暖风机（见第3章）和辐射板（见第4章）。

散热器热水供暖系统是用散热器作为供暖设备，以热水为热媒的供暖系统。散热器是目前国内外应用最多、最普遍的散热设备。散热器热水供暖系统是目前国内外应用最广泛、最主要的供暖系统。

2.1 散热器

散热器内部流通热水或蒸汽，表面掠过室内空气。热水流过散热器温度降低，蒸汽流过散热器凝结释放热量。散热器表面温度高于供暖房间的空气温度，从而将热媒释放出来的热量传递给房间。房间不断地获得热量，从而保持一定的室内温度，达到供暖的目的。

2.1.1 对散热器的要求

对散热器有以下四个方面要求：

（1）热工性能和机械性能好

热工性能要好，传热系数要高。在2.1.2中将介绍的各类散热器均采用不同的措施来获得好的热工性能和高的传热系数：优化散热器的外形和流道的结构和尺寸；增加外壁散热面积（如加翼（肋）片）；提高散热器周围空气流动速度（如钢制串片散热器加罩）；减少散热器各部件间的接触热阻（如钢制板式散热器的面板与背部对流片的牢固焊接、钢制串片式散热器的钢管与串片的紧密嵌套）；外表面涂饰辐射系数高的材料等。

散热器应具有一定的机械强度和承压能力，安装和使用中不易损坏，能承受供暖系统的最大工作压力。

（2）经济性指标高

金属热强度（指1kg质量的散热器、每1℃传热温差下的散热量（W/(kg·℃)））高或单位散热量成本（元/W）低的散热器，经济性指标高。相同供暖条件下，材质不同的散热器传热系数有较大差别，对相同材质的散热器，可使用金属热强度作为衡量经济性的指标之一。对不同材质的散热器，可计算单位散热量的成本作为衡量经济性的指标之一。

耐腐蚀、使用寿命长的散热器，经济性好。

（3）便于制造和安装

制造工艺应简单，适于批量生产，生产过程对环境和人员的不利影响要小。组对简便，便于组合成所需的散热面积。安装快捷。外形尺寸应较小，便于与建筑尺寸配合，少占用房间面积和空间。

（4）外形美观、便于清扫

外形应美观，与房间装饰协调。表面应光滑，易于清除积灰。

2.1.2 散热器的种类

散热器以辐射和对流方式向外传热。大多数散热器同时以对流和辐射散热，可将其称为"辐射器"；对流散热量几乎占100%的散热器，可称为"对流器"。散热器按材质分为铸铁、钢制和其他材质的散热器。

（1）铸铁散热器

铸铁散热器于1900年前后在国外出现，是应用最早的散热器，用灰口铸铁浇铸而成。其结构简单，水容量大，耐腐蚀，不怕磕碰，价格较低，使用寿命长（甚至长达几十年），适用性强。但金属耗量大、金属热强度比其他金属制散热器低，笨重；热惰性大；承压能力较钢制散热器低。如要求高承压能力时，可选用价格较高、含稀土的灰铸铁散热器。

铸铁散热器为单片状，按所需散热面积用散热器专用对丝将单片连接成组使用。有柱型、翼型、柱翼型和板翼型等（见图2-1）。

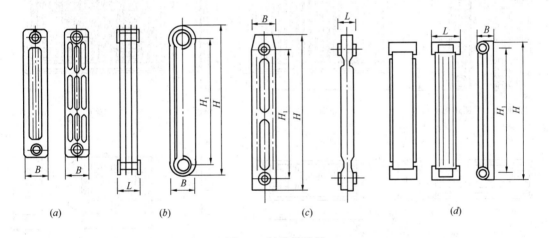

图 2-1　铸铁散热器

(*a*) 柱型散热器；(*b*) 翼型散热器；(*c*) 柱翼型散热器；(*d*) 板翼型散热器

H—本体高度；H_1—热媒进出口中心距；L—单片长度；B—宽度

铸铁柱型散热器（图*a*）的外形呈中空柱状。根据水流通道的数量分为二柱、三柱和四柱等。有中片与足片之分，分别用于挂墙和落地安装。外形美观，传热系数较大，单片散热量小，便于组对成所需散热面积和清除积灰。

铸铁翼型散热器（图*b*）在中空盒状外表面铸造有许多翼片。造价较低，但笨重，外形不甚美观，品种单一。外表面的翼片，可增大散热器的外表面积和传热量，但不利于清除积灰。单片面积较大，不便于组合成所需面积。

铸铁柱翼型散热器（图*c*）在过水的柱型通道外表面浇铸翼片，增加散热面积。组装灵活，外形美观，体形较紧凑。

铸铁板翼型散热器（图*d*）正面为平面，翼片在侧面或后面，组装后在散热器的正面形成大平面。体型紧凑，外形美观，组装灵活，金属热强度高，正面便于擦拭。

（2）钢制散热器

20 世纪前国外曾有应用钢制散热器的实例，但未推广。20 世纪 40 年代后开始流行，由于腐蚀问题不适应使用要求，曾一度退出市场，几十年后又复出。我国于 20 世纪 70 年代开始生产钢管串片散热器，80 年代后有板型、扁管式和钢管串片等钢制散热器问世。钢制散热器是用钢材经模压、焊接制成的。制造工艺先进，外形美观，体型紧凑。易实现产品多样化、系列化，适于工业化生产。传热系数高于铸铁散热器，金属热强度高（大于 1W/（kg·℃））。安装简便，承压能力较强（一般可达到 0.8MPa 以上）。但耐腐蚀能力差，怕磕碰，水容量小，热惰性小。施工安装时要防止磕碰，以免表面变形，影响美观。不宜与铸铁散热器混用于同一个间歇供暖的供暖系统中。不宜用于有腐蚀性气体的生产厂房和相对湿度较大的房间。为减缓腐蚀应对供暖系统的充水和补水进行水处理，并实行非供暖期满水养护。近年来，有的厂家在钢制散热器内表面涂防腐层是减缓其腐蚀的有力措施。

常见钢制散热器有柱型、板型、扁管型和钢管串片等，见图 2-2。

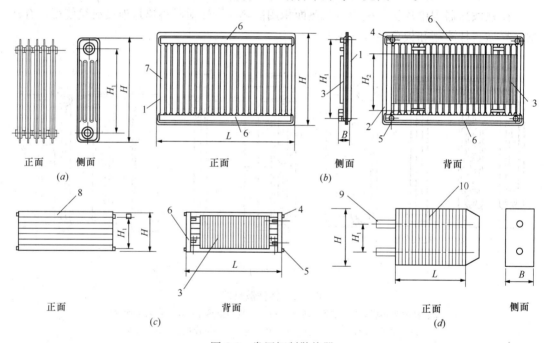

图 2-2　常用钢制散热器

（a）钢制柱型散热器；（b）钢制板型散热器；（c）钢板扁管散热器；（d）钢管串片散热器
1—面板；2—背板；3—对流片；4—进水口；5—出水口；6—联箱；7—竖向水道；8—扁管；9—钢管；10—钢串片
H—散热器全高；H_1—管道接口中心距；H_2—对流片高度；L—长度；B—宽度

1）钢制柱型散热器，见图（a）。其构造和外形与铸铁柱型散热器相似，但外观轻巧，光滑美观。用 1.2~1.5mm 冷轧钢板模压成具有半柱状的半片散热器。由两个半片经滚焊成单片，然后由若干单片串联，用氩弧焊焊制成组的散热器。

2）钢制板型散热器，见图（b）。由面板 1、背板 2、对流片 3、进水口 4 和出水口 5 等组成。面板和背板用 1.2~1.5mm 冷轧钢板冲压成具有圆弧形或梯形波纹的矩形钢片。面板与背板上的波纹相对，经滚焊成整体后形成有竖向水道和水平联箱的散热器。联箱上焊接有进、出水口。背板后面可焊对流片增加散热面积。

3）钢制扁管散热器，见图（c）。从正面看，由长方形小扁管8平排成平面，从背面看，有联箱6和对流片3。扁管两端的联箱将小扁管焊成整体，并使各小扁管形成并联水流通道（面板）。点焊的对流片用以增加散热面积。图（c）的钢制扁管散热器为单板带对流片的形式，还有双板带对流片（两块面板夹对流片）的形式。

4）钢制串片散热器，图（d）。由钢管9套钢串片10制成。钢管规格 $DN20 \sim DN25$、串片为厚 0.5mm 的钢板。在所有散热器中该种散热器与光排管散热器的承压能力最高，可达 1.0MPa 以上。该种散热器有带罩和无罩两种。有罩钢制串片散热器是典型的"对流器"。

5）光排管散热器

光排管散热器，见图 2-3。由钢管组合焊接而成，是最早应用的钢制散热器。表面光滑，易于清除积灰，承压能力高，耐用；但较笨重，金属热强度小（耗钢材），占地面积大。常在现场制作。图（a）用于热水供暖系统，过水短管1不仅串联各水平钢管，而且起支撑作用；非过水短管2仅起支撑作用，无水流通过。图（b）用于蒸汽供暖系统，各水平钢管用立置粗短管4并联。两个凝结水出口可选用其中一个。

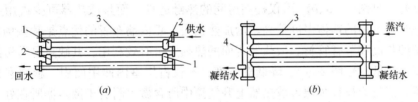

图 2-3　光排管散热器

（a）用于热水供暖系统；（b）用于蒸汽供暖系统

1—过水短管；2—非过水短管；3—散热钢管；4—粗短管

（3）其他材质的散热器

随着金属加工业的发展和市场需求的多样化，铝、铜、钢铝复合、铜铝复合、不锈钢铝复合和搪瓷等材质的散热器也得到发展和应用。铝制或铝合金散热器加工方便，结构紧凑，金属热强度高，重量比钢制散热器还要轻，外形美观，不怕氧腐蚀，但不如铸铁散热器耐用，不能经受碱性水腐蚀、价格高。有铝制柱翼型、管翼型和板翼型。铜制散热器耐腐蚀，使用寿命长，铜的导热性好，承压能力高，易加工，但要消耗有色金属。搪瓷散热器耐腐蚀，使用寿命长，金属热强度较高，外形美观艳丽，节省金属，但怕撞击和碰砸。

2.1.3　散热器的选型与布置

散热器的选型与布置应与建筑物的类型和条件、供暖系统形式和用户要求相结合，要尽可能发挥其热工效能，以节省金属耗量，创造良好的室内环境和保证系统正常运行。

2.1.3.1　散热器的选型

散热器的金属耗量和投资在供暖系统中所占比例大，又安装在人们经常活动的生产和生活场所，与室内环境和供暖效果密切相关，因此对其选型要充分重视。为了便于施工、备料和管理，一个供暖系统所选散热器种类不宜过多，尽量选用一种，不要多于两种。在兼顾 2.1.1 节中对散热器的要求的同时，结合实际情况进行选型。

不同材质的散热器传热系数差别较大，所选散热器应在同类散热器中传热系数高；

承压能力应能满足要求。由于供暖系统下部各层散热器承受的压力比其他各层大，要求散热器的承压能力应大于供暖系统中底层散热器承受的工作压力。散热器的外形应美观，其外观应与室内装饰协调，散热器的外形尺寸能与建筑尺寸匹配。例如窗台较低的建筑、在有橱窗、玻璃幕墙的部位不能选尺寸高的散热器。在产尘和对防尘要求较高的工业建筑中，应采用表面光滑、易于清除表面灰尘的散热器。在具有腐蚀性气体的生产厂房或相对湿度较大的车间、地下水为水源且水质或水处理不佳的各类建筑物中应用铸铁散热器。只有在水处理后水质指标（含氧量、pH 值或氯离子含量）达到要求的系统可采用钢制、铝制、铜制散热器。水质要求是：一般钢制散热器 pH＝10～12，$O_2 \leqslant$ 0.1mg/L；铝制散热器 pH＝5～5.8；铜制 pH＝7.5～10。铜或不锈钢制散热器 Cl^-、SO_4^{2-} 含量均不大于 100mg/L。间歇供暖时，同一供暖系统中不宜混用水容量差别较大的、不同类型的散热器。

2.1.3.2　散热器的布置

图 2-4 表示散热器的平面布置方案。一般沿外墙，特别是在窗下布置（图 a）；也可以靠内墙布置（图 b）。布置在外窗下，可提高外墙和外窗下部的温度，阻止渗入室内的空气形成下降的冷气流，房间贴地面处的空气温度较高，减少对人体的冷辐射，人体所在工作区感觉良好（见图 2-5 a、b）。不仅提高房间的热舒适性，而且散热器可少占用室内使用面积。但散热器背面的墙体温度最高，增加热损失。靠内墙布置的优点是某些场合下可减少管路系统的长度和节省管材。散热器背面的热损失可有效利用。其缺点是沿房间地面流动的空气温度较低（见图 2-5c），降低舒适度。不仅占用室内使用面积、影响家具及其他设施的布置，而且天长日久裸置散热器上升气流中所含微尘附着于散热器所在处上方内墙表面，影响美观。

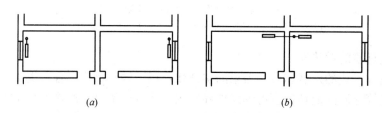

图 2-4　散热器在室内的平面布置

(a) 靠外墙窗下；(b) 靠内墙下

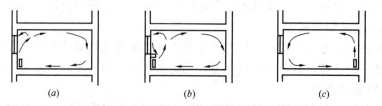

图 2-5　散热器不同布置方案下室内空气循环示意图

(a) 置于无窗台板的外墙下；(b) 置于有窗台板的外墙下；(c) 置于内墙下

散热器的长、宽、高不仅要适应所在位置的建筑结构尺寸，而且在散热器的两侧要留出连接和拆卸接管部件的余地。在窗下布置时，窗台板下的高度不仅要大于散热器的高度，而且要预留安装时下落就位和拆卸散热器时上抬的空间。

散热器可以明装或暗装。明装时易于清除灰尘，安装简便，有利散热。大多数情况下加罩暗装后散热器的散热量减少，为此，装饰罩的正表面应有合理的、足够的气流通道以减少其影响。装饰罩不仅本身要便于安装和摘取，而且要便于维修时拆装散热器。暗装散热器设温控阀时，应采用外置式温度传感器。对房间装饰要求较高的民用、公用建筑或幼托机构和老年住所等要防止烫伤和磕碰的场所可加装饰罩暗装。

因热气流自然上升，楼梯间的散热器应尽量布置在其底层及下部各层。两道外门之间不能布置散热器，楼梯间底层散热器应远离外门，以防冻害。主要房间尽量不要与辅助房间的散热器串联和共用立管，以免后者维修时影响主要房间供暖。垂直式系统（见2.2.2）中同一房间的两组散热器可以串联，但串联管的直径应与散热器接口直径相同。

在供暖设计热负荷大的房间布置散热器时，要注意一组铸铁散热器的片数不要大于下列规定：粗柱型 20 片；细柱型 25 片；组装长度不宜超过 1.5m，以避免试压合格后、成组搬运时连接片与片之间的对丝受力过大，发生泄漏。如计算所得铸铁散热器片数超过上述规定，则应将其分为多组布置。

2.1.4 散热器用量的计算

稳定条件下，供暖房间内散热器的散热量等于房间的供暖热负荷，从而使供暖房间能保持一定的供暖室内温度。散热器用量的计算原则应是：在设计条件下使散热器的散热量满足供暖设计热负荷的要求。

热水散热器的散热量用下式计算：

$$Q = \frac{1}{3600} Gc(t_g - t_h) = kF\left(\frac{t_g + t_h}{2} - t_n\right) = kF(t_p - t_n) = kF\Delta T \qquad (2-1)$$

式中　　Q——散热器的散热量，W；

　　　　G——通过散热器的流量，kg/h；

　　　　c——水的比热，$c = 4187J/(kg \cdot ℃)$；

　　t_g、t_h——分别为散热器的进、出口水温，℃；

　　　　t_p——散热器内水的平均温度，℃；

　　　　k——散热器的传热系数，$W/(m^2 \cdot ℃)$；

　　　　F——散热器的传热面积，m^2；

　　　　ΔT——散热器的传热温差，℃；

　　　　t_n——室内空气温度，℃。

2.1.4.1 散热器的传热系数和散热量计算公式

（1）影响散热器传热系数的因素

影响散热器传热的因素众多，直接反映在传热系数数值的大小。其传热系数首先与散热器的结构和组装条件有关，包括材质、结构形式、几何尺寸（高度、宽度）、水流通道数、组装片数、相邻片间距和表面涂层等。成组散热器的边片，其外侧没有相邻片间互相吸收辐射传热量，因而比中间片的单片散热量大，传热系数高。片数越多，边片传热面积在总传热面积中所占比例减小，传热系数的增值减小。相邻片间的距离增大，传热系数增大。传热系数还与其宽度和高度、肋片管的间距以及与外罩的高度和结合紧密程度有关。光排管的钢管上半周被下半周、位于上排的钢管被下排的加热空气包围，传热温度略小，对流换热强度减小；钢管之间距离增加、管间互相吸收辐射热量略小，光排管向外发散的热量略增。其传热系数随管径和排数的增加而减小、随管间距离的增加而增加。同一类散热器，高度增加，传热系数减小，其道理类似。铸铁散热器表面刷上含锌白的颜料，散热量增加 2.2%；表面涂以含铝粉的硝基漆（"银粉"）散热量降低 8.5%。

　　传热系数还与使用条件有关，包括热媒种类、温度、流量，室内空气温度及流速，安装方式等。不同的热媒，传热性能有差别，采用蒸汽比热水为热媒时传热系数大。传热温差越大，外表面空气流速越高，传热系数越高。

　　散热器在供暖系统中可以采用图 2-6 所示 6 种接管方式（其中图 f 应用较少）。接管方式不同时散热器内的水流方向和水流组织不同，导致散热器外表面的温度及其分布不同、传热量发生变化。

　　图 2-7 中给出了三种接管方式下散热器内的水流分配路径示意图。从图可见，上进下出时（图 a），水流均衡地从上向下流动，水流总趋势与水在散热器中冷却后的重力作用相同，不仅散热器表面温度最高，而且最均匀。下进下出时（图 b），有部分热水从下部短路，散热器表面温度数值较高、均匀性次之。下进上出时（图 c），部分较低温度的水依靠重力在内部回流，散热器表面温度数值较低、均匀性较差。不同接管方式下传热系数的排序是：上进下出＞下进下出＞下进上出。可见采用上进下出的接管方式有利于充分利用散热器的热工性能，节省金属用量。

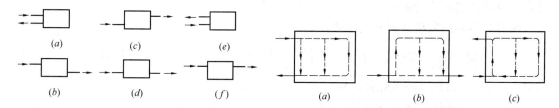

图 2-6　散热器接管方式
　　(a) 上进下出（同侧）；(b) 上进下出（异侧）；
(c) 下进上出（异侧）；(d) 下进下出；(e) 下进
上出（同侧）；(f) 上进上出

图 2-7　几种接管方式下散热器内的
水流路径示意图
　　(a) 上进下出（同侧）；(b) 下进下出；
(c) 下进上出（同侧）

　　加罩、暗装后散热器辐射散热量减少，对流散热量可能增加。大多数散热器加罩暗装后散热量减小，只有在对流散热量的增加值大于辐射散热量的降低值时其散热量才是增加的。一般流量增大时，散热器传热系数增加。因为水流量影响散热器内部水流分配、流动状况，即内表面的换热条件，影响散热器外表面温度的分布均匀性和换热条件，对不同类型散热器影响程度不同。

　　(2) 散热器传热系数和散热量计算公式

　　从上述分析可见，由于影响散热器传热的因素众多，难以用理论公式表征影响散热量各因素与传热系数的关系，只能用测试的方法来确定传热系数的数值及其主要影响因素对传热性能的影响。

　　国际上和我国制定了有关热水散热器热工性能的测试标准，为统一散热器的测试环境和条件制定了基准。测试时将散热器安装在专用的测试小室内。明确规定测试小室的结构和尺寸（长×宽×高为（4±0.2m）×（4±0.2m）×（2.8±0.2m））、测试时各个被测量的精度、测试期间被测试量的稳定性以及被测试散热器的条件（明装、上进下出、片数一定）。规定测试时标准工况对应：供水温度 $t_g=95℃$，回水温度 $t_h=70℃$，小室空气温度 $t_n=18℃$。由试验结果整理得到散热器散热量或传热系数计算公式。

其他条件确定时，传热系数与传热温差和通过散热器的流量有关。首先在标准工况下，测得标准流量。稳定在标准流量下，测得传热系数与温差的关系，如下式：

$$k = a\Delta T^b \tag{2-2}$$

式中　a、b——由试验结果得到的系数和与温差有关的指数；

其他符号同式（2-1）。

然后改变流量，测得传热系数与温差和流量的关系，如下式：

$$k = a\Delta T^b \bar{G}^c \tag{2-3}$$

式中　c——由试验结果得到的与流量有关的指数；

$\bar{G}$——通过散热器的热水相对流量；

$$\bar{G} = \frac{G_b}{G_c}$$

G_b——标准工况下通过散热器的流量（标准流量），kg/h；

G_c——任意工况下通过散热器的流量，kg/h；

其他符号同式（2-2）。标准工况 $\bar{G}=1$。

将式（2-3）代入式（2-1），有：

$$Q = kF\Delta T = (a\Delta T^b \bar{G}^c)F\Delta T = aF\Delta T^{1+b} \bar{G}^c = A_1\Delta T^B \bar{G}^c = nq \tag{2-4}$$

$$A_1 = aF, B = 1+b$$

式中　n——散热器的片数；

q——单片散热器的散热量，W/片；

其他符号同式（2-1）和（2-3）。

单片散热器的散热量可用下式计算：

$$q = kf\Delta T = (a\Delta T^b \bar{G}^c)f\Delta T = af\Delta T^{1+b} \bar{G}^c = A\Delta T^B \bar{G}^c \tag{2-5}$$

$$A = af$$

式中　f——单片散热器的散热面积，m²/片；

其他符号同式（2-4）。

对片式散热器，$F=nf$。

标准工况下：

$$q = af\Delta T^{1+b} = A\Delta T^B \tag{2-6}$$

常用铸铁散热器的规格及其传热性能数据见附录 2-1，其他散热器的相关数据查设计手册或产品样本。

对蒸汽：热媒平均温度 t_p 为蒸汽的温度。如为饱和蒸汽，t_p 为蒸汽压力对应的饱和温度。指数 $c=0$。热媒为热水时，流量变化对不同散热器传热性能的影响不同。国外资料表明，流量 $\bar{G}$ 变化比温差 ΔT 变化对传热系数 k 的影响小，即指数 c 比 b 的数值小，流量变化对某些散热器传热系数无影响，$c=0$。目前国内没有系统地给出 c 的数值，工程中往

往取 $c=0$，部分散热器可按表 2-4 修正流量变化的影响。

2.1.4.2　散热器用量的计算

计算散热器的用量对铸铁散热器是计算其片数，对钢制散热器是选用其规格。

（1）片数计算公式

散热器片数用下式计算。

$$n = \frac{Q'}{q}\beta_1\beta_2\beta_3\beta_4 \tag{2-7}$$

式中　　　Q'——供暖设计热负荷，W；

q——单片散热器在测试标准工况下的散热量，W/片；

β_1、β_2、β_3、β_4——分别为散热器片数（或长度）、接管方式、安装形式和流量修正系数。

（2）修正系数

当使用条件与散热器试验台的测试条件不同时，散热器的传热系数及散热量发生变化，可用修正系数来考虑。修正系数的数值经在试验台中测试得到。

1）片数（或长度）修正系数

首先对铸铁柱型散热器用 8 片，钢制散热器用 1m 长的样品进行测试，然后改变片数或长度进行测试。用片数或长度修正系数 β_1 来考虑片数或长度变化对传热系数的影响，其值见表 2-1。使用时 $n=6\sim10$，$\beta_1=1$；$n<6$，$\beta_1<1$；$n>10$，$\beta_1>1$。计算时先按 $\beta_1=1$、β_2 和 β_3 按实际条件取用，计算其散热面积和片数后，再进行片数修正。

散热器安装片数（或长度）修正系数 β_1　　　　表 2-1

散热器形式	各种铸铁及钢制柱型（片数）				钢制板型及扁管型（长度 mm）		
每组片数或长度	<6	$6\sim10$	$11\sim20$	>20	≤600	800	≥1000
β_1	0.95	1.00	1.05	1.10	0.95	0.92	1.00

试验时用某一品牌长为 1m 的钢制散热器测试，使用时对该品牌、长度小于 1m 的散热器，$\beta_1<1$。其值查表 2-1。

如果对钢制散热器用同一品牌、不同长度的散热器分别进行试验，得到各自的在不同影响因素下的热工性能数值。则直接根据使用条件选择热工性能符合要求的钢制散热器的规格，不进行规格（即片式散热器的片数）修正，但应进行其他修正，修正值由实验得到。

2）接管方式修正系数

测试时散热器采用同侧上进下出连接。不同接管方式对传热系数的影响用修正系数 β_2 来考虑，柱型散热器 β_2 的数值见表 2-2。其中上进下出（同侧）连接时，$\beta_2=1$。其他连接方式时，$\beta_2>1$。

散热器支管连接方式修正系数 β_2　　　　表 2-2

连接方式					
各类柱型	1.0	1.009	1.251	1.39	1.39

注：柱型散热器为原 M-132 型所测数据，其他类型散热器可参考采用，数据来源于原哈尔滨建筑工程学院。

3）安装形式修正系数

测试散热器性能时为明装。加罩、暗装的影响，用安装形式修正系数 β_3 来修正。明装 $\beta_3=1$。如加罩后其散热量减小，则 $\beta_3>1$；反之，$\beta_3<1$。表 2-3 给出了几种安装形式的修正系数。

散热器安装形式修正系数 β_3　　　　　　表 2-3

安装形式	β_3
装在墙体的凹槽内（半暗装）散热器上部距墙距离为 100mm	1.06
明装但散热器上部有窗台板覆盖，散热器距离台板高度为 150mm	1.02
装在罩内，上部敞开，下部距地 150mm	0.95
装在罩内，上部、下部开口，开口高度均为 150mm	1.04

4）流量修正系数

标准流量下 $\beta_4=1$。如流量变化影响散热器的传热性能时，用系数 β_4 来修正。几种散热器流量修正系数的值见表 2-4。

进入散热器的流量修正系数 β_4　　　　　　表 2-4

散热器类型	流量增加倍数						
	1	2	3	4	5	6	7
柱型、柱翼型、多翼型、长翼型、镶翼型	1.0	0.9	0.86	0.85	0.93	0.83	0.82
扁管型	1.0	0.94	0.93	0.92	0.91	0.90	0.90

注：表中流量增加倍数为 1 时的流量即为散热器进出口水温为 25℃时的流量，亦称为标准流量。

设计时按公式计算的散热器片数经修正后取整，但所选取的散热器面积应与计算值之差不超过 5%或者散热面积的减小值不大于 0.1m² （仅对柱型散热器）。另外，大多数多层建筑采用垂直式供暖系统时易发生上热下冷的现象，在设计时可参考附录 2-2，将计算片数进行调整，以减轻垂直失调（指沿竖向各房间的室内温度偏离要求）。

【例题 2-1】房间供暖设计热负荷为 1500W，选用四柱 760 型铸铁散热器。散热器明装在窗台板下、同侧上进下出连接，供暖室内设计温度为 18℃，试计算进出口设计水温分别为 95、70℃和 85、60℃时的散热器片数。比较两种情况下散热器的用量。

【解】（1）计算散热器进出口设计水温分别为 95、70℃时的散热器的片数

查附录 2-1，四柱 760 型（TZ4-6-5(8)）铸铁散热器 $f=0.235\text{m}^2$/片，$k=2.357(\Delta T)^{0.316}$，$Q=0.5538(\Delta T)^{1.316}$。

散热器的进出口设计水温分别为 95、70℃，为测试时的标准工况供回水温度，$\overline{G}=1$，设计传热温差 $\Delta T'=\dfrac{t_g'+t_h'}{2}-t_n=\dfrac{95+70}{2}-18=64.5$ ℃

单片散热器的散热量 $q=0.5538\times64.5^{1.316}=133.3\text{W}$/片

先假定 $\beta_1=1.0$，查表 2-2，$\beta_2=1.0$；查表 2-3，$\beta_3=1.02$，查表 2-4，$\beta_4=1.0$。

按式（2-7）计算散热器片数：$n=\dfrac{Q'}{q}\beta_1\beta_2\beta_3\beta_4=\dfrac{1500}{133.3}\times1\times1\times1.02\times1=11.5$ 片

查表 2-1，知片数修正系数 $\beta_1=1.05$。

则确定散热器的片数为：

$$n' = \beta_1 n = 11.5 \times 1.05 = 12.07 \approx 12 \text{ 片}$$

（2）计算散热器进出口设计水温分别为 85、60℃时的散热器的片数

散热器的进、出口设计水温分别为 85、60℃时，$\Delta T' = 85 - 60 = 25℃$。对应相对流量 $\overline{G} = 1$，

设计传热温差 $\Delta T' = \dfrac{t'_g + t'_h}{2} - t_n = \dfrac{85 + 60}{2} - 18 = 54.5 ℃$

单片散热器的散热量 $q = 0.5538 \times 54.5^{1.316} = 106.8 \text{W/片}$

同样，先假定 $\beta_1 = 1.0$，查表 2-2，$\beta_2 = 1.0$；查表 2-3，$\beta_3 = 1.02$，查表 2-4，$\beta_4 = 1.0$。

按式（2-7）计算散热器片数：$n = \dfrac{Q'}{q} \beta_1 \beta_2 \beta_3 \beta_4 = \dfrac{1500}{106.8} \times 1 \times 1 \times 1.02 \times 1 = 14.3 \text{ 片}$

查表 2-1，知片数修正系数 $\beta_1 = 1.05$。

则确定散热器的片数为：

$$n' = \beta_1 n = 14.3 \times 1.05 = 15.02 \approx 15 \text{ 片}$$

（3）第（1）种条件与第（2）种条件比较：

单片散热器的散热量 q 增加 $(133.3 - 106.8)/133.3 = 19.9\%$；

散热器用量减少 $(15 - 12)/15 = 20\%$。

2.2　散热器热水供暖系统的工作原理和系统形式

热水供暖系统是以热水为热媒，由热源、管道系统和散热设备组成的一个有机整体和闭合循环供暖系统。

2.2.1　热水供暖系统的工作原理

热水供暖系统中的水沿管路流动需要动力来克服阻力损失，该循环动力叫做作用压头。按循环动力的主要来源将热水供暖系统分为重力循环系统和机械循环系统。

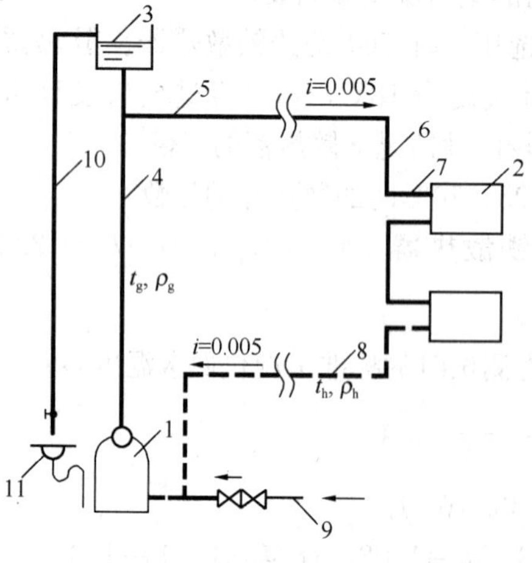

2.2.1.1　重力循环热水供暖系统的工作原理

图 2-8 所示重力循环热水供暖系统中水在锅炉 1 中温度升高到 t_g，体积膨胀，密度减少到 ρ_g，在回水干管 8 中冷水驱动下，使水沿主立管 4 上升，经水平供水干管 5、立管 6、支管 7 流到散热器 2 中。热水在散热器中将热量散发给房间，水温降低到 t_h，密度增加到 ρ_h，沿立管经回水干管回到锅炉内重新加热，这样周而复始地循环，不断把热量从热源送到房间。该系统中水的循环动力来自于水的密度差，所以称为重力循环（又称为"自然循环"）热水供暖系统。膨胀水箱（见 2.3.1）3 放在高处，与

图 2-8　重力循环热水供暖系统

1—锅炉；2—散热器；3—膨胀水箱；4—主立管；5—供水干管；6—立管；7—散热器支管；8—回水干管；9—自来水管；10—溢流管；11—排水设备

主立管顶部相连，其作用是调节水量（容纳系统水温升高时热胀多出的水量；补充系统水温降低和泄漏时短缺的水量）、稳定系统压力和排除水中的空气。系统多余的水可经溢流管 10 至排水设备 11。依靠自来水管 9 的压力给系统补水。供暖系统中的空气源自以下两个方面：空置供暖系统中的空气；随着温度升高，空气在水中的溶解度降低，在加热过程被释放出来的空气。系统内的空气如积聚在管内，可能形成气塞，破坏正常循环；如积聚在散热设备中，减小散热面积，降低散热量。重力循环系统作用压头小，管内水流速度小于气泡的浮升速度（约为 0.1~0.2m/s），因此水平供水干管 5 中的坡度应不小于 0.005，且其标高应沿水流方向降低（图中坡度符号指向管道标高降低处），使气泡沿供水干管浮向管道高点（气水逆向流动），从膨胀水箱排入大气。重力循环热水供暖系统不需要外来动力，运行时无噪声，调节方便，管理简单。当系统中水温变化、而使得密度变化时，重力作用压头（又称为自然循环作用压头）随之变化，使系统内水的流量也发生变化。水温和流量协同变化，使重力循环系统具有自调能力，失调现象较轻。由于该系统作用压头小（见 5.2.1），所以启动及达到正常供暖耗时较长。在相同热负荷下，比机械循环系统所需管径大，管道系统的初投资大。重力循环热水供暖系统通常只适宜用于没有或远离集中供热热源、对供热质量有特殊要求的小型建筑物中。

2.2.1.2 机械循环热水供暖系统的工作原理

图 2-9 所示机械循环热水供暖系统与重力循环热水供暖系统相比增加了循环水泵 12、集气罐 13、放气管 14 和放气阀 15。水的循环动力主要来自于循环水泵，该系统中由水泵提供的循环动力称为机械作用压头。水泵将热水从锅炉或换热器 1 输送到各散热器 2。水泵大多数设置于温度较低的回水干管 8 上，以降低水泵造价、增加可靠性和延长使用寿命。系统内温度升高时水中溶气量减少，在压力较低处空气易析出，如遇到面积扩大处，空气与水分离。图中在供水干管末端设置的集气罐（见 2.3.2）中积聚空气，时常开启放气阀，依靠系统内水的压力，经放气管将空气排除，或设自动排气器具（见 2.3.2）（代替集气罐、放气管和放气阀）排除。机械循环系统中作用压头大，水流速度较大。可采用气水同向流动、水流携带气泡，到供水干管末端高点的排气器具排除。图 2-9 中供水干管向排气器具所在处抬起。膨胀水箱 3 可与回水干管或供水干管相连。大多数膨胀水箱连接到循环水泵入口的回水干管上，只有调节水量和稳定压力的作用，不能排除系统中的空气。

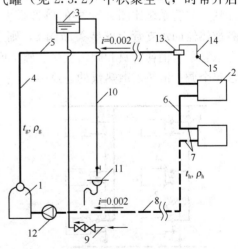

图 2-9 机械循环热水供暖系统

1—锅炉或换热器；2—散热器；3—膨胀水箱；4—主立管；5—供水干管；6—立管；7—散热器支管；8—回水干管；9—自来水管；10—溢流管；11—排水设备；12—循环水泵；13—集气罐；14—放气管；15—放气阀

散热器供、回水支管应有不小于 0.01 的坡度，坡度和坡向如图 2-10 所示，以引导散热器中的空气从供水支管到立管再到干管从排气器具中排气，从回水支管到立管再至回水干管排水。

图 2-9 所示热水供暖系统的供回水干管

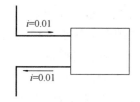

图 2-10 散热器支管
的坡度

可连接多根立管,图中只示出一根。一般把从主立管到最远立管的水平干管的展开长度称为热水供暖系统的作用半径(见2.2.2)。由于机械循环系统的作用压头主要由水泵提供,从而可增大系统的作用半径;在相同设计负荷下,减小管径和降低管道投资。机械循环热水供暖系统是集中供暖系统的主要形式,可用于各类建筑物。特别是对大型热水供暖系统,具有独特优势。

机械循环热水供暖系统的热源可以是向建筑群集中供热的锅炉房或大型热力站,也可以是独立锅炉房或为独栋建筑物设置的热力站。热力站是将热源通过供热管网输送来的热量传输给热用户的设施。在供热系统中用于改变供热介质参数,分配、控制及计量供给热用户的热量。

2.2.2 散热器热水供暖系统的基本形式

热水供暖系统有多种形式。确定供暖系统的形式时要考虑供暖建筑物相对热源的方位、热源提供的设计供、回水温度和供、回水管的压力。结合用户要求、建筑物的规模、用途、平面图和层数等来选择,以获得良好的供暖效果。按管道系统形式的不同可分为以下基本类型。

2.2.2.1 双管系统与单管系统

按连接相关散热器的立管或水平支干管数量,分为双管系统与单管系统。

双管系统如图 2-11 所示,是用两根立管(图中的供水立管 1 和回水立管 2)或两根水平支干管(图 2-29 中的水平支干管 4)将多组散热器 3 相互并联起来的系统。双管系统中通过每一组散热器构成一个独立的环路。为了减轻垂直失调,在每组散热器供水支管上应安装高阻调节阀 7,可分别调节各个散热器的供热量、实现个体自主调节,有利于降低供暖能耗。双管系统比图 2-12 中的单管系统所需的循环作用压头小,可降低输送能耗。如在各散热器回水支管上安装关断阀 8,则个别散热器维修和调节时,不影响其他用户使用。双管系统消耗管材和阀门较多、施工麻烦、增加造价较高。用于要求供暖质量较高、要求单个调节散热器散热量的建筑中。

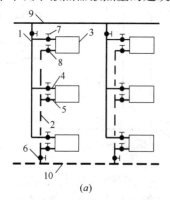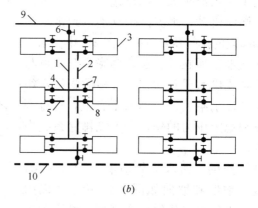

(a)　　　　　　　　　　　　　(b)

图 2-11 双管系统

(a)立管单侧连接散热器;(b)立管双侧连接散热器

1—供水立管;2—回水立管;3—散热器;4—供水支管;5—回水支管;6—立管阀门;
7—供水支管调节阀;8—回水支管关断阀;9—供水干管;10—回水干管

单管系统是用既供水，又兼回水的一根立管（如图 2-12 中部件 1）或一条水平支干管（见图 2-14 中部件 3）将多组散热器依次串联起来的系统。单管系统分为顺流式和跨越管式两大类。图 2-12 中（a）为顺流式，立管 1 中的全部热水依次流过各层散热器 2；图（b）、（c）和（d）为跨越管式。图（b）中跨越管式（Ⅰ）中左图跨越管 8 与立管同轴，右图跨越管 7 与立管不同轴。在散热器 2 的供水支管 3 上安装两通调节阀 5，立管中的热水依次流到各层后部分流进跨越管、部分流入散热器。图（c）为跨越管式（Ⅱ）式，用三通调节阀 6 改变进入散热器的流量，立管中的热水可以部分或全部流入散热器。图（d）为跨越管式（Ⅲ），可用跨越管 7 上的两通调节阀 5 改变进入散热器的流量。

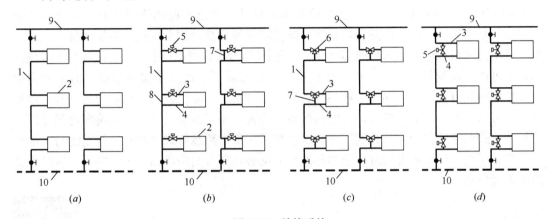

图 2-12　单管系统

（a）顺流式；（b）跨越管式（Ⅰ）；（c）跨越管式（Ⅱ）；（d）跨越管式（Ⅲ）

1—立管；2—散热器；3—供水支管；4—回水支管；5—两通调节阀（或温控阀）；

6—三通调节阀；7—偏轴跨越管；8—同轴跨越管；9—供水干管；

10—回水干管

单管系统比双管系统节省管材，造价低，施工进度快。单管系统中每一根立管（或水平支干管）连接多组散热器、热负荷大、流量大，因此其水力稳定性（系统维持一定水力工况的能力）比双管系统好。垂直式单管系统立管底层或水平支路末端散热器供水温度较低、所需片数较多，有时造成散热器布置困难。因此单管系统每一立管（或每一水平支路）上连接的散热器不宜超过 6 组（6 层）。

顺流式单管系统中流经同一立管（或水平支路）各散热器的流量与立管（或水平支路）的流量相等，结构简单；无跨越管，节省管道；比跨越式单管系统散热器用量少；散热器支管无调节阀，可减少阀门费用。因此造价低、施工简便。但不能调节单个散热器的散热量，不利于节能和提高供暖质量，而且维修时不便于拆装单个散热器。可用于公共建筑的厅堂、馆所和工业建筑的车间等建筑面积大、不需对单个散热器的散热量进行调节的处所。

跨越管式（Ⅰ）单管系统中散热器支管上安装两通调节阀，可改变进入散热器的水流量，来调节散热器的散热量，达到调节室温的目的，因而可以节能和提高供暖质量。由于散热器支路与跨越管 8 并联，进入散热器的流量小于立管（或水平支路）流量，散热器平均温度降低，使散热器用量增加。此外还要增加设置跨越管和两通调节阀门的费用。跨越管式安装比顺流式安装稍麻烦。可用于要求单个调节散热器散热量的各类建筑中。

　　跨越管式（Ⅱ）和跨越管式（Ⅲ）型单管系统兼有顺流式和跨越管式单管系统的优点。图 2-13 显示跨越管式（Ⅱ）单管系统用三通调节阀调节散热器流量的情形。图（a）为立管上的散热器节点。图（b）为三通调节阀 4 的阀芯 5 关闭跨越管 2，通过跨越管的流量为零，立管 1 中的热水经供水支管 3 全部流进散热器，相当于顺流式单管系统中的立管节点；图（c）阀芯实现分流，立管中的热水分别流进跨越管和散热器供水支管，相当于跨越管式单管系统。图（d）阀芯关闭供水支管，立管中的热水全部流进跨越管，进入散热器供水支管的流量为零。跨越管式（Ⅱ）单管系统设计时按跨越管的流量为零的工况（图 b）进行。运行时不同楼层的散热器可为图中任一状态。跨越管式（Ⅱ）单管系统兼有顺流式单管系统可减少散热器用量和跨越管式单管系统可调节室温、节能的优点。任一层立管中的水可以全部进入散热器（图 b）或全部进入跨越管（图 d），因此散热器散热量的调节范围比跨越管式（Ⅰ）单管系统更大，更加有利于调节室温和节能。但安装稍麻烦，要增加质量优良的三通调节阀门的费用，增加系统的阻力损失。跨越管式（Ⅱ）单管系统是可以调节单个散热器散热量的供暖系统形式。与跨越管式（Ⅰ）系统相比设计计算可按顺流式单管进行，简单方便，可减少散热器用量。跨越管式（Ⅲ）单管系统与跨越管式（Ⅱ）系统一样具有可调进入散热器流量的优势，而且当两通调节阀全关时，散热器支路阻力损失小。

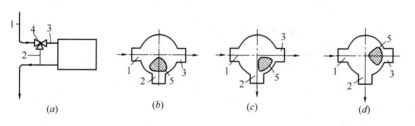

▶三通调节阀的
工作原理

图 2-13　用三通调节阀调节跨越管式（Ⅱ）单管供暖系统散热器的流量

（a）立管上的节点；（b）阀芯关闭跨越管；（c）阀芯处于分流状态；

（d）阀芯关闭散热器供水支管

1—立管；2—跨越管；3—散热器供水支管；4—三通调节阀；5—阀芯

2.2.2.2　垂直式系统与水平式系统

　　根据各楼层散热器的连接方式，分为垂直式系统与水平式系统。垂直式系统将位于建筑物同一垂线上、不同楼层的散热器用立管连接，如图 2-11 和图 2-12 所示。水平式系统将位于建筑物同一楼层的散热器用水平支管连接，如图 2-14 所示（同一楼层的散热器 6 用水平支干管 3 相关联）。垂直式系统立管的两侧可并联散热器；而水平式系统一般只在水平支干管上方或下方（图 2-29）连接散热器。水平式系统与垂直式系统一样，有单管系统（图 2-14a 和 b）和双管系统（图 2-14c）之分。

　　垂直式系统大直径的供、回水干管（见图 2-11 部件 9 和 10）可布置在底层（地面或管沟）、顶层顶棚下或设备层内。立管多，但无水平支干管，便于集中排气。不同楼层相同用途房间的散热器可连接在同一立管上，便于调节、修理。特别是一些辅助房间（例如楼梯间、卫生间等）可单独设置立管，修理时不影响其他房间供暖。但是如设计和调节措施不到位，垂直式系统易产生垂直失调。

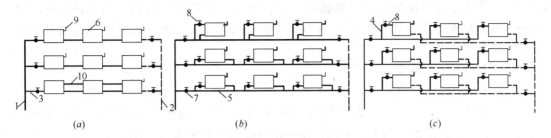

图 2-14　水平式热水供暖系统

（a）顺流式水平单管系统；（b）跨越管式水平单管系统；（c）双管水平式系统

1—供水干管；2—回水干管；3—水平支干管；4—散热器支管；5—跨越管；6—散热器；

7—水平支路阀门；8—散热器支管阀门；9—散热器放气阀；10—空气管

　　水平式系统便于分层或分户控制和调节。大直径的立管少、水平支干管多、穿楼板的立管少，有利于加快施工进度。系统中单独设置膨胀水箱时，水箱标高可以降低。室内无立管比较美观。但靠近地面处布置管道时，有碍清扫。以往多用于大面积的厅堂等公用建筑中，近年来在居住建筑分户系统中得到应用。

　　水平式系统图中垂直布置的、向多根水平支路分配或汇集热媒的管道也称为供水干管或回水干管（也可称为供水立管或回水立管，图 2-14 中部件 1、2）。阀门设置情况及其功能与垂直式系统类似。在支路的起始点和末端安装阀门 7；跨越管式水平单管系统和双管水平式系统散热器支管上设阀门 8。由于水平式系统不便于利用集气罐集中排气，为此要注意解决散热器内积聚空气造成的不热或欠热的问题。可在各散热器上设放气阀或在多组散热器上设串联空气管（图 2-14 部件 10、图 2-15 部件 4），在空气管连接的最末端散热器上安装放气阀来排气。

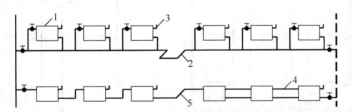

图 2-15　水平式系统的排气及热补偿措施

1—散热器；2—方形补偿器；3—放气阀；4—空气管；5—乙字弯管

　　由于管道热胀冷缩，水平式系统中散热器与管道连接处经常有漏水问题。为此设计时要采取措施预防：在散热器两侧进出水管上设乙字弯；如水平管线过长时，如图 2-15 所示，可设方形补偿器 2 或加乙字弯管 5。同时为了使末端散热器的热媒温度不至于过低，一条水平支路中串联散热器的组数不宜太多。

2.2.2.3　干管位置不同的系统

　　"上供"是指供水干管在所有散热器之上，热水沿立管从上向下供给各楼层散热器；"下供"是指供水干管在所有散热器之下，热水沿立管从下向上供给各楼层散热器。"上供"和"下供"的概念也适用于蒸汽供暖系统。"上回"是指回水干管在所有散热器之上，热水沿立管由各楼层散热器从下向上回流；"下回"是指回水干管在所有散热器之下，热水沿立管由各楼层散热器从上向下回流。根据上述规则，热水供暖系统可派生出以下形式。图 2-16～图 2-19 仅以垂直式系统示出，对水平式系统同样可列出类似的系统形式。

（1）上供下回式系统

上供下回式系统中供水干管在系统最上方、回水干管在系统最下方，见图 2-16。上供下回式系统布置管道方便；排气顺畅，可在供水干管高点设排气装置排气，从回水管或热源泄水；散热器的水流为上进下出，能获得更高的传热系数（见 2.1.4）。要求干管所在的顶层和底层有布置管道的条件。通常供水干管 1 布置在建筑物顶层棚下（或技术层），回水干管 2 布置在一层地面上、管沟或地下层内。在楼层较多的上供下回式单管系统中，由于底层房间热负荷大、而散热器平均水温又低，可能出现散热器片数较多，散热器放置不下的困难。上供下回式双管系统，易产生垂直失调。

（2）上供上回式系统

上供上回式系统中供、回水干管均位于系统最上方，见图 2-17。供、回水干管 1、2 不与地面设备及其他管道发生占地矛盾，但立管 3、4 消耗管材量稍增。为了排污和检修时泄水，各回水立管 4 下面均要设放水阀 9。干管可以避开外门；因此不需设置过门小管沟；不必采取措施防止靠近外门处干管的冻害。散热器 5 采用上进下出连接，能获得较高的传热系数。上供上回式系统主要用于设备和工艺管道较多的、沿地面布置干管发生困难的工厂车间或其他不希望沿地面布置干管的场所。

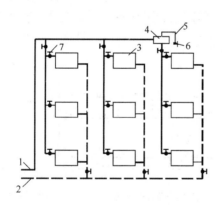

图 2-16　上供下回热水供暖系统系统

1—供水干管；2—回水干管；3—散热器；

4—集气罐；5—放气管；6—放气阀；

7—支管阀门

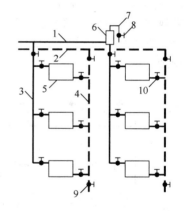

图 2-17　上供上回式热水供暖系统

1—供水干管；2—回水干管；3—供水立管；

4—回水立管；5—散热器；6—集气罐；

7—放气管；8—放气阀；9—放水阀；

10—支管阀门

（3）下供下回式系统

下供下回式系统中供回水干管均位于系统最下方，见图 2-18。顶层房间顶棚下无干管，比较美观。下供下回式双管系统中，虽然通过上层散热器环路的重力作用压头大（见 5.2.1），但管路亦长，阻力损失加大，有利于水力平衡（见 5.3.1），可减轻上供下回式双管系统容易产生的垂直失调。该系统可以分层施工，分期投入使用。底层需要设管沟或有地下室以便于布置两根干管，各层散热器要设放气阀排除空气。下供下回式双管系统比上供式双管系统节省立管用管材。

(4) 下供上回式系统

下供上回式系统中供水干管在系统最下方、回水干管在系统最上方，见图 2-19。下供上回式系统立管中水的流向与上供下回式系统相反，而被称为倒流式系统。如温度较高的供水干管 1 在一层地面明设时其热量可加以利用，可减少无效热损失。如立管采用单管式，底层散热器 5 平均温度较高，可减少底层散热器的面积，有利于解决某些建筑物中底层房间热负荷大、散热器面积过大，难于布置的问题。底部供水温度高，然而静水压力也大，有利于防止水的汽化（水的压力低于水温对应的汽化压力产生蒸汽的现象）。立管 3、4 中水流方向与空气浮升方向一致，是最有利于排气的供暖系统形式。由于散热器中的水流方向是下进上出，传热系数减小，所需散热器的总面积有所增加。对于下供上回跨越管式（Ⅰ）单管系统，当立管流量较小时，进入散热器的流量更小（见 5.2.3），宜改为下供上回顺流式或跨越管式（Ⅱ）和（Ⅲ）单管系统。

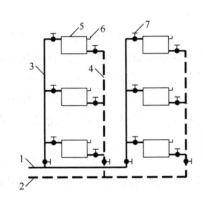

图 2-18　下供下回式热水供暖系统
1—供水干管；2—回水干管；3—供水立管；
4—回水立管；5—散热器；6—放气阀；
7—支管阀门

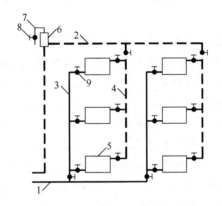

图 2-19　下供上回式热水供暖系统
1—供水干管；2—回水干管；3—供水立管；
4—回水立管；5—散热器；6—集气罐；
7—放气管；8—放气阀；9—支管阀门

2.2.2.4　同程式系统与异程式系统

按各并联环路热水流程长度的异同，可分为同程式系统与异程式系统。热水沿各并联环路水的流程长度基本相等的系统称为同程式系统；热水沿各并联环路水的流程长度差别较大的系统称为异程式系统。图 2-20 图（a）中，立管①离 A 点最近，离 B 点最远；立管④离 A 点最远，离 B 点最近。从 A 点到 B 点通过①～④各立管管路的长度基本相等，是同程式系统。图（b）中，从 A 点到 B 点热水通过立管①的流程最短；通过立管④的流程最长。通过立管①～④的流程长度不等，是异程式系统。

同程式系统通过各环路的总长度接近，水力计算时易于平衡，运行时水力失调较轻。干管可能要多耗费些管材，但布置管道得当时管材耗量增加不多。沿底层地面明设两根回水干管往往困难，则要将其置于管沟内。同程式系统中最不利环路不明确。最不利环路不一定是热水通过最远立管的环路，而可能是热水通过中间某立管的环路。如设计不当，运行时也可能发生水力失调，而且不像异程式系统那样易于调整。因此

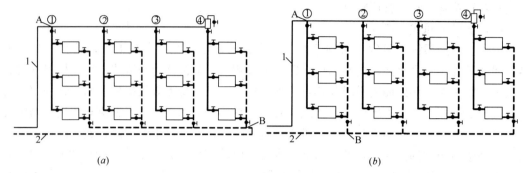

图 2-20 同程式系统与异程式系统
(a) 同程式系统；(b) 异程式系统
1—总供水干管；2—总回水干管

设计时，应绘制水力计算阻力平衡图（见 5.3.1），降低和控制各并联环路的不平衡率。

异程式系统节省管材，可降低投资。由于异程式系统中各环路的流动阻力损失不易平衡，常导致运行时离热力入口（室外供热管网与室内供暖系统相连接处的管道和设施的总称）近处立管的流量大于设计值，远处立管的流量小于设计值的失调现象。一般把异程式系统中从热力入口到最远立管（图 b 中的立管④）连接点水平干管的展开长度称为供暖系统的作用半径。机械循环系统作用压力大，因此允许阻力损失大，作用半径也可大些。作用半径较大的异程式系统，可考虑采用同程式系统。

为了减轻异程式系统远近环路水力不平衡的问题，可采用如下措施：减小干管阻力，增大立支管阻力；在立支管上采用性能好的调节阀、温控阀等；设计时采用非等温降水力计算方法（见 5.3.2）。

2.2.3 * 高层建筑热水供暖系统形式

依据上述基本供暖系统形式（见 2.2.2），同时考虑高层建筑自身的特点和要求构建高层建筑热水供暖系统。其热源可以是独立热源，也可以与集中供热管网相连。应尽量取后一方案。

在确定高层建筑热水供暖系统形式时主要要满足两方面的要求：一、满足压力要求：压力不能太低，要保证系统最高点充满水、最高点的水不汽化；压力不能过高，应保证底层散热器承受的压力不超过其承压能力。高层建筑热水供暖系统与集中供热管网相联时，应不导致其他建筑物供暖系统的散热设备超压。二、应有利于减轻垂直失调。采用沿建筑物竖向分区的供暖系统是解决上述两方面问题的基本途径。竖向分区式供暖系统是将高层建筑物供暖系统沿垂直方向分成两个或两个以上水力独立的系统。分区方案除应根据集中供热管网的压力工况、建筑物总层数、所选散热器的允许承压能力等条件来考虑之外，还应与其他各类工程管道（通风、空调、给水等）协调。必要时在区与区之间设置技术层，布置各类工程管道和设备。高层建筑热水供暖系统可采用以下系统形式。

2.2.3.1 热源供应热水的分区式系统

以热水为热媒的分区式系统的高区和低区系统与集中供热管网可以采用间接连接（集中供热管网通过换热器供给供暖建筑物热量，热媒不直接进入供暖系统的连接方式）或直接连接（集中供热管网的热媒直接进入供暖系统的连接方式）。供应热水的热力中心（或换热站）可设在距离不远的热源（区域锅炉房）、热力站或高层建筑专用房间内。如设在建筑物内时要采取可靠的减振措施，防止水泵运转造成的噪声超标。部分管道和设备还可放置于技术层。

（1）低区直接连接，高区采用其他连接方式

低区直接连接系统会增大集中供热管网失水量，但减少设置低区换热站的费用和占地。用于集中供热系统提供的设计供、回水温度和压力满足低区供暖系统要求的条件下。高区系统可根据集中供热系统提供的热水参数选择下述形式。

1）低区直接连接，高区间接连接

低区直接连接、高区间接连接系统如图 2-21 所示。低区内由供热管网直接供热，系统简单；高区间接连接，与低区水力隔绝，免除低区超压的危害。该系统可以用于集中供热管网在用户处提供的资用压力较大，大于加热热媒流经高区换热器阻力损失的场所。其不足之处是，如低区能够直接连接时，集中供热管网的设计供水温度往往不高，使高区间接连接换热器的传热温差小，从而所需传热面积较大。低区系统失水率比间接连接时可能要高。

2）低区直接连接，高区设置水箱的直接连接

低区直接连接，高区设置水箱的直接连接系统如图 2-22 所示，高区通过设置加压泵和水箱实现直接连接。其中图（a）为高区采用双水箱的系统；图（b）为高区采用单水箱的系统。图（a）在高区设两个水箱，用加压水泵 1 将供水注入供水箱 2，依靠供水箱 2 与回水箱 3 之间的水位高差（图中的 h）作为高区系统的循环动力。供水箱溢流管 4 控制水箱的最高水位，防止系统的水从水箱上沿漫出。图（b）在高区设一个回水箱 3，利用加压水泵 1 出口的压力与回水箱的水位差作为高区供暖系统的循环动力。系统停止运行时，利用水泵出口逆止阀 8 使系统高区与外网供水管水力不相通，高区系统的静水压头传递不到底层散热器及集中供热管网的其他用户。由于回水箱溢流管 6 内的壅水高度取决于

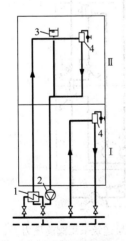

图 2-21　低区直接连接、
高区采用间接连接的高层
建筑热水供暖系统示意图

1—换热器；2—循环水泵；
3—膨胀水箱；4—集气罐

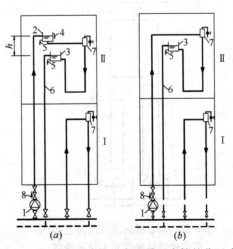

图 2-22　低区直接连接、高区采用水箱的分区式
高层建筑热水供暖系统示意图

（a）高区双水箱；（b）高区单水箱

1—加压水泵；2—供水箱；3—回水箱；4—供水箱溢流管；
5—信号管；6—回水箱溢流管；7—集气罐；8—逆止阀

室外供热管网回水管的压力值；回水箱高度超过用户所在室外供热管网回水管的压力，但由于溢流管 6 上部为非满管流，起到了将高区系统与室外供热管网回水管隔离的作用。信号管 5 连接到服务人员所在处的卫生设备上方，以便掌握水箱中的水位。有条件时可由水位控制系统显示和报告水箱内的水位。

该系统简单，节省了设置换热站的费用。但建筑物高区要有放置水箱的地方，建筑结构要能够承受其荷载。该系统中水箱为开敞式，系统易掺气，增加氧腐蚀。热力入口设加压水泵，将热水提升到高区，并为高区系统提供高区的循环动力。当室外供热管网末端在用户处提供的资用压力较小、供水温度较低时，高区采用直接连接可避免图 2-21 中设置的换热器传热温差偏小、换热面积过大的问题。

（2）高区、低区均采用间接连接，各区自成独立系统

高区、低区均采用间接连接的高层建筑热水供暖系统如图 2-23 所示。由集中供热管网分别向高区和低区供热，而供热管网与供暖系统以及各分区供热系统之间水力互相隔开，高区系统的高水静压力不能传递到低区系统。采用间接连接，可减少集中供热管网的失水量，但要求供热管网提供足够大的资用压头和足够高的供水温度。若高、低区各自为独立系统，可以采取 2.2.2 节中所介绍的各类系统。

（3）高区、低区均采用间接连接，共用换热（或热源）设备

图 2-24 所示的特高层建筑（例如房高大于 160m 的建筑）供暖系统可分为三个区。三个区共用换热站，间接连接。整个建筑物共用换热器 1、循环水泵 2 和膨胀水箱 4，可

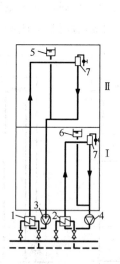

图 2-23　高、低区采用间接连接的
高层建筑热水供暖系统示意图
1—高区换热器；2—低区换热器；
3—高区循环水泵；4—低区循环
水泵；5—高区膨胀水箱；6—低
区膨胀水箱；7—集气罐

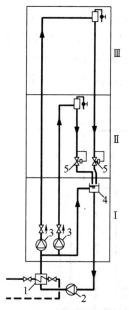

图 2-24　特高层建筑采用阀前压力
调节阀的热水供暖系统示意图
1—锅炉或换热器；2—循环水泵；
3—分区加压泵；4—膨胀水箱；
5—阀前压力调节阀

降低投资和简化结构。各区系统承受压力不同，低区依靠由循环水泵 2 提供的动力循环，位于高处的中区和高区由各自的分区加压泵 3 提高压力，将水送到不同的高度。三个区的回水回到公共的膨胀水箱 4 中。中区和高区回水总管的水静压力由各自的阀前压力调节阀 5 控制。阀前压力调节阀如图 2-25 所示；弹簧 5 的拉力 P_t 由调紧器 6 设定，可使弹簧拉力比阀前承受的水静压力大 3～5m 水柱。系统运行时，作用在阀瓣 2 上的力超过弹簧拉力，阀前压力调节阀阀孔开启。系统停运时阀前压力 P_1 减小，阀前压力调节阀阀孔关闭。阀前压力调节阀与各分区加压泵 3 出口逆止阀共同作用，控制系统的压力水平、停运时使系统保持充满水，并与其他各区隔绝。膨胀水箱使各区的管道系统水力上互不关联，高区水静压力不会导致低区设备超压。

2.2.3.2　热源供应热水和蒸汽的分区式系统

对特高层建筑可以采用热源供应热水和蒸汽为热媒的分区式系统，见图 2-26。三个区均为热水供暖系统，由换热器实现水力隔绝，高区静水压力不会对低区造成危害。中、低区供暖系统由室外供热管网供应热水。中、低区系统根据集中供热管网提供的压力和温度来决定采用直接连接或间接连接。图 2-26 中的中、低区采用间接连接，各区内分别设有膨胀水箱 1、循环水泵 2 和水水换热器 4。高区系统设置汽-水换热器 3，用来源于室外蒸汽管网或底层蒸汽锅炉房的蒸汽加热高区供暖系统中的循环水。由于蒸汽密度小，通往高区蒸汽管的压力不会使底层蒸汽管道和设备超压。俄罗斯莫斯科大学的主楼 39 层，高 240m，采用了四个分区的竖向分区式供暖系统。最高区系统换热器用蒸汽作为加热热媒，下面三个区的换热器用热水作为加热热媒。

如果没有蒸汽汽源，高区也可以采用电供暖系统。

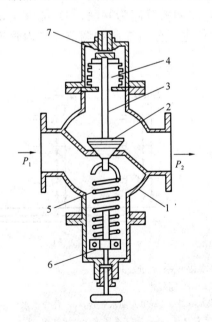

图 2-25　阀前压力调节阀
1—外壳；2—阀瓣；3—阀杆；
4—薄膜；5—弹簧；6—调紧
器；7—调节阀

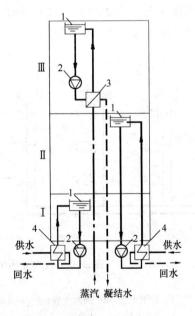

图 2-26　特高层建筑热水和蒸汽
混合式供暖系统示意图
1—膨胀水箱；2—循环水泵；
3—汽-水换热器；4—水-水换热器

2.2.4　分户式热水供暖系统形式

分户式热水供暖系统是指进入建筑物内部之后按住户形成环路的集中热水供暖系统。分户式热水供暖系统，便于实施分户计量和分摊耗热量，有利于节能和管理。该系统应具有以下特点：1）各住户管路与集中供热系统之间独立成环，每一个住户的管路系统与集中供热系统的连通或断开，不会导致其他住户供暖的通断；2）集中供热系统应能供给足够的热量，可满足住户按需用热的要求；3）有计量用户用热量的装置或手段；4）用户有自主进行调节用热量的措施。

分户式热水供暖系统的形式由 2.2.2 中介绍的基本形式、结合分户成环的特点形成。公共管道部分与一般的供暖系统没有原则上的区别，不同之处主要在于住户内管道系统部分。建筑物热力入口安装自力式压差控制阀，以利于室外供热管网的水力平衡，为用户提供足够的流量和热量；在立管或各水平支干管上安装调节阀，以便调节不同楼层、同一楼层不同水平支干管之间的供热量。

在公共空间设置共用管道，其布置见图 2-27。供、回水干管 1、2 可设在室内或室外管沟中。单元供、回水立管 3、4 设在楼梯间或走廊的竖井内，竖井在各层设检查门，便于供热管理部门控制和管理。通常住宅建筑物的一个单元设一组单元供、回水立管，各住户的供回水支干管 5 和 6 与单元供、回水立管通过入户装置 7 相连。入户装置内装有关断阀、热量调节、计量和分摊用装置。单元供、回水立管与供、回水干管可采用同程式（图 b）或异程式（图 a）连接，单元数较多时宜用同程式。立管顶部设放气装置 8，立管与各住户支管的连接方式可为上供式或下供式（见图 2-29），户内管道采用水平式系统。该系统与一般的水平式系统的主要区别在于：1）水平支路长度限于一个住户之内，住户入口设入户装置（内有关断阀等）；2）各住户之间的管路为并联；3）能够实现分户调节供热量和计量用热量；4）安装恒温阀，以便进行分室控制和调节。户内管道系统常用形式：

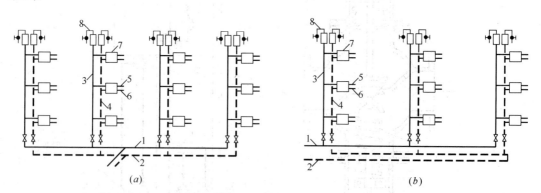

图 2-27　按户分环热水供暖系统的公共管道

(a) 异程式；(b) 同程式

1—供水干管；2—回水干管；3—单元供水立管；4—单元回水立管；5—住户供水
支干管；6—住户回水支干管；7—入户装置；8—排气器具或自动放气阀

（1）跨越式单管系统

可采用 2.2.2 中所述的跨越式单管系统，图 2-28 为跨越式（Ⅰ）单管系统。在散热器供水支管上采用低阻温控阀 7。布置管道方便，节省管材，水力稳定性好。但系统调节

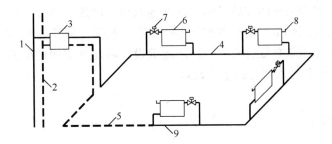

图 2-28　按户分环跨越式单管热水供暖系统

1—单元供水立管；2—单元回水立管；3—入户装置；4—住户供水支干管；

5—住户回水支干管；6—散热器；7—低阻温控阀；8—放气阀；9—跨越管

流量措施不完善时，容易产生垂直失调。应在各组散热器 6 上安装放气阀 8，解决好排气问题，如果户型较小，应采用管径 $DN15$ 的管道而未采用时，水平管中的流速有可能小于气泡的浮升速度，此时可调整管道坡度，局部采用气水逆向流动的形式。

（2）双管系统

双管系统如图 2-29 所示。在散热器供水支管上采用高阻温控阀 5，以增加阻力损失，减轻失调。该系统一个住户内的各散热器并联，便于分室控制室温。

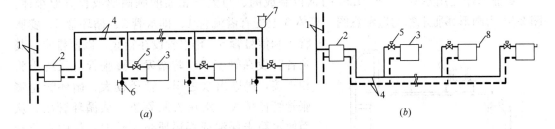

(a)　　　　　　　　　　　　　　　　(b)

图 2-29　按户分环双管热水供暖

(a) 户内上供上回式；(b) 户内下供下回式

1—单元供回水立管；2—入户装置；3—散热器；4—住户供回水平支干管；5—温控阀；

6—放水阀；7—集气罐或自动放气阀；8—放气阀

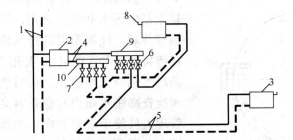

图 2-30　按户分环放射式热水供暖系统示意图

1—单元供回水立管；2—入户装置；3—散热器；4—住户供回水支干管；5—散热器供回水支管；

6—调节阀；7—关断阀；8—放气阀；9—分水器；10—集水器

（3）放射式系统

放射式系统见图 2-30。在每一住户管道入口设户用分水器 9 和集水器 10，各房间散热器 3 并联。从分水器引出的支管呈辐射状埋地敷设（因此又称为"章鱼式"）至各个散热器。为了调节各室用热量，通往各散热器的支管 5 上应有调节阀 6，可单独调节各散热器的散热量。支管采用铝塑复合管等管材埋地敷设，因此要增加楼层地面的厚度和造价。入户装置 2、分水器和集水器可以集中设置。

2.3　热水供暖系统的附属设备

为了保证热水供暖系统的正常运行，应配备必要的附属设备。常用的附属设备有：膨胀水箱、集气罐、放气阀、过滤器和调节阀等。

2.3.1　膨胀水箱

膨胀水箱的功能是调节水量、定压，有些系统中还能排除空气（见图 2-8）。应用膨胀水箱的优点是：结构简单、压力稳定、管理简化。缺点是：水箱占据一定空间，建筑物高处应有放置条件；建筑物结构设计要考虑水箱及水的荷重。膨胀水箱是应用最早的补水、定压设备，在中小型热水供暖系统和与大中型供热系统间接连接的用户供暖系统中得到广泛应用。

2.3.1.1　膨胀水箱的结构

膨胀水箱是用厚度为 3～4mm 的钢板制成的、与大气相通的圆筒形或长方形箱体。图 2-31 为圆形膨胀水箱构造示意图。箱体 6 上配有溢流管 1、排水管 2、循环管 3、膨胀管 4 和信号管 5。排水管设在箱底，以便排水；其余各管设在管壁，以防堵塞。膨胀管与系统干管相连接，供进出水之用，管径较大。循环管比膨胀管管径稍大，水从膨胀管进、从循环管出。从而使水箱未保温或保温质量不佳时，箱内水流动可防水冻结。溢流管位置最高、管径最大，直通大气，用于当系统水量过多时有组织地排水，防止水从水箱上沿溢流到放置水箱的屋顶、楼梯间等处，影响环境。排水管供定期清洗膨胀水箱时，排除箱内污水和放空之用，管上设置阀门，与溢流管并联，接到附近的排水设备上方（不允许直接连接到下水管道中）。人孔 7 和人梯 8 供检修和清洗水箱时人员进出。信号管（又称检查管）用来检查膨胀水箱内水位是否高于最低水位，引到管理人员便于观察和操作的排水设备上方，其末端有关断阀，以便随时监视水箱内的存水情况。一般膨胀水箱连接到循环水泵入口的回水干管上，膨胀水箱膨胀管和循环管与系统的连接如图 2-32 所示。膨胀管 4 与循环管 5 在回水干管上的连接点相距 2～3m，水箱内的水靠循环水泵的动力（上述两管在回水干管连接点 a、b 之间产生的压

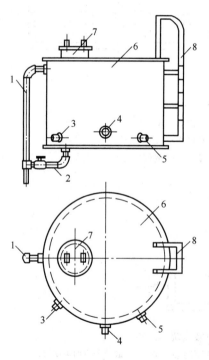

图 2-31　圆形膨胀水箱构造示意图
1—溢流管；2—排水管；3—循环管；
4—膨胀管；5—信号管；6—箱体；
7—人孔；8—人梯

差）以及水在膨胀管和循环管中冷却的重力作用压头下循环。膨胀管、溢流管和循环管上严禁安装阀门，以防误操作影响系统正常运行。置于不供暖房间的膨胀水箱、膨胀管、循环管和信号管应保温，以减少无效热损失和防冻。

2.3.1.2 膨胀水箱的容积计算

供暖系统拟运行时充水，见信号管出水，则停止进水。水在热源被加热，水温升高、体积膨胀、密度减少，系统中总水容积增大。设计条件下供回水温度最高、水容积最大，溢流管可能有水流出。

由于供暖系统中约有一半水为供水温度、一半水为回水温度，因此应用设计条件下系统内水的平均密度和对应的容积来计算膨胀水箱的容积。将信号管管底到溢流管管底之间的高度对应的水箱容积称为膨胀水箱的有效容积（简称为容积），是膨胀水箱所能容纳的系统最大膨胀水量。

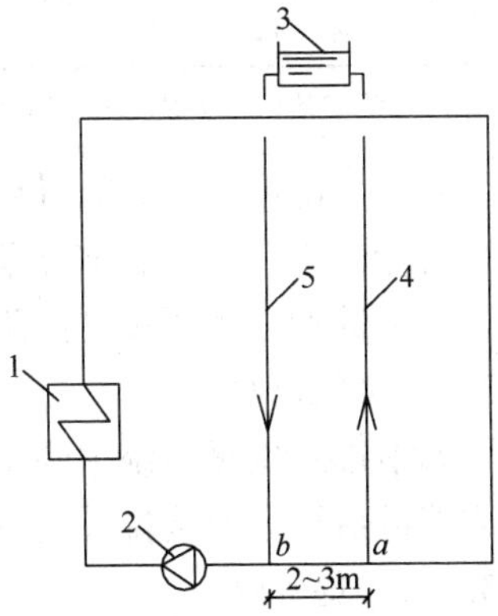

图 2-32　膨胀水箱膨胀管和
循环管与系统的连接
1—锅炉或换热器；2—循环水泵；
3—膨胀水箱；4—膨胀管；
5—循环管

充水时和设计条件下系统中水的质量相等：

$$\rho_0 V_0 = \rho_p' V' \qquad (2\text{-}8)$$

式中　ρ_0、ρ_p'——分别为充水水温 t_0 对应的水的密度和
设计供、回水温度对应的水的平均密度，$\mathrm{kg/m^3}$，$\rho_p' = (\rho_g' + \rho_h')/2$；

ρ_g'、ρ_h'——分别为设计供、回水温度 t_g'、t_h' 对应的水的密度，$\mathrm{kg/m^3}$；

V_0、V'——分别为充水时和设计条件下供暖系统水的容积，$\mathrm{m^3}$。

充水时供暖系统水的容积为系统中所有设备（锅炉或换热器、散热器等）和管道中水的容积之和，可按下述公式计算：

$$V_0 = \frac{1}{1000}\Big(\sum_{i=1}^{n} V_i\Big) Q_0' \qquad (2\text{-}9)$$

式中　Q_0'——供暖系统设计热负荷，kW；

V_i——每 $1\mathrm{kW}$ 热负荷所对应的供暖系统中设备和管道的水容量，$\mathrm{L/kW}$。其值可从设计手册查得。

设计条件下系统的膨胀水量为 $\Delta V' = V' - V_0$。

将式（2-8）代入下式，并计入 20% 的储备系数，得到膨胀水箱的容积计算公式：

$$V_p = 1.2\Delta V' = 1.2(V' - V_0) = 1.2\Big(\frac{\rho_0}{\rho_p'} - 1\Big) V_0 = \beta V_0 \qquad (2\text{-}10)$$

$$\beta = 1.2\Big(\frac{\rho_0}{\rho_p'} - 1\Big) \qquad (2\text{-}11)$$

式中　$\Delta V'$——设计条件下系统水容积增量，$\mathrm{m^3}$；

β——膨胀水箱容积计算系数；

其他各符号同式（2-8）。

常见供暖系统的 β 值如表 2-5。

膨胀水箱容积计算系数 *β* 的数值　　　　　表 2-5

系统设计供回水温度（℃）	*β* 的数值	系统设计供回水温度（℃）	*β* 的数值
95～70	0.037	75～50	0.022
85～60	0.029	60～50	0.017

注：计算 *β* 值时供暖系统充水温度 t_0 取冬季自来水温度 5℃。

若充水温度 $t_0 \neq 5℃$、储备系数不等于 1.2、设计供回水温度变化时 *β* 值可根据式（2-11）另行计算。得到膨胀水箱的计算容积之后，在设计手册中选取与计算容积（有效容积）接近的型号为所设计的膨胀水箱型号。

2.3.2　排气器具

如不排除供暖系统中的空气，将影响系统的正常运行和供热效果。为此系统中应在设备或管道系统中安装排气器具。

2.3.2.1　集气罐

集气罐是应用最早的手动排气器具，可分离和积聚供暖系统内空气。用 $DN100 \sim 250$ 的短钢管两端用钢板封堵焊制而成，如图 2-33 所示。有立式（图 *a*、图 *c*）和卧式（图 *b*、图 *d*）之分。立式贮气空间大；卧式安装高度小。集气罐内水的流速低于 0.1m/s，则气泡不会被水流挟带。其直径可用下式计算：

$$d_n = 2G^{0.5} \tag{2-12}$$

式中　d_n——集气罐的直径，mm；

　　　G——进入集气罐的流量，kg/h。

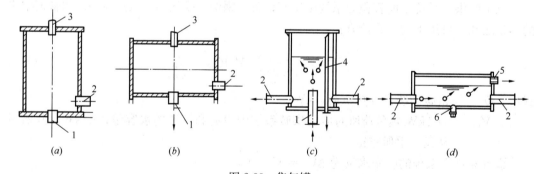

图 2-33　集气罐

（*a*）、（*c*）立式；（*b*）、（*d*）卧式

1—立管；2—干管；3、5—放气管接头；4—放气管；6—排污丝堵接头

一般集气罐的直径至少应为所在处干管直径的 2 倍以上。卧式集气罐的水平长度应为其直径的 2～2.5 倍。放气管 3、5 采用 $DN15$ 的钢管。图（*a*）和图（*b*）两个集气罐从罐顶接出放气管，要求罐顶上有足够的空间。图（*c*）和图（*d*）两个集气罐的放气管接出方式可减少罐顶上的空间。

2.3.2.2　自动排气具

自动排气具是能自动排气的器具。其工作原理是利用阀体内的浮体随水位升降自动关闭和打开阀孔，而达到排放阀内积聚空气的目的。它分立式（图 2-34）和卧式（图 2-35）

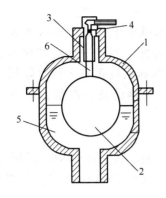

图 2-34　立式自动排气具

1—阀体；2—浮球；3—导向套筒；

4—排气孔；5—水；6—阀针

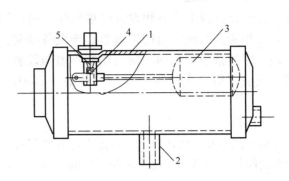

图 2-35　卧式自动排气具

1—外壳；2—接管；3—浮筒；

4—阀座；5—排气孔

两种。当立式自动排气具的阀体 1 上方积聚大量空气时，浮球 2 带动阀针 6 下降，空气从排气孔 4 排出。随着空气体积减小，浮球上升，浮球阀针堵住出口防止水流出。导向套筒 3 防止浮球阀针偏斜失灵；卧式自动排气具靠浮筒 3 的升降产生的杠杆力来开闭排气孔 5。随着自动排气具性能的改善和质量的提高，集气罐逐渐被自动排气具所替代。自动排气具不需配置放气阀和放气管，免去集气罐排放空气不及时影响系统供热的弊病。其占地小，无需人员操作，但质量不好时容易漏水，因此要求自动排气具的质量可靠。

图 2-36 中将集气罐与自动排气具相结合。正常工况下阀门 4 关闭、阀门 3 打开，由自动排气阀 2 实行自动排气；当自动排气阀发生故障时关闭阀 3 进行修理，打开阀门 4，用集气罐 1 集气，打开手动放气阀 4 排气。其具有手动和自动排气的双重功能，当自动排气具出现故障时不影响系统正常工作，但要求房间的层高较高。

2.3.2.3　手动放气阀

手动放气阀如图 2-37 所示，在散热器边片上方的丝堵上钻孔安装。顶针 2 可在外壳 1 内旋转，外壳 1 上有朝向下方的小孔 4。需要放气时，退旋顶针，使小孔通大气。如有空气，则从小孔排出，见水则立即进旋顶针，关闭小孔。

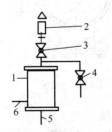

图 2-36　集气罐与自动放气

阀组合的排气方式

1—集气罐；2—自动排气阀；

3—关断阀；4—手动放气阀；

5—立管；6—干管

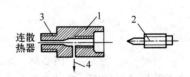

图 2-37　手动放气阀

1—外壳；2—顶针；

3—连接螺纹；4—小孔

连散
热器

2.3.3　除污器和过滤器

施工和运行过程中管道和设备内难免有污物，如系统未经冲洗或冲洗不到位即投入运行，污物带入系统中可能造成管道或设备堵塞。为此在系统中要安装除污器或过滤器，用于阻留杂质和污物，防止堵塞管道与设备，影响系统正常运行。除污器（或过滤器）安装在用户入口供水总管、热源、热用户、用热设备、水泵、调节阀等入口处。

（1）除污器

常年运行的系统，除污器前后管道上应有阀门和压力表。以便监视其积污情况和必要时关闭前后阀门进行清通。仅供暖期运行的除污器前后可以不设阀门，在非供暖期要及时清通。

除污器分立式和卧式两种。需水平安装。图 2-38 为立式除污器构造示意图，它是一个钢制圆筒形器具。立式比卧式高度大。水从进水管 2 进入除污器筒体 1，截面扩大、流速降低，大块污物沉积于底部，经出水花管 3 将细小污物截留（在筒体内的出水花管壁上有出水用小孔），除污后的水流向下面的管道。其顶部法兰盖 4 上盖有排气阀 5，下部有排污用的丝堵 6 和手孔 7。

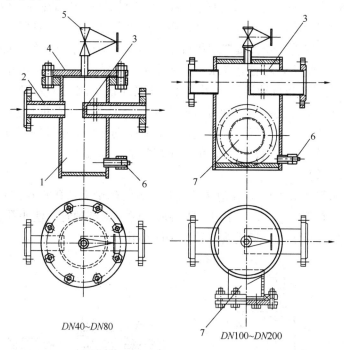

DN40~DN80

DN100~DN200

图 2-38　立式除污器
1—除污器筒体；2—进水管；3—出水花管；4—法兰盖；5—排气阀；6—丝堵；7—手孔

（2）过滤器

过滤器有多种类型。图 2-39 为 Y 形过滤器示意图。Y 形过滤器有丝扣连接和法兰连接两种，图中所示小口径过滤器为丝扣连接。它与除污器的不同之处是利用过滤网 5 阻留尺度较小的杂质和污物。过滤网为不锈钢金属网，过滤面积约为进口管面积的 2～4 倍。Y 形过滤器有多种规格（DN15～DN450）。它与除污器相比有体积小、重量轻、阻力小（约为上述除污器的一半）等优点。使用时应定期将过滤网卸下清洗。安装时要注意进出水方向。

2.3.4 恒温阀

恒温阀（又称"温控阀"）是一种不需外接能源，由热敏元件吸收流体的热量并转换为机械能，使执行机构按一定的调节规律工作自动调节进入散热设备的流量，将室温控制在 18～26℃ 的某一温度的装置，近年来在供暖系统中得到广泛应用。它由流量调节阀、恒温控制器以及连接件组成，见图 2-40。

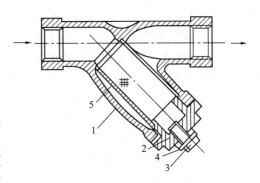

图 2-39 Y 形过滤器
1—阀体；2—封盖；3—螺栓；4—垫片；5—过滤网

▶恒温阀的
工作原理

流量调节阀由阀体、阀芯 3、O 形密封圈 4、止水板 5、花帽 12 等组成。阀体具有等百分比调节的理想流量特性。流量调节阀可设置不同的流通能力。在某一流通能力设定值下，阀芯在全行程中的近似线性区域（阀门开度和流量的变化规律成近似线性关系）称为有效区域；该区域的行程是有效调节行程，称为名义行程。名义行程所对应的温度变化差值称之为恒温阀的比例带，通常为 0.5～2.0℃。当恒温阀比例带为 2℃ 时，室内温度在（设定值−1）℃～（设定值+1）℃的范围内变化，流量调节阀的开度在 100%（全开）～0（全关）之间近似线性变化。比例带越小，室内温度的控制精度越高，但是稳定性越差，易造成阀门的频繁动作。

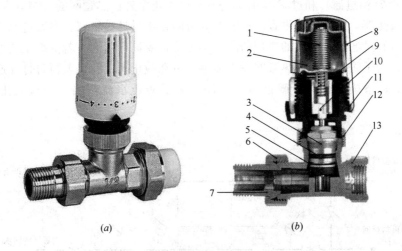

(a)   (b)

图 2-40 恒温阀
(a) 外观；(b) 剖面图
1—波纹管；2—感温包；3—阀芯；4—O 形密封圈；5—止水板；6—六角帽；7—接管；
8—手轮；9—弹簧；10—顶杆；11—支架；12—M30×1.5 花帽；13—阀体

恒温控制器由波纹管 1、感温包 2、手轮 8、弹簧 9、顶杆 10 及支架 11 组成，核心部件是感温包。根据感温包位置可分为温包内置和温包外置（远程式）两种形式。感温包内充有感温介质（如：液体膨胀式充甲醇、甲苯、甘油等；固体膨胀式充石蜡；蒸汽压式充氯甲烷、氯乙烷、丙酮、二乙醚及苯等），能够感应环境温度，随感应温度的变化产生体积变化，带动调节阀阀芯 3 产生位移，进而调节散热器通过的水量来改变散热器的散热量。当室温升高时，感温介质吸热膨胀，减小阀门开度，降低散热量；当室温降低时，感温介质放热收缩，阀芯被弹簧 9 推回而使阀门开度变大，增加散热量。通过这样的方式使室内温度始终保持在用户设定的水平上。

散热器恒温阀安装在每组散热器支管上或住户供暖系统入口进水管上。按照阻力大小分为高阻和低阻恒温阀；按照连接方式分为两通型（直通型、角型）和三通型；两通恒温阀根据是否具备流通能力预设功能还可分为预设定型和非预设定型。两通非预设定型恒温阀与三通恒温阀阻力低，流通能力较大，主要应用于单管跨越式系统，调节散热器的散热量；两通预设定型恒温阀阻力高，主要应用于双管系统，可减少系统的垂直失调。三通恒温阀价格较高，安装较两通恒温阀繁琐。

2.4　热力入口

热力入口是供暖系统与室外供热管网的连接点。可以设在靠近建筑物的室外管沟入口或检查室内、建筑物一层或负一层内。通断、控制和调节室外供热管网供给供暖系统的热水流量（热量）。

热力入口如图 2-41 所示。截止阀 1 和 2 起通断作用，连通或关断供暖系统与室外供热管网。压力表 12 和压力表 13 的差值显示室外供热管网提供给供暖系统的压头。流量计 4、温度传感器 10 和积分仪 5 可计量供热量。自力式压差调节阀 6 可调节供给供暖系统的流量。过滤器 7（粗过滤）和过滤器 8（细过滤）可防止室外供热管网的污物进入室内系统，堵塞管道和散热器，影响正常供暖。过滤器 9 可防止流量计被堵塞。察看过滤器前后压力表的读数，可知过滤器内污物的累积情况，确定是否要进行清通。若供暖系统迟于室外供热管网运行，为了防止室外供热管网发生冻害，可在截止阀 1 和 2 关断时打开连通管上的截止阀 3。供暖系统运行时，截止阀 3 关闭。为了防止水流短路，要求截止阀 3 关闭严密。

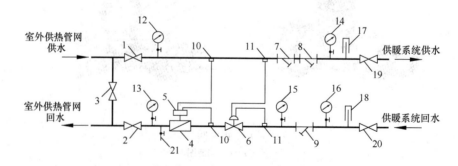

图 2-41　热力入口装置示意图

1、2、3、19、20—截止阀；4—流量计；5—积分仪；6—自力式压差调节阀；7—过滤器（孔径 3mm）；

8、9—过滤器（60 目）；10—温度传感器；11—压力传感器；12~16—压力表；

17、18—温度计；21—泄水阀

复 习 思 考 题

2-1 影响散热器传热系数的因素有哪些？其中最主要的因素是什么？提高散热器传热系数有哪些措施？

2-2 试论述铸铁散热器与钢制散热器的主要优缺点。

2-3 散热器靠外墙布置为什么有利于提高房间舒适性？

2-4 散热器面积计算中，四个修正系数 β_1、β_2、β_3、β_4 是考虑哪些因素的影响而提出的？为什么要进行这些修正？

2-5 当散热器的进出水温度和室内温度相同时，试比较图 2-42 中散热器接管方式不同时传热系数的大小。并说明为什么？

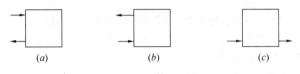

图 2-42 题 2-5 附图

2-6 比较图 2-43 中散热器的散热性能，并说明为什么？（比较前提：除图中表示出的条件外，其他条件相同。）

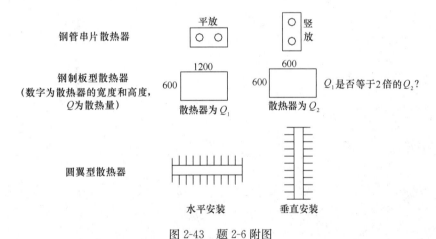

图 2-43 题 2-6 附图

2-7 图 2-44 中两组散热器进水温度 t_j 和通过的流量 G_s 相同，散热量 Q 不同，问散热器的平均温度 t_p 是否相同？如散热量 $Q_1 > Q_2$，是否有 $t_{p1} > t_{p2}$？

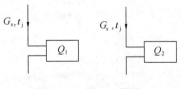

图 2-44 题 2-7 附图

2-8 如果选四柱 760 铸铁散热器，设计供回水温度为 95/70℃，室内供暖温度为 18℃，设计热负荷为 $Q = 3000\text{W}$，试计算散热器的散热面积。如实际运行时最高供回水温度为 75/50℃，问该散热器能否满足供暖要求（室内供暖温度达到 18℃）？如果实际运行时最高供回水温度为 75/50℃，能满足供暖要求（室内供暖温度达到 18℃），设计时需增加多少散热器面积？

2-9　热水供暖系统有哪些优缺点？

2-10　试绘出重力循环和机械循环上供下回式供暖系统供水干管的坡度和坡向，并说明为什么？

2-11　试比较机械循环双管热水供暖系统和单管热水供暖系统的主要特点。

2-12　试述单管热水供暖系统有几种基本形式？各有什么特点？

2-13　设计水平式热水供暖系统时应注意什么问题？

2-14　同程式热水供暖系统有什么优缺点？

2-15　设计高层建筑热水供暖系统时要注意解决哪些问题？高层建筑热水供暖系统有哪几种形式？

2-16　住宅分户热计量热水供暖系统可采用哪些形式？

2-17　膨胀水箱各配管有何作用和设置要求？各自连接到热水供暖系统什么位置？

2-18　膨胀水箱的容积如何计算？

2-19　重力循环和机械循环热水供暖系统中膨胀水箱如何与系统连接？

2-20　试分析集气罐的直径为什么不能太小？如何计算？

2-21　试述自动排气具的工作原理。

2-22　除污器和过滤器的接口有无方向性？为什么？

第3章 *暖风机供暖

暖风机属于机械供暖设备，暖风机供暖方式在某些工业建筑的生产车间和公用建筑的场馆中得到一定的应用，在某些场合成为不可替代的供暖方式。

3.1 暖风机

暖风机的主要组成部件有通风机、电动机、空气加热器（换热器）等。暖风机的热媒可以用热水、蒸汽，此外还有用电的暖风机，本章只介绍热水暖风机和蒸汽暖风机。电暖风机的结构与热水暖风机和蒸汽暖风机的区别主要是用电加热器代替采用热媒的换热器。电暖风机用于无集中供热热源，有用电条件而且电费相对便宜或需要临时供暖的地方。

常用暖风机有图 3-1 所示的三类：横吹式（图 a）、顶吹式（图 b）和落地式（图 c）。

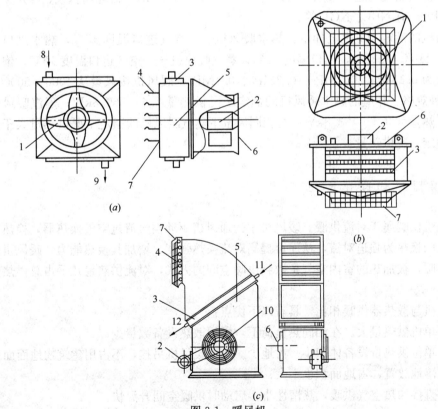

图 3-1 暖风机
(a) 横吹式；(b) 顶吹式；(c) 落地式
1—轴流通风机；2—电动机；3—空气加热器；4—导流叶片；5—外壳；6—进风口；
7—出风口；8—小型机组热水或蒸汽入口；9—小型机组热水或蒸汽出口；10—离心
式通风机；11—大型机组蒸汽入口；12—大型机组凝结水出口

其中前两种为小型暖风机，采用轴流式风机；后一种为大型暖风机，采用离心式风机。

横吹式暖风机在外壳 5 内装配轴流通风机 1、电动机 2 和空气加热器 3，组合成机组。在轴流通风机的驱动下，空气由一侧的进风口 6 进入机组，流经空气加热器时被热媒加热、温度升高，从另一侧的出风口 7 流出机组，送到供暖空间。出风口有导流叶片 4 可调节出风方向。8 和 9 分别为热媒的进出口。这类暖风机较顶吹式暖风机用得多。

顶吹式暖风机中轴流风机 1 置于机组的中下方，空气加热器 3 立置，空气从暖风机的四个侧面的进风口 6 进入，经加热升温后，垂直向下送出。出风口 7 所装导向叶片用来扩大下送气流的射流面。

落地式暖风机中空气在置于机组下方的离心式通风机 10 的驱动下，从下侧进风口 6 进入机组。经空气加热器 3 加热后，从上部出风口 7 送出，出口有导流叶片 4。热媒进出口分别为 11 和 12。这类机组的风量大，送出热风的射程远，可负担较大区域的供暖。运行时噪声大。

暖风机的送风量越大，气流射程越长，噪声也越大。暖风机的风量从 1000～50000m³/h。小型机组单机供热量和送风量（风量为 3150～20000m³/h）比大型机组小，而噪声比大型机组小，气流作用范围也小，有 NC（Q）、NA（GS）等型。大型机组比小型机组单机供热量和送风量大（风量为 20000～50000m³/h）、占地面积大、噪声大、气流作用范围大，有 NBL、NGL 等。

暖风机的额定工况规定如下：热水暖风机——空气进口温度 15℃，热水进口温度可为 90℃、110℃、130℃，出口温度 70℃；蒸汽暖风机——空气进口温度 15℃，饱和蒸汽表压头可为 0.1MPa、0.2MPa、0.3MPa、0.4MPa。暖风机按风量从 1000～50000m³/h，分为 18 种规格。相应的热水暖风机的额定工况供热量 7.4～369.8kW；蒸汽暖风机的额定工况供热量为 9.1～453.8kW。在相同风量下蒸汽暖风机的额定工况供热量大于热水暖风机的额定工况供热量。

3.2　暖风机供暖的特点

暖风机供暖属于对流供暖。暖风机中的通风机驱动空气流过空气换热器，换热器外表面与空气的换热为强迫对流，从而可提高对流换热强度、增加其换热能力。暖风机供暖属于热风供暖，被加热的室内空气扩散到供暖空间的方式，对流供热量几乎占总供热量的比例接近 100％。

暖风机与散热器供暖相比，具有以下优点：

（1）单机供热量大。在相同热负荷下，所用散热设备数量少；

（2）单位供热量设备体积小、占地少。小型暖风机吊挂，不占用建筑物地面面积；大型暖风机落地放置，占地面积也不大；

（3）直接加热空气供暖，热惰性小，启动时供暖空间升温快。

暖风机供暖的缺点是：

（1）运行时风机消耗电能，有噪声；

（2）室内空气被循环加热，若仅靠门窗渗风，室内空气的品质不佳。

鉴于暖风机供暖具有以上优缺点，暖风机供暖系统适用于以下厂房或场馆：

（1）允许循环使用室内空气；

（2）要求迅速提高室温；

（3）可实行值班供暖（非工作时间维持室内温度为 5℃）或间歇供暖。

暖风机供暖系统不适用于以下场合：

（1）空气不能循环使用；

1）空气中含有对人体有害、有毒性物质；

2）工艺过程产生易燃、易爆气体、纤维或粉尘；

（2）对环境噪声要求比较严格。

3.3 暖风机供暖系统

暖风机供暖常用设计方案有两种：方案 1—全部由暖风机供暖；方案 2—暖风机和散热器共同供暖。方案 1 由暖风机承担全部供暖设计热负荷；方案 2 由暖风机承担部分供暖设计热负荷。一般方案 2 由散热器供暖系统实现值班供暖，承担值班供暖热负荷，设计供暖热负荷与值班供暖热负荷的差额由暖风机供给。方案 1 的优点是系统比较简单，暖风机用量大，具有应用暖风机供暖的优点和缺点；方案 2 的优点是非工作时间不开启暖风机，室内温度为值班供暖温度，节省电能和热能，散热器供暖不需要管理。工作时间开启暖风机可迅速提高室温，而且由于只承担部分热负荷，暖风机的用量少，消耗电能少，噪声也会有所降低。但其系统稍复杂，管理要及时配合。方案 2 中两套系统一般采用同一种热媒（热水或蒸汽）。本节主要介绍方案 1 的暖风机供暖系统。

采用暖风机供暖的车间和场馆常为单层、高大空间建筑，供暖热负荷大。可以采用热水或蒸汽为热媒。如采用高温热水和高压蒸汽为热媒，供暖设备供热强度高，可适当减少暖风机的用量和安装工作量。如采用低温热水，则反之。

3.3.1 暖风机的选择计算

设计暖风机供暖系统时，首先要确定暖风机的型号、台数及布置方案。

（1）暖风机型号与台数的确定

应根据建筑物的平面图、暖风机供暖系统的方案及承担的热负荷、单台暖风机的实际供热能力和气流作用范围来选择供暖空间内所设置的暖风机型号，并确定其台数。在选择小型暖风机型号时，注意其出风温度一般不低于 35℃，以免有吹冷风的感觉；不得高于 55℃，以免热射流过分上升，使建筑物上部热损失增加、暖风机有效供热量减少。

暖风机的台数用下式计算：

$$n = \frac{Q}{\eta q} \tag{3-1}$$

式中　n——暖风机的台数；

　　　Q——供暖设计热负荷，W 或 kW；

　　　q——单台暖风机设计条件下的供热量，W/台或 kW/台；

　　　η——暖风机的有效供热系数。

用有效供热系数 η 来考虑暖风机出口热射流上升，使其被有效利用供热量减少的因素。对热水系统，$\eta=0.7$；对蒸汽系统，$\eta=0.7\sim0.8$。

为了使供暖场所室内温度和气流分布比较均匀、个别暖风机发生故障时室温不至于过分降低，宜选两台以上同型号的暖风机。

产品样本或设计手册中通常给出单台暖风机的额定工况供热量 q_0。暖风机的设计条件与额定工况不一致，需对其供热量进行修正。

热水暖风机的供热量用下式进行修正：

$$q = q_0 \frac{t_p - t_j}{t_{p0} - 15} \tag{3-2}$$

式中　q_0——单台暖风机额定工况供热量，W/台或 kW/台；

　　　t_p——设计条件下的暖风机进、出口热水平均温度，℃；

　　　t_j——设计条件下的机组进风温度，一般可取供暖室内计算温度，℃；

　　　t_{p0}——额定工况下暖风机进、出口热水平均温度，℃；

其他符号同式（3-1）。

蒸汽暖风机的供热量用下式进行修正：

$$q = q_0 \frac{t_q - t_j}{t_{q0} - 15} \tag{3-3}$$

式中　t_q——设计条件下的暖风机进口饱和蒸汽温度，℃；

　　　t_{q0}——额定工况下暖风机进口饱和蒸汽温度，℃；

其他符号同式（3-2）。

在确定暖风机台数和平面布置方案时要考虑使室内温度均匀，同时所选用暖风机的总风量应使房间换气次数（换气次数是暖风机出风量与房间容积之比）不小于 1.5 次/h。

暖风机的射程，可按下式估算。

$$X = 11.3 v_0 D \tag{3-4}$$

式中　X——暖风机的射程，m；

　　　v_0——暖风机出风口的风速，m/s；

　　　D——暖风机出风口的当量直径，m。

（2）暖风机的布置

在生产厂房或场馆内布置暖风机时，应考虑建筑车间平面形状、工作区域、工艺设备、产品及原材料堆放位置以及暖风机气流作用范围等因素。暖风机平面布置时应尽可能使室内气流分布合理、温度均匀、送出的气流覆盖供暖区域。

横吹式小型机组暖风机悬挂在墙上、柱上、梁下，可采用图 3-2 所示的平面布置方

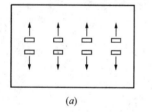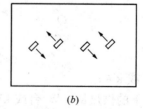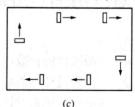

（a）　　　　　　　　　　（b）　　　　　　　　　　（c）

图 3-2　横吹式暖风机平面布置方案

（a）直吹；（b）斜吹；（c）顺吹

案。其中图（a）为直吹，用于小跨度厂房或多跨厂房，暖风机挂于内墙，向外墙方向送风。图（b）和图（c）用于大跨度或多跨厂房。图（b）为斜吹，暖风机挂在中间柱上，向两面外墙斜向送风。图（c）为顺吹，暖风机挂在外墙柱上，各暖风机的送出气流串接。

顶吹式暖风机小型机组可吊挂在顶棚下或梁下、阶梯形屋顶等较高处，吸入房间上部较高温度的空气送至房间下部，应使向下气流覆盖既定供暖区，减小室内竖向温度梯度和气流死角。

暖风机的安装高度（指出风口离地面的高度）适当，可增加供暖范围和免除对地面人员的吹风感和减少无效能耗。小型暖风机的安装高度与出口风速有关，当出口风速≤5m/s时，宜采用 2.5～3.5m；当出口风速大于 5m/s 时，宜采用 4～5.5m。

大型暖风机不应布置在车间大门附近，室内不应有影响气流流动的高大隔墙或设备，可直接固定在专用平台上。可采用图 3-3 所示的方案，使气流射程覆盖供暖区。大型暖风机出口风速和风量大、射程长。其安装高度应根据厂房高度和回流区的分布位置等因素确定，不宜低于 3.5m，不宜高于 7m。出风口离侧墙的距离不宜小于 4m，出风口风速可采用 5～15m/s。当厂房高、送风温度较高时，出风口处宜设置向下倾斜的导流板。生活地带和作业地带的风速一般不宜大于 0.3m/s。设置于地面或平台上时，其进风口底边距地面 0.3～1m。

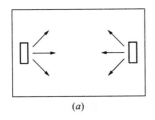 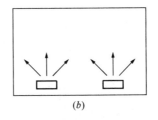

图 3-3 落地式暖风机平面布置方案

(a) 对吹；(b) 并吹

3.3.2 暖风机热水供暖系统方案及管路布置

小型横吹式暖风机热水供暖系统在同一厂房或场馆内多为同一高度、单层布置暖风机。管道系统可以采用上供上回式或上供下回式系统。当车间靠近外墙的地面设备较多时，宜采用上供上回式系统；当有管沟或地面布置管道方便时，可考虑采用上供下回式系统。上部的干管布置在车间吊车梁下，除设置必要的方形补偿器防止管道变形甚至破坏之外，管道可置于附柱支架上走直线；下部的干管可沿地面或设置在管沟内。沿车间地面外墙布置的回水干管，应包柱而行。如车间较大、一条干管上并联暖风机台数较多时，宜采用同程式系统。管道系统可根据车间形状分为几条大支路。每台热水暖风机的热水进、出口应设阀门，以便分台关断、调节、维修和管理暖风机组。

暖风机蒸汽供暖系统应采用上供式系统。只是要注意蒸汽管的坡度和坡向要利于沿途凝结水的排出，凝结水管的坡度和坡向要保证凝结水的排出。过门处凝结水干管的安装见图 6-3。每台蒸汽暖风机的蒸汽进口应设阀门，以便关断、维修和管理；出口应设疏水器，以防止大量蒸汽窜入凝结水管和增加能耗。蒸汽作为热媒的暖风机供暖系统的管道布置和疏水器安装的有关技术细节详见第 6 章。

复 习 思 考 题

3-1 暖风机由哪些基本部件组成?

3-2 小型横吹式暖风机在车间中怎样布置?

3-3 暖风机供暖和散热器供暖有什么不同? 暖风机供暖适用于哪些场合?

3-4 哈尔滨市某生产厂房,供暖室内计算温度 $t_n = 16℃$,供暖设计热负荷 $Q' = 150000W$,采用值班供暖系统,问暖风机的最大供热能力应为多少? 占总设计热负荷的比例是多少?

本章彩图资料

第4章 辐射供暖

国外早在 20 世纪初提出辐射供暖，并在其后十余年间在多个供暖系统中采用，在 20 世纪 40 年代后进行了理论和实践研究，得到广泛应用并有专著问世。20 世纪 70～80 年代我国曾在一些厂房和公用建筑中应用辐射供暖。近年来随着新型管材和辐射供暖设备的研发和生产，在住宅建筑及公用建筑中辐射供暖得到快速发展，技术水平大幅提升。

4.1 概述

4.1.1 辐射供暖的概念

辐射供暖是依靠温度较高的辐射供暖设备与围护结构内表面的辐射换热和与室内空气的对流换热，使房间围护结构（包括辐射供暖设备）内表面平均温度 $t_{b.p}$ 高于室内空气温度 t_k 的供暖方式。即：

$$t_{b.p} > t_k \tag{4-1}$$

对流供暖时房间围护结构内表面平均温度 $t_{b.p}$ 低于室内空气温度 t_k。辐射供暖的辐射能量交换量在总能量交换量所占的比例，要比相应的对流供暖高。相对而言，辐射供暖是热辐射传热量较多的供暖方式。

4.1.2 辐射供暖的能源及类型

辐射供暖按能源分为：热水或蒸汽辐射供暖、电辐射供暖和热空气（或烟气）辐射供暖等。根据辐射供暖设备的表面温度可以将辐射供暖分为低温（低于 70℃）、中温（70～250℃）和高温（250～900℃）。热水辐射供暖表面温度低，多用于民用和公用建筑。蒸汽辐射供暖辐射设备表面温度高，传热强度高，通常用于工业厂房。

热空气辐射供暖是向埋设在建筑结构中的通道输送热空气来供暖。该系统需要增加结构厚度，需要热空气处理、输送设备和管道系统，目前应用很少。北方的火墙、火炕，国外的壁炉是最原始的热烟气辐射供暖。目前大多数采用热水辐射供暖，热水或蒸汽辐射供暖系统的热媒多来自于锅炉房、热电厂等热源；热水辐射供暖系统的热媒还可来自热泵站等其他热源。本章主要介绍以水为热媒的辐射供暖，简要介绍电辐射供暖。

热媒辐射供暖系统与对流供暖系统一样由热源、输送热媒的管网和散热设备构成，两者的差别在于散热设备不同。辐射供暖的散热设备，称为辐射板。

4.2 辐射板及辐射供暖的特点

对流供暖的散热设备尽量位于房间下方，单体独立地靠近围护结构布置；辐射供暖的散热设备可以设置在房间的顶面、墙面和地面中的任何一个部位，辐射板可与围护结构结合为一体或者贴附于其表面，也可独立于围护结构应用。本节主要介绍以水为热媒的低温辐射板。

4.2.1　辐射板

采用热水或蒸汽的辐射板呈板块状，内部有流通热媒、向空间散发热量的管道。这些管道实际上是输送热媒并传递热量的换热管又称为加热管。辐射板种类繁多，可根据条件选择。

4.2.1.1　辐射板的分类

（1）按与建筑物围护结构的结合关系分类

辐射板按与建筑物围护结构的关系分为：整体式、贴附式和悬挂式。

整体式辐射板将辐射板与围护结构（地面、墙面、顶棚等）结合为一体。图 4-1 为与地面结合的整体式辐射板，加热管 1 埋设在混凝土楼板 2 上，为了减少向下层房间的传热量，在加热管下方设置有绝热层 3（泡沫塑料或发泡水泥等），加热管用卡钉锚固在楼板上，加热管的轴向间距取决于对单位面积传热量和地面温度均匀性等要求。加热管周围为填充层 4（豆石混凝土或水泥砂浆），填充层上部为找平层 6（水泥砂浆）和用于装饰的饰面层 5（陶瓷地砖或木地板等）。

贴附式辐射板将辐射板贴附于围护结构表面。在图 4-2 中给出了贴附于墙面的辐射板。辐射板 1 依附墙体 3 设置。辐射板 1 和墙体 3 之间有绝热层 2，外表面有装饰层 4。

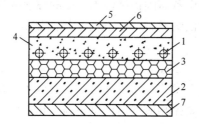

图 4-1　与地面结构结合的地面
辐射板（整体填充式）

1—加热管；2—钢筋混凝土楼板；3—绝热层；
4—填充层；5—饰面层；6—找平层；7—水泥砂浆抹灰层

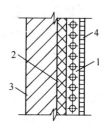

图 4-2　贴附于墙
面的辐射板

1—辐射板；2—绝热层；
3—墙体；4—外饰层

近年来用毛细管席作辐射散热设备的供热技术在国内外得到关注和应用，它基本上属于贴附式辐射板。它是德国工程师根据仿生学原理在 20 世纪 70 年代发明的一种新型供暖设备。毛细管席见图 4-3，采用细小聚合物管材加工成网状。由毛细管管束 1 和集水管 2 组成。管束的水流通道是直径 3～5mm、壁厚 0.5～0.8mm 的无规共聚聚丙烯管（PP-R）或耐热聚乙烯管（PE-RT）等材质的毛细管，其间距有 10mm、20mm、30mm 等几种。由于类似植物的叶脉和人体皮肤下的血管等毛细管故称为"毛细管"。为了便于使用，分块制作成"毛细管席"，用热熔焊或快速接头连接成所需供热面积。可贴附并固定于顶棚、墙面、地面上，外抹 15mm 左右厚度的水泥砂浆，再用石膏板做饰面。此外还可预制成金属模块式毛细管席辐射板应用。

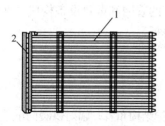

图 4-3　毛细管席辐射板

1—毛细管管束；2—集水管

毛细管席辐射板表面温度均匀、厚度薄、占用室内建筑空间小；重量轻（充水后的重量约为 600～900g/m²）、安装快速、布置简易灵活、施工简便；换热面积大，传热速度快；有 60% 的能量通过辐射方式进行，舒适性高。毛细管席的供热量与规格、介质温度等诸多因素有关，可查相关产品样本。

悬挂式辐射板脱离于围护结构表面吊挂，分为分体式和吊棚式。主要应用于工业厂房、某些具有高大空间的场馆和公共场所。分体式辐射板制成独立的板块状，吊挂在工业厂房的屋架下弦或柱内侧，分为单体式和带状辐射板。图4-4中的单体式供暖辐射板由钢管制加热管1、钢板制挡板2、辐射屏3（或5）和绝热层4制成。其中（a）为波状辐射屏；（b）为平面辐射屏。波形辐射屏能防止或减少加热管之间互相吸收辐射热。单体式供暖辐射板可串联成带状辐射板，如图4-5所示。可沿靠厂房外墙、柱侧或顶棚下单体均匀吊挂，适用于采用高温水的高大空间工业建筑供暖。吊棚式辐射板吊挂在公用建筑顶棚下，可使用专用挂件，也可以使用吊顶龙骨安装。图4-6为吊棚式辐射板形式之一，由绝热层3、加热管4和薄金属装饰孔板5构成的辐射板用吊钩1挂在房间钢筋混凝土楼板2下。薄金属（钢或铝）装饰孔板在传热的同时还能起装饰作用。吊棚式辐射板热惰性小，能隔声，相比其他辐射板可适当提高热媒温度。可在吊棚式辐射板上方空间布置照明电缆和通风管道等其他管道，检修时可不破坏建筑结构。其缺点是要增加房高。

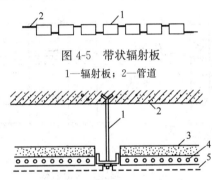

图 4-5 带状辐射板

1—辐射板；2—管道

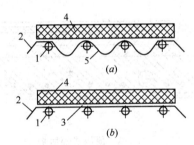

图 4-4 悬挂式单体供暖辐射板

（a）波状辐射板；（b）平面辐射板

1—加热管；2—挡板；3—平面辐射屏；

4—绝热层；5—波状辐射屏

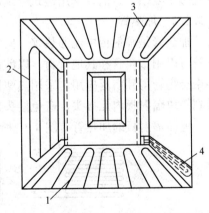

图 4-6 吊棚式辐射板

1—吊钩；2—楼板；3—绝热层；

4—加热管；5—装饰孔板

（2）按辐射板在供暖房间的位置分类

按辐射板在供暖房间的位置将其分为：地面式、墙面式（含踢脚板式）和顶板式，如图4-7所示。

地面式辐射板的结构之一见图4-1。它是应用最早和目前应用最多的辐射供暖形式，可以现场制作安装。为了提高装配化程度、施工进度和保证质量，推行在工厂预制部件、在现场安装或拼装的贴附式地面供暖辐射板。近年来研制的预制沟槽绝热板和预制轻薄供暖板均属于预制供暖辐射板。地面式供暖辐射板若下面与土壤相邻，则应在绝热层下增设防潮层，防止土壤中的水分向上入侵绝缘层影响传热效果；若位于潮湿房间，填充层（或找平层）上应增设隔离层，防止地面水分向下进入各结构层影响传热效果。地面辐射板主要应用于住宅和

图 4-7 位于房间不同位置的辐射板

1—地面式；2—墙面式；

3—顶板式；4—踢脚板式

公用建筑。当地面辐射供暖用于热负荷大、不希望布置散热器的住宅和公用建筑，希望地面温度较高的幼儿园、托儿所、游泳池边的地面，玻璃幕墙建筑靠外墙布置散热器困难等处时有显著优越性。

墙面式辐射板的结构见图 4-2，一般设置于内墙，可免除向外墙的无效热损失。有单面有效散热（向墙体一侧房间供热）和双面有效散热（向墙体两侧房间供热）两种。单面散热辐射板的背面应有绝热层，以减少辐射板背面向墙体另一侧空间的热损失。墙面式辐射板基本不占用房间面积，不受室内设施遮挡，可用于要求室内没有明露散热器的各类公用建筑和住宅。如果希望贴近地面处有温暖的感受，又不占用房间有效面积，设计热负荷不大的建筑，可在墙的下部靠近地面处采用图 4-8 所示的踢脚板式辐射板。其散热面积及散热量较小，可配合其他形式辐射板来应用。

顶板式辐射板可与房间顶板结合，图 4-9 为整体式顶板式辐射板。该辐射板基本不占用房间有效空间、不受室内设施遮挡。安装时要搭一定高度的操作架，比安装地面辐射板复杂。室内温度较均匀，但工作区温度较低（见图 4-13）。

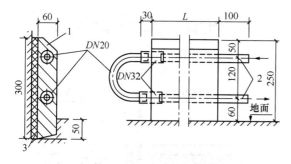

图 4-8　踢脚板式辐射板

1—混凝土；2—加热管；3—绝热板

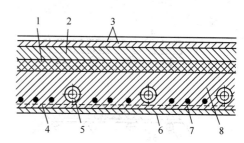

图 4-9　顶板式辐射板

1—绝热层；2—水泥找平层；3—上层地面面层；
4—网格；5—加热管；6—抹灰层；
7—钢筋；8—混凝土（填充层）

辐射板有多种形式。一般同一建筑物中宜选择一种辐射板，最多不超过两种，以免使系统过于复杂。目前在民用建筑中地面式和顶板式辐射板应用较广泛。

4.2.1.2　加热管

加热管是辐射板中流通热媒，向空间散发热量的元部件。以水为热媒的辐射板中的加热管可以用金属管和其他管材。以前都采用钢管，近年来热塑性塑料管、铝塑复合管和细小聚合物管得到广泛应用。采用热塑性塑料管和铝塑复合管做加热管连接简单，而且可以做到一块辐射板内无接头，避免接头处渗漏，节省金属。

地面辐射板的加热管有图 4-10 所示的几种：（a）平行排管式；（b）蛇形排管式；（c）

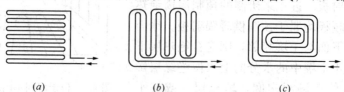

（a）　　　　　　　　　（b）　　　　　　　　　（c）

图 4-10　地面辐射板的加热管

（a）平行排管式；（b）蛇形排管式；（c）螺旋盘管式

螺旋盘管式。平行排管式用单根管道平行排列成蛇形，易于布置，板面温度较不均匀，适合于各种结构的地面。蛇形排管式用双管平行排列成蛇形，板面温度较均匀，但在较小板面面积上温度波动范围大，有一半数目的弯头曲率半径小。螺旋盘管式用双管并列盘成螺旋状，板面温度也不均匀，但只有两个小曲率半径弯头，施工方便。采用不同形状加热管的地面辐射板表面的温度分布状况见图 4-19。

墙面辐射板的加热管可采用图 4-11 所示的两种形式。其中图（a）用于单管系统（图中为跨越管式），加热管类似于排管式；图（b）用于双管系统，加热管类似于蛇形管。

悬挂式单体辐射板的加热管如图 4-12 所示。图（a）为蛇形管式；图（b）为排管式。应尽量减少加热管 1 与辐射屏 2 之间的间隙，以强化换热，增加散热量。

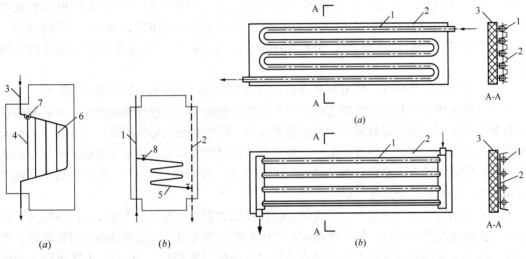

图 4-11　墙面辐射板的加热管
（a）用于单管系统；（b）用于双管系统
1—双管系统的供水立管；2—双管系统的回水立管；3—单管系统的立管；4—跨越管；5、6—加热管；7—三通阀；8—关断阀

图 4-12　单体悬挂式辐射板的加热管
（a）蛇形管（波形辐射屏）；（b）排管（平面辐射屏）
1—加热管；2—辐射屏；3—绝热板

4.2.2　辐射供暖的特点

应用辐射供暖具有以下特点：

（1）同对流供暖相比，辐射供暖可提高围护结构内表面的温度（高于房间空气的温度），减少人体的辐射换热量，增加热舒适性。辐射换热量提高的比例与热媒的温度、辐射热表面的位置等有关。辐射换热量在辐射板总换热量中所占的比例是：顶棚式 70%～75%；地面式 30%～40%；墙面式 30%～60%（随辐射板在墙面上的位置高度和板面温度的增加而增加）。

（2）可降低设计热负荷，有利于节能。辐射供暖房间垂直温度梯度小，图 4-13 给出

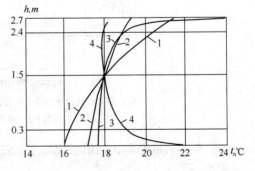

图 4-13　不同供暖方式下沿高度方向室内温度的变化
1—热风供暖；2—窗下散热器供暖；3—顶棚辐射供暖；4—地面辐射供暖

不同供暖方式下沿高度 h 方向室内温度 t_n 的变化。以房间高 1.5m 处，空气温度 18℃ 为基础来进行比较。热风供暖时（曲线 1）沿垂直方向温度变化最大，房间上部区域温度偏高，工作区温度偏低。采用辐射供暖（曲线 3 和 4），特别是地面辐射供暖（曲线 4）时，工作区温度较高。地面附近温度升高，也有利于提高人的舒适感。上部围护结构传热温差减小，导致实际热负荷减少，计算时可取较低的高度附加率；供暖室内计算温度可比对流供暖低 2℃（见 1.1.2）。室内温度的降低，使冷风渗透和外门冷风侵入等室内外通风换气的耗热量减少。鉴于上述原因采用辐射供暖可降低设计热负荷，有利于节能。

（3）用塑料管或铝塑管的辐射板节省金属可观。

（4）提高环境质量。辐射供暖室内没有强烈的对流，室内空气流动速度低，无尘土飞扬，卫生条件好。大多数辐射板不占用房间有效面积和空间。一些辐射板暗装在建筑结构内，无明露供热设备，舒适美观，不影响室内设施的布置，辐射板不易被破坏，墙面式和顶板式辐射板供暖效果不受室内陈设遮挡的影响。可满足大型房间任意分隔的需要。

（5）水力稳定性较好。辐射板具有较大的水力阻力，使辐射板供暖系统失调轻。

（6）辐射供暖可利用较低温度的热源。地面辐射板加热管埋设在地面面层下，利用管外包裹的填充层、面层等材料增加了散热表面积。因而在相同的供暖设计热负荷下，地面辐射散热表面的温度可大幅度降低，正好符合人体健康的需求。供水温度低，可利用热电厂汽轮机的低压抽汽，有利于提高热电厂的经济性，可利用 40～60℃ 的低温热水（热泵机组供水、地热水、余热等）供暖。

（7）热惰性大。与混凝土结合或贴附的供暖辐射板（混凝土辐射板），热惰性大。启动时，室内温度上升缓慢，停止供热时，室内温度下降缓慢。调节供热响应时间延迟。图 4-14 为混凝土辐射板与散热器在加热或冷却过程中的温度变化。图（a）为散热设备的温度由开始时的房间温度 t_n 上升到温度 t_s 的时间，显然混凝土辐射板比钢制对流器和铸铁散热器所对应的这一时间都要长得多。图（b）表示了在加热或冷却过程中散热设备温度的变化。冷却过程要比加热过程变化缓慢。混凝土辐射板的冷却时间会更长。

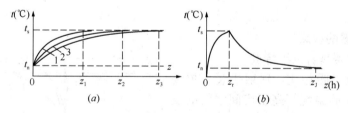

图 4-14 加热或冷却时散热设备温度变化过程
（a）不同散热设备的升温过程；（b）散热设备的加热与冷却过程
1—钢制对流器；2—铸铁散热器；3—混凝土辐射板

（8）整体式或贴附式辐射板现场施工安装较复杂。暗埋的加热管如发生渗漏或堵塞，维修困难。

综合上述特点，辐射供暖可应用于各类建筑。混凝土辐射板不适宜用于要求迅速提高室内温度的间歇供暖场合。要求在设计、施工安装和使用中，对可能引起加热管破损和堵塞的问题应给予足够的重视。

4.3 热水辐射供暖系统

4.3.1 热水辐射供暖系统的形式及辐射板的布置

热水辐射供暖系统的热媒可来自于锅炉房、热电厂及热泵站等热源。热水辐射供暖系统供水温度一般不大于 60℃，民用建筑供水温度宜采用 35～45℃。如热源为低温供水，可直接给辐射板供暖系统供水；如热源供水温度较高，可在小区或建筑物入口装设换热器降低供水温度。地面辐射供暖系统的工作压头不宜大于 0.4MPa，应不超过辐射板承压能力。当超过上述压头时，应采取相应的措施，例如，采用竖向分区式热水供暖系统（见 2.2.3）。

热水辐射供暖系统的管路设计与一般热水供暖系统基本相同。在民用建筑中可采用上供式或下供式、单管或双管系统。地面供暖辐射板和顶棚供暖辐射板一般应采用双管系统，以利于调节和控制。供暖辐射板水平安装时，应设放气阀，必要时设放水阀。图 4-15 为双管系统在一梯多户住宅建筑中的管道连接方式。图中设置于公共空间的分水器 6 和集水器 7 连接多个用户。因大多数辐射板加热管的管径较小，入口供水管上应设置过滤器 3，防止污物堵塞；如辐射板加热管内的流速较小，分水器和集水器上要设放气阀 5 放气，防止形成气塞。

图 4-16 表示设置在一个用户入口的分水器和集水器并联户内的多个辐射板（图中仅绘制其中一块辐射板）。通往户内各房间辐射板供回水管上应安装阀门，便于分别检查各辐射板的运行情况。

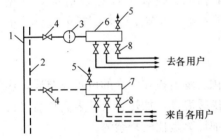

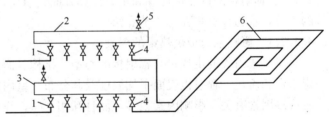

图 4-15　一梯多户住宅建筑中采用
供暖辐射板的管道连接方式

1—供水立管；2—回水立管；3—过滤器；

4—调节阀；5—放气阀；6—楼层分水器；

7—楼层集水器；8—用户关断阀

图 4-16　用户供暖辐射板的管道连接方式

1—进户阀门；2—住户分水器；3—住户集水器；

4—连接辐射板的阀门；5—放气阀；6—辐射板加热管

如供热区的建筑物既有散热器用户，又有辐射板用户，也可将辐射板热水供暖系统与散热器热水供暖系统串联，用后者的回水作为辐射板供暖系统的供水。这种连接方式可充分利用散热器热水供暖系统回水的热量，但同时满足两类不同散热设备用户的供暖要求，控制和调节都比较麻烦和困难。如建筑物的个别房间由于不希望散热设备明露或者散热设备面积大、布置有难度的场所（例如公用建筑的会议室、进厅等）装设供暖辐射板时，可考虑在局部采用这种串联系统。图 4-17 给出了一个大厅两块地面供暖辐射板 1 与散热器热水供暖系统回水干管 6 连接的情况。两块辐射板串联比并联时加热管内的流速高，且有

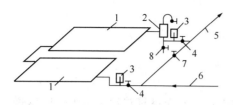

图 4-17 地面供暖辐射板与散热供暖系统
回水干管串联

1—地面供暖辐射板；2—集气罐；3—温度计；
4—阀门；5—去热源的回水干管；6—来自散
热器热水供暖系统的回水干管；7—旁通管调节阀；
8—放水阀

利于排气。从回水干管 6 流来的供暖系统回水温度正好满足地面供暖辐射板要求供水温度较低的条件。集气罐 2 用于集气和排气，旁通管上的调节阀 7 可调节流入辐射板的流量。温度计 3 显示辐射板的供回水温度。

设计供暖辐射板时，首先要选择辐射板的类型。供暖辐射板作为散热设备，其阻力损失（2～5mH₂O）比散热器大得多，使辐射供暖系统不易产生水力失调。不同的辐射板阻力损失差别较大，因此在一个供暖系统中宜采用同类辐射板，否则应有可靠的调节措施及调节性能好的阀门调节流量。部分房间面积布置辐射板时，要确定其在房间中的位置。

在房间的部分顶棚、部分地面布置供暖辐射板时，一般沿房间顶棚或地面的周边、顶棚或地面靠外墙处布置辐射板。布置加热管时，应使温度较高的供水管靠近外墙。热负荷明显不均匀的房间，宜将水温较高的加热管优先布置于热损失较大的外窗或外墙侧。

与建筑结构结合或贴附的顶棚供暖辐射板的加热管与地面供暖辐射板类似。要注意使加热管适当远离外门，不要穿过不供暖的房间和门厅。以防止在不利情况下加热管局部冻结，影响整个辐射板供暖。固定设备和卫生器具下方的地面，不应布置加热管。工业建筑采用悬挂式辐射板时，其悬挂高度不要影响车间吊车的运行。

4.3.2 热水辐射供暖系统辐射板供热量的计算

辐射供暖系统与对流供暖系统的设计计算基本相同。仅在设计热负荷计算（见 1.12）、辐射板的供热量计算和水力计算方面稍有不同之处。本节主要介绍辐射板供热量的计算，水力计算将在 5.4 节介绍。

4.3.2.1 影响辐射板供热量的因素

供暖辐射板的供热量与辐射板的类型、结构、面积、辐射板在室内的位置及布局，热媒参数和流量，辐射板表面平均温度及其分布，室内供暖温度，加热管及其表面覆盖材料等许多因素有关。影响因素很多，而且互相交织，详细计算是比较复杂的。

下面仅介绍影响热水供暖辐射板供热量计算的两个问题。

（1）热水参数

辐射供暖系统的供回水温度，应根据供暖辐射板的类型、布置和对表面温度的要求等条件决定。供回水平均温度，直接影响和决定着辐射板的散热量和表面温度、进而影响辐射板供暖的效果。民用建筑辐射板供水温度的最高限值不仅受房间舒适度的约束，还要受到管材允许最高温度的限制。

民用建筑供暖辐射板应选较低的设计供水温度和较小的温降。我国规定热水地面辐射供暖系统设计供水温度不应大于 60℃，设计供回水温差不宜大于 10℃ 且不宜小于 5℃。一般采用 35～45℃。如供热管网设计供水温度超过 60℃ 时，宜在楼栋入口处设混水装置（利用较低温度的回水与较高温度的供水混合，降低供水温度的装置）或换热装置。

水平布置的供暖辐射板，其设计供回水温差也应取较小值。温差不宜大于 10℃，从而增大设计流量，保证水平管中水流速度不小于 0.25m/s，有利排气。温差也不宜小于

5℃，以免流量过大，增加输送能耗。

用于厂房和场馆的悬挂式单体供暖辐射板（见图 4-4），加热管采用钢管时除可以用高温水作热媒之外，还可以用蒸汽作热媒，蒸汽的压力可以与高压蒸汽供暖系统相同，可高达 0.39MPa（见 6.1.2）。如用高温水为热媒，设计供水温度，甚至可高达 130℃。

对毛细管网辐射供暖系统的设计供水温度规定如下：墙面式和顶棚式 25～35℃；地面式 30～40℃。供回水温差宜采用 3～6℃。

（2）表面温度

供暖辐射板的表面温度 t_s 及其均匀程度与热媒温度 t、房间温度 t_n、加热管的管径 d、管间距 s、管子埋设深度 h、混凝土等覆盖物的导热系数 λ 等有关。在上述 6 个因素中加热管的管径、混凝土等覆盖物导热系数、热媒温度、房间温度的数值变化范围不大或可以预先给定。图 4-18 中表示了地面—顶棚混凝土供暖辐射板中每一加热管周围的地面材料层内的温度场，为使图面表达清晰，仅在左侧加热管示出。图中细实线为等温线，虚线表示热流。热流线起始于加热管，终止于辐射板表面。沿不同的热流方向地面材料层的热阻是变化的，使得地面表面的温度曲线呈波状起伏、不均等。加热管管顶所对应的地面表面温度最高，为 t_0；两相邻加热管之间（距离 $s/2$ 处）的地面表面

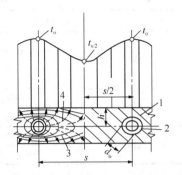

图 4-18 地面-顶棚混凝土供暖辐射板中的温度场和板表面温度的变化
1—供暖辐射板；2—加热管；
3—等温线；4—热流线

温度最低，为 $t_{s/2}$。地面辐射板不仅每两两加热管之间上部地面表面温度不均匀，而且沿水的流程地表表面温度也是不均匀和变化的。图 4-19（a）、（b）、（c）分别表示采用不同形式的加热管（图 4-10）沿房间进深地面供暖辐射板表面温度的变化情况。图中 Δt_s 表示地面表面平均温度的变化范围。图（a）描绘平行排管式辐射板表面平均温度沿水的流程逐步均匀降低，温度变化曲线为小波单向倾斜；图（b）描绘蛇形排管式辐射板表面温度在小面积上波动大，平均温度分布较均匀，温度变化曲线呈波状起伏；图（c）描绘螺旋盘管式辐射板表面平均温度沿水的流程波动，波幅较小。可见三种排管表面温度的分布和波动情况不同。在辐射板加热管上满铺金属板或金属箔作为均热层，可改善辐射板表面温度的不均匀性。

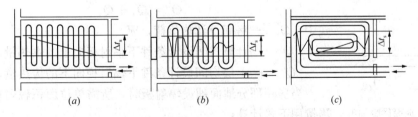

图 4-19 地面供暖辐射板表面温度的变化
（a）平行排管式；（b）蛇形排管式；（c）螺旋盘管式

辐射板表面的平均温度是设计辐射供暖的基本数据，辐射板表面最高允许平均温度应根据卫生要求、人的热舒适性条件和房间的用途来确定。顶棚辐射板温度过高，使人头部不适，层高较低的顶棚辐射板表面的适宜温度值较低。地面辐射板温度过高，时间长久之

后，人体也会不适。人员停留时间长的地面辐射板表面温度值宜较低；住宅和托幼机构的供暖辐射板表面的适宜温度值较低。研究和计算表明：地面供暖辐射板的表面温度还取决于表面覆盖物的厚度和导热性能、供水及回水温度。地表面温度比加热管内的水温低 20～40℃。地面辐射板表面的平均温度还应受地面覆盖层最高允许温度限制。辐射供暖辐射板表面平均温度的规定见表 4-1。

辐射供暖辐射板表面平均温度（℃）　　　　　　　表 4-1

辐射板设置位置		宜采用的平均温度	平均温度上限值
地面	人员经常停留	25～27	29
	人员短期停留	28～30	32
	无人停留	35～40	42
顶棚	房间高度 2.5～3.0m	28～30	—
	房间高度 3.1～4.0m	33～36	—
墙面	距地面 1m 以下	35	
	距地面 1m 以上，3.5m 以下	45	

4.3.2.2 地面辐射板供热量的计算

　　根据辐射换热的具体条件全面考虑各项因素，分别计算辐射板的辐射传热量和对流传热量，详细计算辐射板的供热量是相当复杂和繁琐的。设计时辐射板的类型、结构、辐射板在室内的布置原则、室内供暖设计温度、设计供回水温度、加热管、绝热层材料及表面覆盖材料等是事先选定的。而热水流量、辐射板表面平均温度等是要通过设计计算确定的。一般设计时首先要选择辐射板的类型和结构，确定辐射板的供热量，根据设计热负荷计算辐射板的面积，并校核其表面温度。

　　辐射板的供热量应满足房间所需供热量。一般辐射板应在不供热的一侧设有绝热层，即使如此，仍存在向另一侧的传热。对地面辐射板在向上为房间供热的同时，也在向下层房间传热。

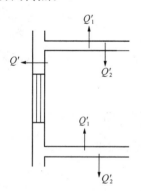

图 4-20　地面供暖辐射板房间的热平衡

　　对地面辐射板，除顶层房间外，各房间的得热量是各房间辐射板向上供热量和上层房间辐射板向下供热量之和（见图 4-20）。如认为各层房间向下层房间的传热量接近相等，则对中间层房间可写出下式：

$$Q' = Q'_1 + Q'_2 \qquad (4\text{-}2)$$

式中　Q'——房间设计热负荷，W；

　　　Q'_1——计算房间设计条件下辐射板向上的供热量，W；

　　　Q'_2——上层房间设计条件下辐射板向下的传热量，W。

　　当房间部分地面铺设辐射板时，所需单位面积辐射板向上供热量用下式计算：

$$q'_1 = \beta \frac{Q' - Q'_2}{A_b} \qquad (4\text{-}3)$$

式中　q'_1——设计条件下单位面积辐射板向上的供热量，W/m²；

　　　β——考虑家具等遮挡的安全系数，$\beta \geqslant 1$，根据实测数据得到；

　　　A_b——辐射板面积，m²；

其他符号同式（4-2）。

对顶层房间 $Q_2' = 0$。对底层房间，计算房间供暖设计热负荷时不计算地面热损失，即用二层房间向下传热量抵消其地面热损失。

辐射板向下的供热量用下式计算：

$$Q_2' = q_2' A_b \qquad (4-4)$$

式中　q_2'——设计条件下单位面积辐射板向下的供热量，W/m^2；

其他符号同式（4-3）。

同时，可按下式核算辐射板表面平均温度：

$$\tau_p = t_n + 9.82\left(\frac{q_1'}{100}\right)^{0.969} \qquad (4-5)$$

式中　τ_p——地表面平均温度，℃；

$\quad\quad t_n$——室内空气温度，℃；

其他符号同式（4-3）。

计算所得到的地表面平均温度不应超过表 4-1 的数值。

在《辐射供暖供冷技术规程》JGJ 142 中列出了不同的绝热层和面层材料、不同的加热管材质、结构一定的整体式地面辐射板，在不同的平均水温、室内温度和管间距下单位面积热水辐射供暖地面向上的供热量 q_1 和向下的传热量 q_2。在附录 4-1 中给出了加热管为 PB 管、绝热层为聚苯乙烯塑料板、面层为水泥（包括石材、陶瓷）或木地板的混凝土填充式热水辐射供暖地面的 q_1 和 q_2 的值。如条件变化，q_1 和 q_2 的值可直接查该技术规程。如计算所得到的单位面积辐射板的设计供热量与查得的数值不同，则应改变辐射板加热管的管径、间距、热水平均温度等重新计算。

如为悬挂式辐射板、电热膜和加热电缆（见 4.4）等其他类型辐射板，其单位供热面积或单位长度的供热量可查相关产品。如无相关数据，则需按文献提供的公式进行计算。

4.4　*电热辐射供暖

近年来随着一些新型电热辐射供暖设备的问世，电热辐射供暖在国内外得到较多应用。

4.4.1　电热辐射供暖的特点

电热辐射供暖是直接将电能转换为辐射热能的供暖。电辐射供暖时的优点是：没有直接的燃烧排放物；不需要燃料、热媒供应系统，无热水辐射供暖系统堵塞、漏水等隐患；如用于间歇供暖时室温上升快、停止供暖时无冻坏供暖设备之忧；系统安装和运行简便；便于分室、分户调节与控制室内温度；室内供暖设计温度比对流供暖低 2℃，可降低设计热负荷。不足之处是直接将高品位的电能转换为低品位的热能不符合能量逐级利用的原则和节约能源、提高能源利用率的用能原则；供电系统要增容；一般情况下，运行费用较高。因此只有在无燃气或集中热源，电力供应盈余，对环保有特殊要求等情况下经过论证才可选用电辐射供暖。也可作为其他可再生能源或清洁能源供热时的辅助和补充供暖方式。为了节省供暖电耗和减少用户费用，宜用于节能建筑。

4.4.2　电热辐射供暖的形式与计算

近年来电热辐射供暖多采用加热电缆辐射供暖和电热膜辐射供暖。既可用于全面辐射供暖，也可用于局部辐射供暖。

4.4.2.1 加热电缆辐射供暖

加热电缆辐射供暖是用发热均匀、热功率稳定、能承受较高温度的加热电缆线组成辐射供暖散热面的供暖方式。加热电缆是热辐射供暖系统的核心部件，目前多用于室内地面辐射供暖。

（1）加热电缆

加热电缆由发热线芯（导线）、绝缘层、金属屏蔽接地网和外护套等组成。发热线芯为多股合金电阻线，通过电流时产生热量，是加热电缆中将电能转换为热能的金属线。其工作电压为 200～250V，表面温度一般不低于 65℃。有单导线和双导线之分。单导线发热电缆中只有一根发热导线，双导线加热电缆又可分为双导线单发热和双导线双发热两种。其中前者只有一根导线发热，另一根导线是电源线（又称为冷线）；后者两根导线都是发热导线。双导线发热电缆的优点是电源可以从电缆一端接入，安装方便；电缆中两根导线自成回路，产生方向相反、强度相等、可互相抵消的电磁场。减少了电磁场对人体的辐射危害。用作室内辐射供暖时，应选双导线加热电缆。图 4-21 为双导线发热电缆。发热线芯 1 外有能承受较高温度的硅橡胶的绝缘层 2 起电绝缘的安全保护作用。外护套 4 采用 PVC 材料，制成为保护加热电缆内部不受外界环境影响（如腐蚀、受潮等）的外围结构层。在绝缘层和外护套之间的金属屏蔽网 3 采用铝箔或镀锡铜丝编织而成，包裹在发热线芯外并与发热线芯绝缘，具有电磁屏蔽作用。

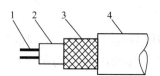

图 4-21 加热电缆的结构
1—发热线芯；2—绝缘层；3—金属屏蔽网；
4—外护套；5—地线

（2）加热电缆地面辐射供暖系统的设计

加热电缆用于地面辐射供暖系统时，由电源、加热电缆地面辐射板和温控器等组成。加热电缆地面辐射供暖板与热水地面辐射供暖板的做法类似（参见 4.2）。温控器的作用是根据要求的房间温度自动调节加热电缆的功率。

该辐射供暖方式的电能转换为热能的效率很高，在设计时可认为电能全部转换为热能，因此，确定加热电缆的供热量就是确定其电功率。生产企业在样本中给出单位长度加热电缆的功率，设计加热电缆地面辐射供暖系统主要是选用加热电缆的规格并确定其所需长度，以及设计加热电缆地面辐射供暖板。加热电缆的布线和计算应考虑地面家具对散热量的影响。尽管地面辐射加热电缆下面有保温层，仍有部分热量向下层空间散发，存在向上和向下的供热量。在确定加热电缆的安装功率时，同样要考虑加热电缆向下层房间的散热量。当建筑物各楼层地面结构、加热电缆结构一样时，对中间层可以认为，加热电缆向下传递热量等于上层传递下来的热量。考虑电压波动、电功率衰减等原因，安装功率要比设计热负荷增加 15％～27％，根据加热电缆辐射供暖所采用的面层和绝热层的材料取值。

计算各层房间热负荷的原则同辐射板。对中间层房间，认为上层房间加热电缆传给计算房间的热量与计算房间加热电缆向下层房间的传热量相等，则计算房间所需加热电缆的长度用下式计算。

$$L \geqslant \frac{(1+\delta)\beta Q'}{P_1} \tag{4-6}$$

式中　L——按产品规格选定的加热电缆计算总长度，m；

　　　δ——向下传热量占加热电缆供热功率的比例；

　　　β——考虑家具遮挡等因素对加热电缆供热量影响的系数；

　　　Q'——房间设计热负荷，W；

　　　P_1——加热电缆产品给定的额定线功率，W/m。

δ 的数值与地面结构有关，其值为 0.15～0.27。

加热电缆的布线间距按下式计算：

$$S \approx 1000 \frac{F_c}{L} \tag{4-7}$$

式中　S——加热电缆的布线间距，mm；

　　　F_c——敷设加热电缆的地面面积，m²；

　　　L 同式（4-6）。

计算得到加热电缆的布线间距，不宜小于 100mm，最大不宜超过 300mm。如不合适，再选择不同规格的发热电缆重新计算。

对高大空间的生产厂房或公用建筑还可采用图 4-22 所示的单体悬挂式加热电缆辐射板，它可供局部或全面辐射供暖。该加热电缆辐射板向上的供热量抵偿房间上部区域的热损失；向下的供热量抵偿房间下部区域的热损失。

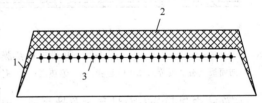

图 4-22　单体悬挂式加热电缆辐射板
1—钢制外壳；2—热绝缘层；3—加热电缆

4.4.2.2　电热膜辐射供暖

电热膜是通电后能发热的一种薄膜，是由绝缘材料与封装其内的发热电阻组成的平面型发热元件。根据电绝缘材料不同分为柔性和刚性电热膜，供暖用的电热膜绝大多数为柔性电热膜。每片电热膜的功率为 10～50W。电热膜辐射供暖系统由发热元件—电热膜、控制装置—外置温度传感器探头和温控器、配电装置和供电系统组成。可贴附在房间地面、顶棚、墙面，以及供房间局部辐射供暖之用。电热膜具有自限温功能、可靠接地和防止漏电等保证安全的措施。

▶电热膜辐射供暖板的构造及安装

（1）电热膜辐射供暖的结构

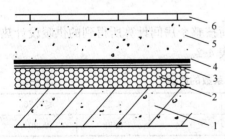

图 4-23　地面式电热膜辐射板的结构
1—钢筋混凝土楼板；2—保温层；
3—电热膜；4—防护层；
5—填充层；6—面层

由于竖向温度梯度小，舒适度高，加上造价低，目前地面式电热膜比顶棚式电热膜辐射供暖用得多。地面电热膜辐射供暖板的结构如图 4-23 所示。为了减少无效热损失，电热膜 3 下面设保温层 2（厚 20mm 的挤塑板）；为了保护电热膜免受填充层 5 损伤，其上面有防护层 4（厚 0.05mmPE 膜）；为了保护电热膜并使表面温度均匀化，设填充层 5（30mm 的豆石混凝土或水泥砂浆）；为了美化外观、经久耐用和进一步使表面温度均匀化，外表面有饰面材料 6。安装电热膜的地表面平均温度应不超过规定值，可参见表 4-1。

顶棚式电热膜不影响室内设备的布局，室内设备不影响电热膜供热效果、不易损坏。由于电热膜表面的装饰层较薄，所以顶棚表面温度较均匀。因要吊挂电热膜及其附件施工较麻烦，由于其不再进行二次装修、对其表面美观要求高，因此造价比地面式高。图 4-24 为顶棚式电热膜安装结构和固定方式。图（a）中电热膜 2 被饰面层 1 和绝热层 3 夹持，并用自攻螺钉（图中未示出）固定在轻钢龙骨 5 上。图（b）中轻钢龙骨被龙骨吊件 6 卡吊住，用射钉 7 将间隔设置的龙骨吊件固定在钢筋混凝土顶板 4 上，将多片电热膜连成组。用导线将电热膜组与温控器连到电源回路中，以便根据室外温度的变化调节供热量，满足供暖要求。安装电热膜的顶棚表面平均温度不应高于 36℃。

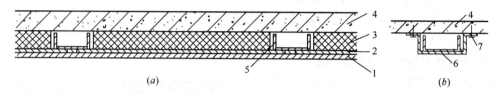

图 4-24　顶棚式电热膜辐射供暖安装示意图

1—饰面板（石膏板等）；2—电热膜；3—绝热层；4—钢筋混凝土楼板；5—轻钢龙骨；6—龙骨吊件；7—射钉

墙面式电热膜分有龙骨和无龙骨两种，根据需要可安装在距地面高 200～2000mm 的墙面。安装电热膜的墙体表面平均温度不应高于 35℃。

（2）电热膜片数的计算

供暖房间所需电热膜片数用下式计算：

$$N = (1+k)\frac{Q}{q} \tag{4-8}$$

式中　N——电热膜片数；

　　　Q——电热膜计算热负荷，W；

　　　q——每一片电热膜对供暖房间的有效供热量（功率），W/片；

　　　k——附加运行系数。

附加运行系数是考虑电压波动、功率衰减等因素而增加的系数，取 $k=0.2$。

电热膜供暖系统控制灵活，室温调节方便，便于用户调节，也给用户提供了间歇使用和调节的便利条件。若用户间歇供暖，用于考虑间歇供暖和户间传热带来的影响，要增大计算热负荷和增加电热膜的片数。

若房间局部采用电热膜供暖，则供暖计算热负荷按整个房间计算所得到的供暖设计热负荷乘以局部电热膜供暖热负荷计算系数，其值见表 4-2。

局部电热膜供暖热负荷计算系数的数值　　　　　　　　　　　　表 4-2

供暖区面积与房间总面积之比	≥0.75	0.55	0.40	0.25	≤0.20
计算系数	1	0.72	0.54	0.38	0.30

复 习 思 考 题

4-1　辐射供暖与对流供暖的主要区别是什么？辐射供暖板有哪些形式？

4-2　辐射供暖为什么比对流供暖节能？地面辐射供暖板有哪些形式？

4-3 辐射供暖有哪些特点？适宜用在哪些场合？

4-4 影响地面供暖辐射板散热量的因素有哪些？说明地面供暖辐射板表面温度分布曲线的大致形状。

4-5 为什么要限定供暖辐射板的表面温度？各类供暖辐射板的表面温度大致是多少？

4-6 房间供暖设计热负荷为 3200W，采用地面辐射供暖。地面辐射板结构同附录 4-1，加热管为 PB 管，室内供暖设计温度为 20℃，传热平均温差为 20℃，间距 200mm。试分别确定面层材料为水泥和木地板时需铺设地面辐射板的面积。

4-7 简述毛细管席的结构和用于辐射供暖的注意事项。

4-8 辐射供暖系统可以采用哪些介质做热媒？用在什么场合？

4-9 辐射供暖系统为什么不容易产生水力失调？

4-10 简述电辐射供暖的应用条件。

4-11 简述加热电缆的结构和使用注意事项。

4-12 简述地面和顶棚式电热膜的结构和优缺点。

第 5 章 热水供暖系统的水力计算与调节

水力计算是设计和改扩建供暖系统计算的主要任务和重要内容。供暖系统的水力计算在已知设计热负荷和确定供暖系统形式的条件下进行。其计算结果不仅关系到系统的投资，而且影响其运行效果。

5.1 热水供暖系统水力计算基本公式

热水供暖系统水力计算的依据是水力学的基本知识。设计计算最基本的任务是按条件选择管道的公称直径，确定系统的阻力损失和必要的循环动力，为散热设备提供所需的流量。

5.1.1 管段阻力损失计算公式

流体沿管道运动时，要产生阻力损失，消耗能量。当流体沿直线管道流动时，由于流体与管壁间发生摩擦，所产生的阻力损失称为摩擦阻力损失或沿程阻力损失。而当流体流过管路附件（三通、弯头、异径管、阀门等）和设备时，因流线改组、形成漩涡区等在局部产生的能量损失称为局部阻力损失。

通常将供暖系统中流量不变、管径不变的一段管道作为一个计算管段，简称为"管段"，管段的阻力损失可用下式计算：

$$\Delta H = \Delta H_y + \Delta H_j = Rl + \sum \zeta \frac{\rho v^2}{2} \tag{5-1}$$

式中　ΔH——管段的总阻力损失，Pa；

　　　ΔH_y——管段的沿程阻力损失，Pa；

　　　ΔH_j——管段的局部阻力损失，Pa；

　　　R——比摩阻，Pa/m；

　　　l——管段的长度，m；

　　　ζ——管段的局部阻力系数；

　　　ρ——流体的密度，kg/m³；

　　　v——流体的流速，m/s。

（1）管段的沿程阻力损失

管段的沿程阻力损失 $\Delta H_y = Rl$，其中比摩阻 R 为单位长度管道的沿程阻力损失，用下式计算：

$$R = \frac{\lambda}{d} \frac{\rho v^2}{2} \tag{5-2}$$

式中　λ——摩擦阻力系数；

　　　d——管道的内径，m；

其他符号同式（5-1）。

摩擦阻力系数的数值由实验确定。流体的流动状态分为层流区和湍流区。用雷诺数来判别：

$$Re = \frac{vd}{v} \tag{5-3}$$

式中　Re——雷诺数；

v——流体的运动黏性系数，m^2/s；

其他符号同式（5-1）和式（5-2）。

各流动区域有不同的摩擦阻力系数计算公式。

1）层流区

$Re < 2000$ 时，流动处于层流区。层流区的摩擦阻力系数仅取决于雷诺数的数值，用下式计算：

$$\lambda = \frac{64}{Re} \tag{5-4}$$

式中符号同式（5-2）和式（5-3）。

2）湍流区

$Re \geqslant 2000$ 时，流动处于湍流区。湍流区可分为三个分区：水力光滑管区、过渡区和阻力平方区。

① 水力光滑管区

$Re < 23d/k$ 时，流动处于水力光滑区。钢管摩擦阻力系数的数值取决于雷诺数的数值，用布拉修斯公式计算：

$$\lambda = \frac{0.3164}{Re^{0.25}} \tag{5-5}$$

式中符号同式（5-4）。

② 过渡区

当 $23d/k \leqslant Re < 560d/k$ 时，流动处于过渡区。

过渡区摩擦阻力系数的数值取决于雷诺数和管壁的相对粗糙度的数值，用柯列勃洛克公式计算：

$$\frac{1}{\sqrt{\lambda}} = -2\lg\left(\frac{2.51}{Re\sqrt{\lambda}} + \frac{k/d}{3.7}\right) \tag{5-6}$$

式中　k——管壁的当量绝对粗糙度，m；

其他符号同式（5-2）和式（5-3）。

也可采用阿里特苏里公式计算：

$$\lambda = 0.11\left(\frac{k}{d} + \frac{68}{Re}\right)^{0.25} \tag{5-7}$$

③ 阻力平方区

当 $Re \geqslant 560d/k$ 时，流动处于阻力平方区。钢管阻力平方区的摩擦阻力系数仅取决于管壁的相对粗糙度的数值，用尼古拉兹公式计算：

$$\lambda = \frac{1}{\left(1.14 + 2\lg \dfrac{d}{k}\right)^2} \tag{5-8}$$

对于管径大于或等于 40mm 的钢管，可用希弗林松公式近似计算：

$$\lambda = 0.11 \left(\frac{k}{d}\right)^{0.25} \tag{5-9}$$

管壁的当量绝对粗糙度 k 与管材、使用时间和运行管理情况有关。主要取决于管道内表面状况、投入运行时间、腐蚀和沉积水垢的程度。设计热水供暖系统时，推荐采用 $k=0.0002$m。

可见摩擦阻力系数取决于流动状态，不同流动区域其影响因素和计算公式不同。

一般重力循环热水供暖系统中的流动状态可能位于层流区；机械循环热水供暖系统中的流动状态可能位于过渡区。

5.1.2　热水供暖系统管段阻力损失的计算方法

热水供暖系统由管段串、并联组成。管段的阻力损失是计算系统阻力损失的基础。管段水力计算常用以下两种方法。

（1）基本计算法（分别计算沿程阻力损失和局部阻力损失的方法）

该计算方法的计算式同式（5-1），其要点是要确定管段的比摩阻 R 和局部阻力系数 ζ 的数值。

1）比摩阻

已知热负荷，可用下式计算管段流量：

$$G = \frac{Q}{c(t_g - t_h)} = \frac{3600Q}{4187(t_g - t_h)} = \frac{0.86Q}{(t_g - t_h)} \tag{5-10}$$

式中　G——管段流量，kg/h；

　　　Q——管段承担的热负荷，W；

　　　c——水的比热，kJ/(kg·℃)，$c=4187$J/(kg·℃)；

　t_g、t_h——分别为供水温度和回水温度，℃。

当 Q 用设计热负荷 Q'，t_g、t_h 用设计供水温度和回水温度 t'_g、t'_h 计算时，用式（5-10）计算得到设计流量。用设计流量进行系统的设计水力计算。

管段内的流速与流量有以下关系：

$$v = \frac{G}{3600 \dfrac{\pi d^2}{4}\rho} = \frac{G}{900\pi d^2 \rho} \tag{5-11}$$

式中符号同式（5-1）、式（5-2）和式（5-10）。

将式（5-11）代入式（5-2）中得到下式：

$$R = 6.25 \times 10^{-8} \frac{\lambda}{\rho} \frac{G^2}{d^5} \tag{5-12}$$

当水温在一定范围内变化，水的密度 ρ 是已知的；水的流动状态确定时，摩擦阻力系数 λ 是确定的，上式可表达为 $R = f(d, G)$。即给定 R、d、G 三个量中的任意两个，可确定第三者的数值。附录 5-1 给出利用钢管的热水供暖系统水力计算表。

2）局部阻力系数

流体流经不同的局部阻力部件，产生的局部阻力损失不同。局部阻力系数用试验得到。在计算时直接查相关的表格。附录 5-2 给出了供暖系统常用局部阻力系数的数值。

（2）当量局部阻力法

当量局部阻力法是将管段的沿程阻力损失折合为等量的管段局部阻力损失。即：

$$Rl = \Delta H_d$$

将式（5-1）、式（5-2）代入上式，则有：

$$\frac{\lambda}{d}\frac{\rho v^2}{2}l = \zeta_d \frac{\rho v^2}{2} \tag{5-13}$$

$$\zeta_d = \frac{\lambda}{d}l \tag{5-14}$$

式中　ΔH_d——管段的当量局部阻力损失；

　　　ζ_d——管段的当量局部阻力系数；

　　　$\frac{\lambda}{d}$——折算水力摩阻系数，$1/\mathrm{m}$。

$\frac{\lambda}{d}$ 的值可查附录 5-3。

采用当量局部阻力法时，式（5-1）可表达如下：

$$\Delta H = Rl + \Delta H_j = \Delta H_d + \Delta H_j = \left(\frac{\lambda}{d}l + \Sigma\zeta\right)\frac{\rho}{2}v^2 = (\zeta_d + \Sigma\zeta)\frac{\rho}{2}v^2 = \zeta_{zh}\frac{\rho}{2}v^2 \tag{5-15}$$

$$\zeta_{zh} = \zeta_d + \Sigma\zeta \tag{5-16}$$

式中　ζ_{zh}——管段折算局部阻力系数；

其他符号同式（5-1）和式（5-14）。

当量局部阻力法的要点是确定管段的折算局部阻力系数 ζ_{zh}。

5.2　热水供暖系统的作用压头

作用压头是热水供暖系统运行时的循环动力，设计时应使系统的阻力损失等于其拥有的作用压头。本节先分析重力循环热水供暖系统作用压头的计算方法，然后再介绍机械循环热水供暖系统作用压头的确定原则。

5.2.1　重力循环热水供暖系统的作用压头

重力循环热水供暖系统的重力作用压头由系统中各部分水的温差引起水的密度差产生的循环动力，又称为自然循环作用压头。包括热水在管道和散热器内散热而被冷却产生的重力作用压头，即：

$$\Delta P_z = \Delta P_{z,s} + \Delta P_{z,g} \tag{5-17}$$

式中　ΔP_z——系统的重力作用压头，Pa；

$\Delta P_{z,s}$——热水在散热器内冷却产生的重力作用压头，Pa；

$\Delta P_{z,g}$——热水在管路内冷却产生的重力作用压头，Pa。

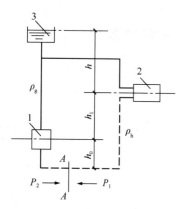

图 5-1　简单重力循环热水供暖
系统作用压头计算图
1—锅炉或换热器；2—散热器；
3—膨胀水箱

$\Delta P_{z,g}$占有一定的比例，特别是在单层建筑供暖系统中所占比例还较大。设计重力循环供暖系统时，大多数情况下，由于水在管路中流通时温降不大，$\Delta P_{z,g}$的数值较小，通常忽略不计，如要考虑，可查附录 5-4。下面主要介绍水在散热器内冷却产生的重力作用压头 $\Delta P_{z,s}$ 的计算原理与方法。

5.2.1.1　简单重力循环系统的重力作用压头

图 5-1 所示的重力循环热水供暖系统的工作原理在 2.2.1 中已有阐述。计算其重力作用压头时，为了便于分析，不考虑管道散热。认为水在热源设备（锅炉或换热器）中被加热到供水温度 t_g，对应水的密度 ρ_g；在散热器内冷却到回水温度 t_h，对应水的密度为 ρ_h。假设循环环路最低点断面 A-A 处有一个假想阀门，若突然将此阀门关闭，则断面 A-A 两侧所受压头分别为：

右侧 $P_1 = g(h_0\rho_h + h_1\rho_h + h\rho_g)$

左侧 $P_2 = g(h_0\rho_h + h_1\rho_g + h\rho_g)$

因为 $\rho_h > \rho_g$，所以 $P_1 > P_2$；右侧与左侧压头之差即是系统的重力作用压头：

$$\Delta P_z = P_1 - P_2 = gh_1(\rho_h - \rho_g) \tag{5-18}$$

式中　ΔP_z——简单重力循环热水供暖系统的重力作用压头，Pa；

　　　g——重力加速度，$g = 9.81\text{m/s}^2$；

　　　h_1——冷却中心（散热器）到加热中心（锅炉或换热器中心）的垂直距离，m；

　　　ρ_h——回水密度，kg/m^3；

　　　ρ_g——供水密度，kg/m^3。

由此可见，重力作用压头的大小取决于冷却中心与加热中心的高差 h_1 和两侧水温不同产生的水柱密度差。如 $t_g = 85℃$，$t_h = 60℃$，其对应温度下水的密度查附录 5-5，则高差 $h_1 = 1\text{m}$ 时的重力作用压头为：

$$\Delta P_z = gh_1(\rho_h - \rho_g) = 9.81 \times 1 \times (983.24 - 968.65) = 143\text{Pa}$$

可见重力作用压头的数值不大。h_1 增大时，ΔP_z 增大。运行时，供回水温度变化，ΔP_z 变化。

5.2.1.2　重力循环垂直式单管系统的重力作用压头

图 5-2 所示重力循环上供下回单管热水供暖系统中图（a）为顺流式，立管上的散热器串联。一根立管上所有散热器只有一个共同的重力作用压头，按式（5-18）的原则计算其数值是：

$$\Delta P_z = gh_1(\rho_1 - \rho_g) + gh_2(\rho_2 - \rho_g) = gH_2(\rho_2 - \rho_g) + gH_1(\rho_h - \rho_2) \tag{5-19}$$

式中　ΔP_z——单管热水供暖系统的重力作用压头，Pa；

ρ_1、ρ_2——分别为第1层、第2层散热器出水温度所对应的水的密度，kg/m^3；

h_1、h_2——分别为第1层散热器中心到加热中心、第2层散热器中心到第1层散热器中心的垂直距离，m；

H_1、H_2——分别为第1层、第2层散热器中心到加热中心的垂直距离，m；

其他符号同式（5-18）。

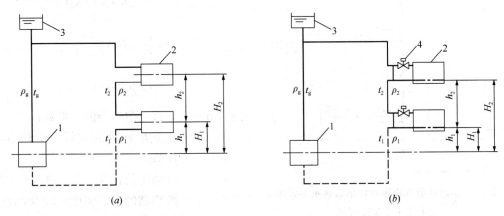

图5-2　重力循环垂直单管热水供暖系统重力作用压头计算图

（a）顺流式；（b）跨越管式

1—锅炉（或换热器）；2—散热器；3—膨胀水箱；4—调节阀

在低温水范围内，水的密度差与温度差成正比，即：

$$\beta = \frac{\rho_h - \rho_g}{t_g - t_h} \tag{5-20}$$

式中　β——密度差与温度差的比值，$kg/(m^3 \cdot ℃)$；

t_g、t_h——分别为供水和回水温度，℃；

其他符号同式（5-18）。

β的数值可根据水的温度和密度的数值得到，在一定温度范围内为定值，对设计供回水温度为95℃/70℃、85℃/60℃的系统，$\beta=0.64$。

对图（a）中第2层散热器可写出：$t_g - t_2 = \dfrac{Q_2}{cG_1} = \dfrac{0.86Q_2}{G_1}$。

对第1、2层散热器可写出：$t_g - t_1 = \dfrac{Q_1 + Q_2}{cG_1} = \dfrac{0.86(Q_1 + Q_2)}{G_1}$。将它们代入（5-19），得到重力作用压头计算公式：

$$\Delta P_z = g[h_1(\rho_1 - \rho_g) + h_2(\rho_2 - \rho_g)] = \beta g[h_1(t_g - t_1) + h_2(t_g - t_2)]$$

$$= \frac{0.86\beta g}{G_1}[Q_1 h_1 + Q_2(h_1 + h_2)] = \frac{0.86\beta g}{G_1}[Q_1 H_1 + Q_2 H_2] \tag{5-21}$$

式中　c——水的比热，$c=4187J/(kg \cdot ℃)$；

Q_1、Q_2——分别为第1层、第2层散热器的热负荷，W；

G_1——立管流量，kg/h；

其他符号同式（5-19）。

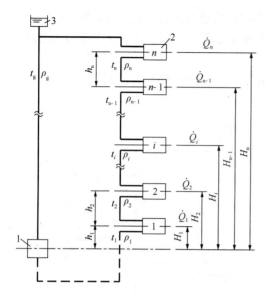

图 5-3 n 层散热器垂直顺流式单管热水供暖系统
重力作用压头计算图

1—锅炉或换热器；2—散热器；3—膨胀水箱

计算图 5-3 所示 n 层散热器顺流式单管热水供暖系统的重力作用压头时，借鉴式（5-21)，并将式（5-20）代入式（5-19）写出如下计算公式：

$$\Delta P_z = \sum_{i=1}^{n} gh_i(\rho_i - \rho_g)$$

$$= \sum_{i=1}^{n} gH_i(\rho_i - \rho_{i+1}) \quad (5\text{-}22)$$

$$= \beta g \sum_{i=1}^{n} H_i(t_{i+1} - t_i)$$

式中　　n——立管上散热器的总组数；

　　　　i——从底层起算的立管上散热器顺序数；

　　ρ_i、ρ_{i+1}——分别为流出第 i 层、第 $i+1$ 层散热器的水的密度，kg/m^3；

　　t_i、t_{i+1}——分别为流出第 i 层、第 $i+1$ 层散热器的水的温度，℃；

　　h_i——第一层散热器中冷却中心与加热中心的垂直距离或第 i 与 $i-1$ 层散热器中心之间的垂直距离，m；

　　H_i——第 i 层散热器中冷却中心与加热中心的垂直距离，m；

　　β 同式（5-20）。

参照式（5-21)，对设计供回水温度分别为 85℃、60℃ 的 n 层散热器顺流式单管系统可写出其重力作用压头计算公式如下：

$$\Delta P_z = \frac{0.86\beta g}{G_1} \sum_{i=1}^{n} Q_i H_i = \frac{8.44\beta}{G_1} \sum_{i=1}^{n} Q_i H_i = \frac{5.4}{G_1} \sum_{i=1}^{n} Q_i H_i \quad (5\text{-}23)$$

式中　Q_i——第 i 层散热器的热负荷，W；

其余符号同式（5-21）和式（5-22）。

从式（5-23）可看出，位于高处的散热器（H 值大）对重力作用压头的贡献大；热负荷大的散热器对重力作用压头的贡献越大。用公式（5-19）～式（5-23）计算重力作用压头不必涉及水的密度，使用方便、快捷。

图 5-2（b）所示跨越式单管系统的重力作用压头也可用式（5-21）～式（5-23）计算。只是要注意高度 h_i、H_i 的取法（详见图 5-2b 中所标注高度的上界）与图 5-2（a）不一样。在跨越式单管系统中立管中的水温的分界点位于各散热器回水支管与立管的连接点。这是因为在不考虑管道散热损失时，跨越管中的水温等于上层立管来水温度，也就是本层散热器的供水温度。

5.2.1.3　重力循环垂直式双管系统的重力作用压头

图 5-4 重力循环垂直式双管热水供暖系统中各层散热器并联。如不计管道散热损失，认为各层散热器的进、出水温度相同，各散热器进出水的密度都等于系统入口供、回水温

度所对应的水的密度 ρ_g、ρ_h。对设计供回水温度为 95℃/70℃、85℃/60℃ 的供暖系统，参照式（5-18）可写出通过各散热器的重力作用压头：

$$\Delta P_{z,i} = gH_i(\rho_h - \rho_g) = 6.28(t_g - t_h)H_i \qquad (5\text{-}24)$$

式中　$\Delta P_{z,i}$——通过第 i 层散热器的重力作用压头，Pa；

H_i——第 i 层散热器中心到加热中心的垂直距离，m；

其他各符号同式（5-18）和式（5-20）。

由于各层的 H_i 值不同，使得系统内作用于各层散热器环路的重力作用压头 $\Delta P_{z,i}$ 不同。通过系统最上层散热器环路的重力作用压头最大；通过最底层的散热器环路的重力作用压头最小。设计计算时应取通过处于不利地位的最底层散热器环路的重力作用压头为计算值：

$$\begin{aligned}\Delta P_{z,1} &= gH_1(\rho_h - \rho_g) \\ &= 6.28(t_g - t_h)H_1\end{aligned} \qquad (5\text{-}25)$$

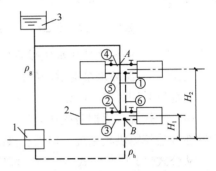

图 5-4　垂直式重力循环双管热水供暖系统重力作用压头计算图
1—锅炉或换热器；2—散热器；3—膨胀水箱

同时应将通过各上层散热器环路比底层散热器环路多余的重力压头尽可能消耗在相应的并联管路中。图 5-4 中第 1 层散热器和第 2 层散热器在 A、B 两点并联。通过第 1 层散热器的环路重力作用压头为 $\Delta P_{z,1}$，应取通过第 1 层散热器管段①、②、③的环路为计算环路开始进行计算，然后计算第 2 层散热器环路。使水从 A 点流到 B 点经过管段④、⑤、⑥的阻力损失接近通过第 2 层散热器环路的作用压头 $\Delta P_{z,2}$。否则第 2 层比第 1 层散热器环路的重力作用压头大，实际运行时如阀门调节性能不佳，使流经第 2 层散热器的流量将超过设计值而偏热，流经第 1 层散热器的流量将低于设计值而欠热，势必引起垂直失调。可见，通过上层散热器支路的重力作用压头不仅不能用作计算值，而且往往是引起系统垂直失调的根源之一。

5.2.1.4　水平式系统的重力作用压头

图 5-5 水平式热水供暖系统中图(*a*)为顺流式水平单管供暖系统；(*b*)为跨越管式（Ⅰ）水平单管供暖系统。其重力作用压头计算公式同式(5-24)，只是注意图 5-5 中散热器冷却

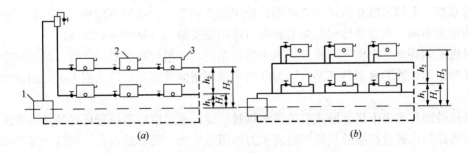

图 5-5　水平式热水供暖系统散热器的重力作用压头计算图
(*a*) 顺流式水平单管系统；(*b*) 跨越管式水平单管系统
1—锅炉或换热器；2—散热器；3—放气阀

中心到加热中心之间高度 H_i 的取法。散热器内冷却中心的位置在图上用空心小圆圈表示。同样，该系统中一般应取通过第 1 层散热器环路的重力作用压头（见式（5-25））设计计算管路。

5.2.2　机械循环热水供暖系统的作用压头

机械循环热水供暖系统中的作用压头由循环水泵提供的机械作用压头和热水在系统中冷却生成的重力作用压头合成。若忽略水在管路内冷却产生的重力作用压头，只考虑水在散热器内冷却产生的重力作用压头，则有：

$$\Delta P = \Delta P_b + \Delta P_z = \Delta P_b + (\Delta P_{z,s} + \Delta P_{z,g}) \approx \Delta P_b + \Delta P_{z,s} \qquad (5-26)$$

式中　ΔP——机械循环热水供暖系统的作用压头，Pa；

　　　ΔP_b——循环水泵提供的的作用压头，Pa；

其他符号同式（5-17）。

由一个热源（锅炉房或热力站）向多座建筑物供暖时，式（5-26）中的 ΔP_b 应为供热管网在各建筑物供暖系统入口处提供的资用压头（可资利用的供、回水管压差）。

从公式（5-18）～式（5-25）可见，重力作用压头 ΔP_z（或 $\Delta P_{z,s}$）随系统中的水温变化。在设计热负荷下重力作用压头最大；供暖开始或即将终结时，重力作用压头最小。重力作用压头 ΔP_z 相对循环水泵提供的作用压头 ΔP_b 而言虽然数值较小，但它是造成机械循环热水供暖系统垂直失调的重要原因之一，因此也要加以研究和重视。必须选一个合适的重力作用压头数值 ΔP_z 来设计供暖系统，减轻整个供暖期系统的水力失调。取供暖室外平均温度下对应的供回水温度来计算重力作用压头作为其设计值是比较适宜的。在采用质调节时，这种取法接近我国常用的、取重力作用压头最大值的 2/3 作为重力作用压头设计值的原则。

对机械循环单管热水供暖系统，如建筑物各部分楼层相同，在设计计算时可不考虑重力作用压头 ΔP_z。因为各立管产生的重力作用压头近似相等，对各立管流量的分配没有重大影响。重力作用压头可作为储备值，不必计入总计算作用压头中。如建筑物各部分总楼层数不同，由于建筑高度的影响，总楼层不同的各部分系统的重力作用压头不同，须分别计算重力作用压头的数值。

机械循环双管热水供暖系统中，所有散热器并联，如不计管道热损失，不同楼层散热器有相同的进、出水温度。通过同一条立管（垂直式双管系统）或同一条水平支路（水平式双管系统）上的各散热器环路机械循环作用压头相等，但通过不同楼层散热器环路的重力作用压头不同。通过最底层散热器的重力作用压头最小（见式（5-24））。

对机械循环垂直上供下回式双管热水供暖系统，一般取通过最远立管、最底层散热器环路作为水力计算的最不利环路。因为系统中该环路的管路长，阻力损失大，而重力作用压头小。

对机械循环水平下供下回式双管热水供暖系统，通过底层散热器环路的重力作用压头小，而管路短；通过高层散热器环路的重力作用压头大，而管路也长。取哪个环路作为水力计算的最不利环路要进行权衡。要比较在设计流量下管路长度增加导致的阻力损失的增加值与作用压头增加值的相对关系，来确定是选取通过最高层的散热器环路还是选取通过最低层的散热器环路作为水力计算的最不利环路。

5.2.3 ＊ 单管热水供暖系统散热器的小循环作用压头和进流系数

5.2.3.1 单管热水供暖系统散热器小循环作用压头

图 5-6 所示跨越管式单管供暖系统中散热器进、出口温度分别为 t_j 和 t_c。散热器的热媒平均温度为 $t_p=(t_j+t_c)/2$。如忽略管道散热，跨越管内水温为 t_j，则 $t_p<t_j$。即散热器内的平均水温低于跨越管内的水温。用空白小圆圈表示散热器内的冷却中心。在机械循环单管热水供暖系统中由于水在散热器内冷却降温，在图中 1、2 两点并联管路中散热器支路除分摊系统的机械循环作用压头以外，还存在着局部重力作用压头，后者被称为散热器小循环作用压头（简称小循环作用压头）。

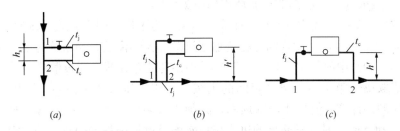

图 5-6　跨越管式单管系统的小循环和进流系数

(*a*) 在垂直式系统中；(*b*) 在水平式系统中（支管同侧连接）；

(*c*) 在水平式系统中（支管异侧连接）

由于存在小循环作用压头引起通过散热器的循环流量变化（增加或减少），这一现象称为散热器的小循环。

对图 5-6 (*a*) 所示的垂直式系统，小循环作用压头用下式计算：

$$\Delta p_{z_{1-2}} = gh_s\left(\frac{\rho_j+\rho_c}{2}-\rho_j\right)=\frac{1}{2}gh_s(\rho_c-\rho_j) \tag{5-27}$$

式中　$\Delta p_{z_{1-2}}$ ——散热器小循环作用压头，Pa；

　　　　h_s ——散热器进、出水口之间的高度，m；

　　　　ρ_j、ρ_c ——分别为散热器进、出口水的密度，kg/m^3。

对图 5-6 (*b*)、(*c*) 所示的水平式系统，小循环作用压头用下式计算：

$$\Delta p_{z_{1-2}} = gh'(\rho_c-\rho_j) \tag{5-28}$$

式中　h' ——散热器的冷却中心点至水平支路管道中心的垂直高度，m。

注意图 5-5 (*b*) 与 (*c*) 中的 h' 的计算数值略有差别（见图中空心小圆圈的位置）。

跨越管式Ⅱ和Ⅲ单管系统（见 2.2.2）运行时若跨越管流量为零（如同顺流式单管系统的设计工况），不存在散热器小循环；若跨越管流量不为零时，存在小循环。

5.2.3.2 单管热水供暖系统散热器的进流系数

若立管（或水平支路）中流量为 G_1，进入散热器的流量为 G_s，将流入散热器的流量与立管（或水平支路）流量之比称为散热器的进流系数，用 α 表示，即 $\alpha=G_s/G_1$。应根据并联管路阻力相等的原理并考虑小循环作用压头来确定 α 的数值。α 值越大，进入散热器的水流量越大，散热器中的平均水温越高（见式（5-32）），所需散热器面积越小。

对图 5-6 中跨越管式单管系统的 1、2 两点通过散热器支路可写出：

$$(Rl + Z)_{1-S-2} = (Rl + Z)_{1-k-2} \pm \Delta P_{z_{1-2}} \qquad (5\text{-}29)$$

式中　$(Rl + Z)_{1-S-2}$——水流经散热器及供回水支管的总阻力损失，Pa；

$\quad\quad (Rl + Z)_{1-k-2}$——水流经跨越管的总阻力损失，Pa；

$\quad\quad\quad\quad R$——比摩阻，Pa/m；

$\quad\quad\quad\quad l$——管长，m；

$\quad\quad\quad\quad Z$——局部阻力损失，Pa；

$\quad\quad\quad\Delta p_{z_{1-2}}$——散热器小循环作用压头，Pa。

$\Delta p_{z_{1-2}}$ 按式（5-27）或式（5-28）计算。当系统为上供下回垂直式系统时，式（5-29）中的 $\Delta p_{z_{1-2}}$ 取"＋"号，小循环的存在增加通过散热器的流量；当系统为下供上回垂直式系统时，式（5-29）中的 $\Delta p_{z_{1-2}}$ 取"－"号，小循环的存在减少通过散热器的流量。

α 的数值取决于第 1 点与第 2 点间的机械循环作用压头和小循环作用压头的综合作用。用式（5-29）计算 α 值是比较麻烦的，必须进行多次试算。因为计算 $(Rl + Z)_{1-S-2}$、$(Rl + Z)_{1-k-2}$ 和 $\Delta p_{z_{1-2}}$ 时，散热器的进、出口水温及流量都是未知数。需假定流量，计算阻力损失，直到基本满足式（5-29）的要求为止。

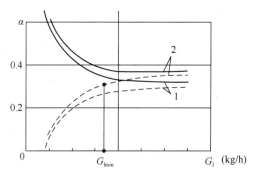

图 5-7　单管跨越管（Ⅰ）式系统散热器进流
系数的变化

1—跨越管与立管同轴线；2—跨越管偏离立管轴线

实线-上供下回式系统；虚线-下供上回式系统

由于在跨越管（Ⅰ）式系统中通过散热器的支路比跨越管的阻力损失大，因此进流系数的数值比较低，导致该系统中散热器用量增加。增加散热器支管的管径、减少其长度，减小跨越管的管径能增加进流系数。但要受到散热器接口口径、立管直径以及安装条件的限制，进流系数的增加值很有限。进流系数还与立管流量和立管中水的流动方向有关，如图 5-7 所示。从图可见，跨越管轴线偏离立管轴线（见图 2-12b 右）进流系数稍大（图中曲线 2）。对上供下回式系统和下供上回式跨越管（Ⅰ）式单管系统进流系数的变化规律不同。随着立管流量 G_l 减少，上供下回式系统进流系数（图中实线）增加；而下供上回式系统进流系数（图中虚线）减少。对下供上回式系统为了防止进流系数过小，立管流量 G_l 不应小于图中的最小流量 $G_{\min}$。散热器支管 d_z 和跨越管 d_k 管径组合不同时，$G_{\min}$ 不同。例如，d_z 和 d_k 均为 $DN15$ 时，$G_{\min} = 200 \text{kg/h}$；$d_z$ 为 $DN20$，d_k 为 $DN15$ 时，$G_{\min} = 150 \sim 170 \text{kg/h}$。

对立管双侧连接散热器的顺流式单管供暖系统也有进流系数问题。其进流系数是指两侧散热器之间的流量分配比值。支管的管径、管长及局部阻力和热负荷接近或相等时，两侧散热器 $\alpha = 0.5$；若一侧支管的阻力损失显著大于另一侧，则阻力损失大的一侧 $\alpha < 0.5$，另一侧 $\alpha > 0.5$，两者之和等于 1。当 α 的数值接近 0.5 时，或者为了简化，在设计时往往认为两侧散热器的进流系数均等于 0.5。

5.2.4 单管热水供暖系统散热器进、出口水温的计算

在单管系统中必须知道各散热器的进、出口水温，才能计算出各散热器的用量和重力作用压头的数值。

5.2.4.1 顺流式单管系统散热器进、出口水温的计算

图 5-8（a）所示顺流式单管系统从底层到顶层各层散热器的供暖热负荷分别为 Q_1、Q_2、$\cdots Q_{n-1}$、Q_n，若不计管道热损失，则立管热负荷为：

$$\sum_{i=1}^{n} Q_i = Q_1 + Q_2 + \cdots + Q_{n-1} + Q_n$$

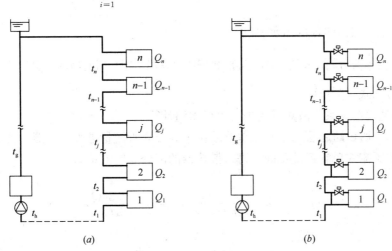

图 5-8　单管式系统散热器进出口水温计算图
（a）顺流式；（b）跨越管式

立管流量为：

$$G_l = \frac{\sum_{i=1}^{n} Q_i}{c(t_g - t_h)} = \frac{3600}{4187} \frac{\sum_{i=1}^{n} Q_i}{(t_g - t_h)} = 0.86 \frac{\sum_{i=1}^{n} Q_i}{t_g - t_h} \qquad (5-30)$$

式中　G_l——立管流量，kg/h；

　　　Q_i——第 i 层散热器的热负荷，W；

　　　c——水的比热，$c = 4187 \text{J}/(\text{kg} \cdot \text{℃})$；

其他符号同式(5-20)。

同理，对第 2 到第 n 层散热器，可写出：

$$G_l = \frac{0.86(Q_2 + Q_3 + \cdots + Q_{n-1} + Q_n)}{(t_g - t_2)}$$

由此可得到第 2 层散热器的出水温度为 t_2：

$$t_2 = t_g - \frac{0.86}{G_l}(Q_2 + \cdots + Q_{n-1} + Q_n)$$

将式（5-30）代入上式，得到：

$$t_2 = t_g - \frac{(Q_2 + \cdots + Q_{n-1} + Q_n)}{\sum\limits_{i=1}^{n} Q_i}(t_g - t_h)$$

同理，对第 j 层散热器可写出：

$$t_j = t_g - \frac{\sum\limits_{i=j}^{n} Q_i}{\sum\limits_{i=1}^{n} Q_i}(t_g - t_h) \tag{5-31}$$

式中 t_j——第 j 层散热器的出水温度，℃；

$\sum\limits_{i=j}^{n} Q_i$——沿水流方向，立管上第 j 层散热器前（含第 j 层）所有散热器热负荷之和，W；

其他符号同式（5-30）。

5.2.4.2 跨越式单管系统散热器的进、出口水温计算

图 5-8（b）所示跨越管（Ⅰ）式单管系统中部分立管流量进入散热器，使各层散热器的出水温度与顺流式单管系统不同。进入散热器的部分立管流量为：

$$G_s = \alpha G_l = \frac{0.86Q}{(t_j - t_c)}; \quad t_c = t_j - \frac{0.86Q}{\alpha G_l},$$

$$t_p = \frac{t_j + t_c}{2} = t_j - \frac{0.86Q}{2\alpha G_l} \tag{5-32}$$

式中 G_l、G_s——分别为立管和散热器支路流量，kg/h；

Q——散热器的热负荷，W；

α——散热器的进流系数；

t_j、t_c——散热器进、出口水的温度，℃。

当跨越管（Ⅰ）式单管系统与顺流式单管系统设计供、回水温度 t_g、t_h 相同，立管（或水平支路）的流量、各层散热器的热负荷 Q_i 相同，且不计管道热损失时，则跨越式单管系统与顺流式单管系统的各层散热器的进水温度相同；跨越式单管系统各层的混水（跨越管中水与散热器出水混合）温度与顺流式单管系统散热器出水温度相同。从式（5-32）可以看出，进流系数影响散热器的平均温度。跨越管（Ⅰ）式比顺流式单管系统中散热器中水的平均温度低，散热器用量增加。

原则上只有已知进流系数 α，才能确定跨越管（Ⅰ）式系统中散热器的出水温度、平均温度及散热器的面积和计算其重力作用压头。

设计条件下可取跨越管（Ⅱ）式和跨越管（Ⅲ）式单管系统与顺流式单管系统散热器进出水温的计算方法相同。运行时散热器进出水温度取决于跨越管中有无流量，无流量时同顺流式，有流量时同跨越式（Ⅰ）。

跨越管（Ⅱ）式和（Ⅲ）式单管系统中，当跨越管无流量时，散热器用量亦同顺流式单管系统。

5.3 热水供暖系统的水力计算方法

热水供暖系统的水力计算，通常有以下三种情况：

1. 已知各管段的流量和系统的作用压头，确定各管段的管径和阻力损失；

2. 已知各管段的流量和各管段的管径，计算阻力损失、确定系统所需的作用压头；

3. 已知系统各管段的管径和允许阻力损失，计算各管段的流量和阻力损失。

通过水力计算解决各管段的管径、流量和阻力损失之间的关系，使系统的总阻力损失与作用压头协调或者提出对作用压头的要求，保证运行时所有的散热设备能够得到所需的流量（供热量）和室内供暖温度。

热水供暖系统的水力计算方法有等温降和非等温降两种。

5.3.1 等温降水力计算方法

5.3.1.1 等温降水力计算方法的原理

等温降水力计算方法认为垂直式热水供暖系统中各立管或水平式系统各水平支路中水的温降相等。而且在不计管道热损失时，均等于系统入口的设计供回水温差。即：

$$\Delta t' = \Delta t'_1 = t'_g - t'_h \tag{5-33}$$

式中 $\Delta t'$——供暖系统的设计供回水温差，℃；

     $\Delta t'_1$——立管（或水平支路）的计算温差，℃；

     t'_g、t'_h——分别为设计供水温度和设计回水温度，℃。

已知设计温差和各管段承担的热负荷，可按式（5-10）计算每一管段的设计流量、用式（5-1）计算管段的阻力损失。系统中并联管路的阻力损失应相等。由于计算时并联管路的计算阻力损失往往不满足这一原则，只能在运行时用改变阀门开度的措施使并联管路阻力损失趋于相等。可见等温降水力计算方法比较简单，但阀门调节性能不佳时，供暖系统容易产生失调（建筑物各房间的室内供暖温度偏离设计要求、冷热不均）。

等温降水力计算方法原则上可用于各种系统。用于异程式和同程式系统以及垂直式和水平式系统时计算方法和步骤稍有不同，现分别介绍如下。

5.3.1.2 异程式系统等温降水力计算方法和步骤

（1）计算最不利环路

一个供暖系统中，有多个环路。一般情况下将总长度最长的环路，也是允许平均比摩阻最小的环路称为最不利环路。设计计算时，从最不利环路开始。如图 5-9 中热水从 O 点进入有 5 个立管的异程式系统，连通供回水干管和立管 V 的管路为最不利环路（图中用双线表示），其平均比摩阻可用下式计算：

异程式系统最不利环路的选择

$$R_p = \frac{\alpha \Delta P}{\sum l} \tag{5-34}$$

式中 R_p——最不利环路的平均比摩阻，Pa/m；

     α——沿程阻力损失占总阻力损失的百分比；

     ΔP——最不利环路的作用压头，Pa；

     $\sum l$——最不利环路的总长度，m；

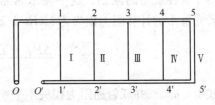

图 5-9 异程式系统的最不利环路

对热水供暖系统，查附录 5-6，取 $\alpha = 0.5$。

根据 R_p 和各管段的设计流量，查附录 5-1，得到最不利环路各管段的管径和比摩阻 R 的数值。如果作用压头 ΔP 未知，也可用设计实践中通常采用的推荐比摩阻值（60～120Pa/m），来确定最不利环路各管段的管径和对应的比摩阻。最不利环路各管段串联，总阻力损失为该环路所有管段阻力损失之和。

（2）计算作用压头富裕度

作用压头富裕值用于考虑在运行时可能增加，而在设计计算中未计入的阻力损失，用下式计算：

$$\Delta = \frac{\Delta P - \Delta H}{\Delta P} \times 100\% \geqslant 10\% \tag{5-35}$$

式中　Δ——系统作用压头富裕度，%；

　　　ΔH——最不利环路的计算总阻力损失，Pa；

　　　ΔP 同式（5-34）。

如 $\Delta < 10\%$，则要增大最不利环路中某一个或几个管段的管径，减小阻力损失；如 Δ 远大于 10%，则要减小最不利环路中某一个或某几个管段的管径，增大阻力损失。如用减小管径的办法来增加阻力损失受到限制或仍有剩余压头时，只能在运行时借助于减小用户入口手动或自动阀门的开度来消除剩余压头。

（3）必要时绘制最不利环路的压头平衡图，确定各立管的资用压头。

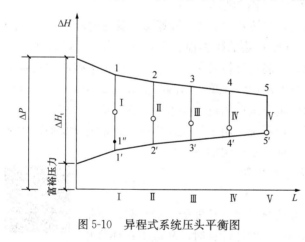

图 5-10　异程式系统压头平衡图

最不利环路的压头平衡图如图 5-10 所示。图中横轴为顺序截取的最不利管路干管各管段的长度并依次在相应位置标上立管编号；纵轴为系统的作用压头 ΔP 或各管段的阻力损失。例如图中 1、2 两点的连线表示立管 I 和立管 II 之间供水干管的阻力损失以及压头降低的情况。从图中还可得到各立管（立管 I～IV）的资用压头。即线段 1-1′、2-2′、…分别表示立管 I、II、…的资用压头。

（4）计算其他立管

为了避免和减少实际运行时通过各立管的流量过分偏离设计流量，设计时力求使并联管路的资用压头与阻力损失相等。例如：立管 I $\Delta P_I = \Sigma(Rl + Z)_{1-5-5'-1'} = \Delta P_{1-1'}$。然而由于管径规格的限制，这一要求常常难以达到。但要力求立管的不平衡率不大于 15%。若立管 I 的计算阻力损失为 $\Sigma(Rl + Z)_{1-1''}$，则：

$$\delta = \left| \frac{\Delta P_I - \Sigma(Rl + Z)_{1-1''}}{\Delta P_I} \right| \times 100\% \leqslant 15\% \tag{5-36}$$

式中　δ——并联管路阻力损失不平衡率。

设计计算时一般离热力入口越近的立管剩余压头越大，越远的立管剩余压头越小。运行时离热力入口近的立管实际流量偏大，远的立管实际流量偏小。为了减少和避免水平失调，一种方法是在立管上安装阀门（最好采用调节阀），运行时将剩余资用压头消耗掉。另一种方法是在设计时采用非等温降的水力计算方法（见 5.3）。

【例题 5-1】 试用等温降计算方法进行图 5-11 中所示异程式机械循环热水供暖系统的水力计算。图中罗马字表示立管编号，散热器内的数字为其设计热负荷（W）。小圆圈内的数字表示管段号，圆圈旁短线上标注管段热负荷（W），短线下标注管段长度（m）。系统设计供回水温度为 $t'_g = 95℃$，$t'_h = 70℃$。

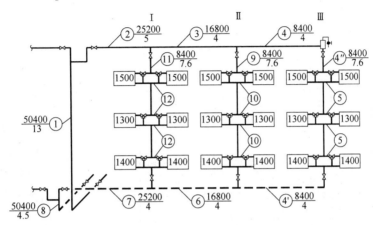

图 5-11　例题 5-1 机械循环热水供暖系统

【解】 对垂直跨越管（Ⅱ）式单管系统（见 2.2），取跨越管流量为零的工况为设计工况，与顺流式单管系统（图 5-2a、图 5-3）重力作用压头的计算公式完全相同。

1. 在系统图上进行管段编号，并注明各管段的热负荷和管长，如图中标示。图中跨越管不予编号。

2. 计算最不利环路

（1）确定最不利环路并将已知条件填入水力计算表中

图 5-11 应为该系统两个环路中的一个较大环路。最不利环路为从入口到通过立管Ⅲ的环路，包括管段 1 到管段 8。将管段的设计热负荷和管长填入水力计算表 5-1 中。

（2）计算管段流量

用式（5-10）计算管段流量，将结果填入水力计算表 5-1 中第 3 列。如对管段 1，$Q=50400$W，$G=0.86×50400/(95-70)=1734$kg/h。

（3）确定平均比摩阻

未知集中供热系统在本用户入口提供的资用压头，故采用推荐的平均比摩阻 R_p 来确定最不利环路各管段的管径。取 R_p 为 60～120Pa/m。

（4）确定最不利环路各管段的管径

根据 G 和 R_p，查附录 5-1，将查出的各管段 d、v、R 值列入表 5-1 的水力计算表中第 5、6、7 栏。如对管段 1，查附录 5-1，选择接近 R_p 的管径。选取 $DN32$，用插值法计算，$v=0.49$m/s，$R=110.42$Pa/m。

（5）计算各管段的沿程阻力损失 $\Delta H_y = Rl$。填入表 5-1 第 8 栏中。

（6）计算局部阻力损失 ΔH_j

例题 5-1 异程式机械循环热水供暖系统水力计算表

表 5-1

管段号	Q (W)	G (kg/h)	l (m)	d (mm)	v (m/s)	R (Pa/m)	$\Delta H_y = Rl$ (Pa)	$\Sigma\zeta$	$\rho v^2/2$ (Pa)	$\Delta H_j = \Delta H_d \cdot \Sigma\zeta$ (Pa)	$\Delta H = \Delta H_y + \Delta H_j$ (Pa)	备注
1	2	3	4	5	6	7	8	9	10	11	12	13
								立管 III				
1	50400	1734	13.0	32	0.49	110.42	1435.5	2.0	118.04	236.1	1671.6	
2	25200	867	5.0	32	0.24	29.19	146.0	5.0	28.32	141.6	287.6	
3	16800	578	4.0	25	0.29	56.76	227.0	1.0	41.35	41.4	268.4	包括管段 4'、4″，其中 4″包括 1~3 层立管
4	8400	289	15.6	20	0.23	51.97	810.7	9.5	26.01	247.1	1057.8	
5	4200	145	9.0	15	0.21	65.71	591.4	81.0	21.68	1756.1	2347.5	一根支管长 1.5m，包括 3 层散热器支管
6	16800	-578	4.0	25	0.29	56.76	227.0	1.0	41.35	41.4	268.4	
7	25200	867	4.0	32	0.24	29.19	116.8	3.0	28.32	85.0	201.8	
8	50400	1734	4.5	32	0.49	110.42	496.9	2.0	118.04	236.1	733.0	

$\Sigma l = 59.1\text{m}$　　$\Sigma(\Delta H_y + \Delta H_j)_{1\sim8} = 6836.1\text{Pa}$

入口处的剩余循环作用压头，用阀门节流

								立管 II				
9	8400	289	7.6	20	0.23	51.97	395.0	7.0	26.01	182.1	577.1	包括 1~3 层立管
10	4200	145	9.0	15	0.21	65.71	591.4	81.0	21.68	1756.1	2347.5	包括 1~3 层散热器支管

资用压头 $\Delta P'_{II} = \Sigma(\Delta H_y + \Delta H_j)_{4,5} = 3405.3\text{Pa}$

$\Sigma(\Delta H_y + \Delta H_j)_{9,10} = \Sigma(\Delta H_y + \Delta H_j)_{9,10} = 2924.6\text{Pa}$

$\delta_{II} = |\Delta P'_{II} - \Sigma(\Delta H_y + \Delta H_j)_{9,10}| / \Delta P'_{II} = 14.12\% < 15\%$

								立管 I				
11	8400	289	7.6	20	0.23	51.97	395.0	7.0	26.01	182.1	577.1	
12	4200	145	9.0	15	0.21	65.71	591.4	81.0	21.68	1756.1	2347.5	

资用压头 $\Delta P'_{I} = \Sigma(\Delta H_y + \Delta H_j)_{3\sim6} = 3942.1\text{Pa}$

$\Sigma(\Delta H_y + \Delta H_j)_{11,12} = 2924.6\text{Pa}$

$\delta_{I} = |\Delta P'_{I} - \Sigma(\Delta H_y + \Delta H_j)_{11,12}| / \Delta P'_{I} = 25.81\% > 15\%$（用立管阀门节流）

1）根据图 5-11 中管路布置，将管段产生局部阻力的附件名称和其阻力系数 ζ 值（查附录 5-2）填入表 5-2，然后将各管段的局部阻力系数之和 Σζ 填入表 5-1 第 9 栏。

例题 5-1 异程式机械循环热水供暖系统管路附件及局部阻力系数　　　　　表 5-2

管段号	局部阻力	个数	Σζ	管段号	局部阻力	个数	Σζ
1	弯头	1	1.5	5 10 12	三通调节阀*	1×3	16.0×3
	闸阀	1	0.5		乙字弯	2×3	1.5×6
			Σζ=2.0		分流三通	1×3	3.0×3
2	旁流三通	1	1.5		合流三通	1×3	3.0×3
	弯头	2	1.5×2		散热器	1×3	2.0×3
	闸阀	1	0.5				Σζ=81.0
			Σζ=5.0	7	直流三通	1	1.0
3 6	直流三通	1	1.0		弯头	1	1.5
			Σζ=1.0		闸阀	1	0.5
4 （包括管 段 4′、4″）	直流三通	2	1.0×2				Σζ=3.0
	突然扩大	1	1.0	8	弯头	1	1.5
	突然缩小	1	1.0		闸阀	1	0.5
	弯头	1	2.0				Σζ=2.0
	闸阀	2	0.5×2	9 11	旁流三通	2	1.5×2
	乙字弯	2	1.5×2		乙字弯	2	1.5×2
			Σζ=9.5		闸阀	2	0.5×2
							Σζ=7.0

注：* 三通调节阀的局部阻力系数参考截止阀。

2）根据管段流速 v，可算出动压头 $\rho v^2/2$，填入表 5-1 第 10 栏中。

3）求出局部阻力损失 $\Delta H_j = \Delta H_d \cdot \Sigma\zeta$ 填入表 5-1 第 11 栏中。

（7）计算各管段的阻力损失 $\Delta H = \Delta H_y + \Delta H_j$ 填入表 5-1 第 12 栏中。

（8）最后算出最不利环路的总阻力损失 $\Sigma(\Delta H_y + \Delta H_j)_{1\sim8} = 6836.1\text{Pa}$。

3. 计算其他立管

（1）确定立管 Ⅱ 的管径

1）计算立管 Ⅱ 的资用压头

立管 Ⅱ 与管段 4（包括 4、4′和 4″）和管段 5 为并联环路。由于建筑物各部分楼层相同，不计重力作用压头。立管 Ⅱ 的资用压头 $\Delta P'_Ⅱ = \Delta H_4 + \Delta H_5 = 3405.3\text{Pa}$。

2）计算立管 Ⅱ 的平均比摩阻

$$R_p = \frac{0.5\Delta P'_Ⅱ}{\Sigma l} = \frac{0.5 \times 3405.3}{9 + 7.6} = 102.57\text{Pa/m}。$$

3）确定立管 Ⅱ 的立、支管的管径

根据 R_p 和 G 值，选立管 Ⅱ 的立、支管的管径，取 $DN20 \times 15$。

4）计算立管 Ⅱ 各管段的沿程阻力和局部阻力

方法同最不利环路各管段的沿程阻力和局部阻力计算。

5）计算立管Ⅱ的总阻力损失和不平衡率

立管Ⅱ的总阻力损失为 $\Sigma(\Delta H_y + \Delta H_j)_{9,10} = 2924.6\text{Pa}$。与 $\Delta P'_{\text{Ⅱ}}$ 相比，其不平衡百分率 $\delta_{\text{Ⅱ}} = |\Delta P'_{\text{Ⅱ}} - \Sigma(\Delta H_y + \Delta H_j)_{9,10}|/\Delta P'_{\text{Ⅱ}} = (3405.3 - 2924.6)/3405.3 = 14.12\%$，小于允许值 15%。

（2）确定立管Ⅰ的管径

立管Ⅰ与管段 3～6 并联。同理，资用压头 $\Delta P'_{\text{Ⅰ}} = \Sigma(\Delta H_y + \Delta H_j)_{3\sim6} = 3942.1\text{Pa}$。立管管径选取 $DN20 \times 15$。计算得立管Ⅰ总阻力损失为 2924.6Pa。不平衡百分率 $\delta_{\text{Ⅰ}} = 25.81\%$，超出允许值，剩余压头用立管阀门消除。

在异程式系统中，如采用等温降计算方法，立管的不平衡率往往难以控制在 15% 的允许值内，如例题 5-1，立管Ⅱ的不平衡率达到 25.81%，只能在运行时用阀门节流，如调节不佳，则会引起远近立管（或支路）上散热器所在房间欠热或过热。供热半径越大，水平失调的现象越严重。

5.3.1.3　同程式系统等温降水力计算方法和步骤

同程式供暖系统中通过各立管环路的管长接近相等，最不利环路不一定是通过离热力入口最远立管的环路。设计计算时并不确定通过哪个立管的环路为最不利环路，可以称开始计算时的环路为主计算环路。同程式系统等温降方法水力计算步骤如下：

同程式系统主
计算环路的
选择

1）计算"主计算环路"并绘制其阻力损失变化线

一般先选通过最远立管的环路为"主计算环路"。如图 5-12（a）双线所示管路。用与异程式供暖系统最不利环路计算方法一样计算出通过供水干管、立管Ⅴ及回水总干管环路的管径及其阻力损失为 $\Delta H_{0-1-5-5'_V-0'}$。绘制同程式系统的压头平衡图，其方

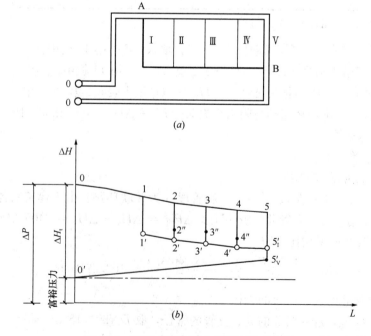

图 5-12　同程式系统水力计算方法示意图

（a）计算环路的选择；（b）水力计算压头平衡图

法与图 5-10 类似。将主计算环路的计算结果表示在图中，如图 5-12（b）中的 $0-1-2-3-4-5-5_v'-0'$。如 ΔP 为系统的作用压头，根据下式验算热力入口处的作用压头富裕度，使其值大于等于 10%，即

$$\Delta = \frac{\Delta P - \Delta H_{0-1-5-5_v'-0'}}{\Delta P} \times 100\% \geqslant 10\%$$

2）计算"次计算环路"并绘制其阻力损失变化线

选通过最近立管 I 的环路为"次计算环路"。如图 5-12（a）通过粗线所示管路。确定出立管 I 及回水干管各管段的管径及阻力损失 $\Delta H_{1-1'-5_I'}$。同样将其表示在图 5-12（b）中。图中 $5_I'$ 表示根据次计算环路计算结果得到的、立管 V 与回水干管相连处在压头平衡图上的位置。$5_v'$ 点与 $5_I'$ 点不重合。

3）计算上述两并联管路的阻力损失不平衡率，使其值在 5% 以内。即

$$\left| \frac{\Delta H_{1-5-5_v'} - \Delta H_{1-1'-5_I'}}{\Delta H_{1-5-5_v'}} \right| \times 100\% \leqslant 5\%$$

如不满足要求，则要调整某些管段的管径，重新计算。实际运行时，图（a）中通过供水干管或回水干管从 A 点到 B 点的两条管线的阻力损失一定相等，即 $5_I'$ 与 $5_v'$ 一定会重合。为使实际运行时的流量分配不至于过大地偏离设计工况，因此应限制其不平衡率不要过大。

4）计算其他各立管

已知其他各立管的设计流量和资用压头来确定其管径。先计算立管的阻力损失并与相应立管的资用压头进行比较，使其不平衡率在 10% 以内。例如立管 II 的资用压头 ΔP_{II} 为 2 与 2' 点间纵坐标差，阻力损失为 2 与 2" 间纵坐标差，即

$$\left| \frac{\Delta P_{II} - \Sigma(RL + Z)_{2-2''}}{\Delta P_{II}} \right| \times 100\% \leqslant 10\%$$

如验算立管不平衡率达不到要求，则要改换立管管径。如改换立管管径还不满足立管阻力平衡的要求，有时还要回过来调整个别供、回水干管的管径。

如前所述异程式系统采用等温降的水力计算方法在运行时可能引起远近立管（或支路）上散热器所在房间欠热或过热的弊端。同程式供暖系统中通过各立管环路的管长接近相等，比异程式系统采用等温降的水力计算方法可能出现的上述弊端要小。尽管同程式系统中各立管环路管长基本相等，易于达到平衡要求，但不经阻力平衡计算也有可能发生失调，一旦发生失调比异程式系统的调整还要麻烦。在实践中多次遇到中间立管上的散热器欠热的情况，因此也可采用选通过中间环路为"主计算环路"，最近、最远立管环路为"次计算环路"的计算方法。图 5-13 中双线管道表示"主计算环路"，粗线表示"次计算环路"的部分管段。在同程式系统的水力计算中，特别是用手算时这种选主计算环路的方法对减轻同程式系统通过中间立管环路不热或欠热的情况是非常有效的。

【例题 5-2】将例题 5-1 的异程式系统改为同程式系统并用等温降计算方法进行水力计算。其他已知条件与例题 5-1 相同。系统图见图 5-14。

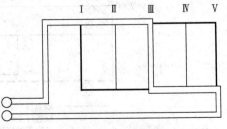

图 5-13 选通过中间立管环路为主计算环路的同程式系统示意图

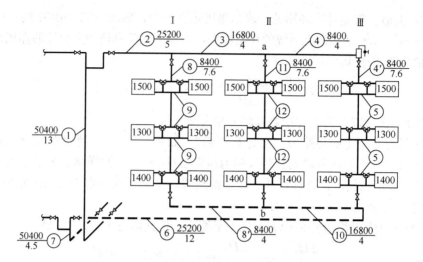

图 5-14 同程式热水供暖系统图

【解】1. 计算"主计算环路"并绘制阻力损失变化线

选通过最远立管Ⅲ的环路为"主计算环路"。确定供水干管各个管段、立管Ⅲ和回水总干管的管径及其阻力损失。计算方法与例题 5-1 相同，水力计算结果见表 5-3。各管段局部阻力的附件名称及其阻力系数 ζ 值（查附录 5-2）见表 5-4，压力平衡图见图 5-15。

2. 计算"次计算环路"并绘制阻力损失变化线

（1）选通过最近立管Ⅰ的环路为"次计算环路"。确定立管Ⅰ、回水干管各管段的管径及其阻力损失。

（2）计算通过立管Ⅰ和立管Ⅲ并联管路的阻力损失不平衡率，使其不平衡率在 5% 以内。

（3）根据水力计算结果，利用图示方法（见图 5-15），表示出系统的总阻力损失，并得到各立管的供、回水节点间的资用压头值。

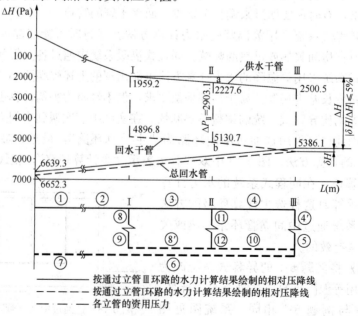

图 5-15 同程式热水供暖系统的压头平衡图

例题 5-2 同程式机械循环热水供暖水力计算表

表 5-3

管段号	Q (W)	G (kg/h)	l (m)	d (mm)	v (m/s)	R (Pa/m)	$\Delta H_y = Rl$ (Pa)	$\Sigma\zeta$	$\rho v^2/2$ (Pa)	$\Delta H_j = \Delta H_d \cdot \Sigma\zeta$ (Pa)	$\Delta H = \Delta H_y + \Delta H_j$ (Pa)	从入口累计的阻力损失 (Pa)
1	2	3	4	5	6	7	8	9	10	11	12	13
主计算环路（通过立管Ⅲ的环路）												
1	50400	1734	13.0	32	0.49	110.42	1435.5	2.0	118.04	236.1	1671.6	1671.6
2	25200	867	5.0	32	0.24	29.19	146.0	5.0	28.32	141.6	287.6	1959.2
3	16800	578	4.0	25	0.29	56.76	227.0	1.0	41.35	41.4	268.4	2227.6
4	8400	289	4.0	20	0.23	51.97	207.9	2.5	26.01	65.0	272.9	2500.5
4'	8400	289	7.6	20	0.23	51.97	395.0	5.5	26.01	143.1	538.1	3038.6
5	4200	145	9.0	15	0.21	65.71	591.4	81.0	21.68	1756.1	2347.5	5386.1
6	25200	867	12.0	32	0.24	29.19	350.3	6.0	28.32	169.9	520.2	5906.3
7	50400	1734	4.5	32	0.49	110.42	496.9	2.0	118.04	236.1	733.0	6639.3
$\Sigma l = 59.1\text{m}$							$\Sigma(\Delta H_y + \Delta H_j)_{1\sim7} = 6639.3\text{Pa}$					
次计算环路（通过立管Ⅰ的环路）												
8	8400	289	7.6	20	0.23	51.97	395.0	7.5	26.01	195.1	590.1	—
9	4200	145	9.0	15	0.21	65.71	591.4	81.0	21.68	1756.1	2347.5	—
8'	8400	289	4.0	20	0.23	51.97	207.9	1.0	26.01	26.0	233.9	—
10	16800	578	4.0	25	0.29	56.76	227.0	1.0	41.35	41.4	268.4	—
其他立管（立管Ⅱ）												
11	8400	289	7.6	20	0.23	51.97	395.0	7.0	26.01	182.1	577.1	—
12	4200	145	9.0	15	0.21	65.71	591.4	81.0	21.68	1756.1	2347.5	—

管段 3~5 与管段 8~10 并联　　$\Sigma(\Delta H_y + \Delta H_j)_{8\sim10} = 3439.9\text{Pa}$

$\Sigma(\Delta H_y + \Delta H_j)_{3\sim5} = 3426.9\text{Pa}$　　$\Sigma(\Delta H_y + \Delta H_j)_{1,2,8\sim10,6,7} = 6652.3\text{Pa}$

不平衡率 $= |\Delta H_{3\sim5} - \Delta H_{8\sim10}| / \Delta H_{3\sim5} = 0.38\% < 5\%$

系统总压头损失 6652.3Pa，如入口处作用压头大于 6652.3Pa，则剩余压头用阀门节流

资用压头 $\Delta P'_{\text{II}} = 5130.7 - 2227.6 = 2903.1\text{Pa}$

$\Sigma(\Delta H_y + \Delta H_j)_{11,12} = 2924.6\text{Pa}$

$\delta_{\text{II}} = |\Delta P'_{\text{II}} - \Sigma(\Delta H_y + \Delta H_j)_{11,12}| / \Delta P'_{\text{II}} = 0.74\% < 10\%$

例题 5-2 同程式机械循环热水供暖系统管路附件及局部阻力系数　　　表 5-4

管段号	局部阻力	个数	Σζ	管段号	局部阻力	个数	Σζ
1	弯头	1	1.5	6	直流三通	1	1.0
	闸阀	1	0.5		弯头	3	1.5×3
			Σζ＝2.0		闸阀	1	0.5
2	旁流三通	1	1.5				Σζ＝6.0
	弯头	2	1.5×2	7	弯头	1	1.5
	闸阀	1	0.5		闸阀	1	0.5
			Σζ＝5.0				Σζ＝2.0
3	直流三通	1	1.0	8	旁流三通	1	1.5
			Σζ＝1.0		闸阀	2	0.5×2
4	直流三通	1	1.0		乙字弯	2	1.5×2
	突然扩大	1	1.0		弯头	1	2.0
	突然缩小	1	0.5				Σζ＝7.5
			Σζ＝2.5	8′ 10 11	直流三通	1	1.0
4′	闸阀	2	0.5×2				Σζ＝1.0
	乙字弯	2	1.5×2		旁流三通	2	1.5×2
	旁流三通	1	1.5		闸阀	2	0.5×2
			Σζ＝5.5		乙字弯	2	1.5×2
5 9 12	三通调节阀*	1×3	16.0×3				Σζ＝7.0
	乙字弯	2×3	1.5×6				
	分流三通	1×3	3.0×3				
	合流三通	1×3	3.0×3				
	散热器	1×3	2.0×3				
			Σζ＝81.0				

注：* 三通调节阀的局部组力系数参考截止阀。

3. 计算其他立管（立管Ⅱ）

（1）根据水力计算表 5-3 和图 5-15 可知，立管Ⅱ的资用压头等于 a、b 点压头之差，即 $5130.7－2227.6＝2903.1$Pa。

应注意：如水力计算结果及压头平衡图表明个别立管供、回水节点间的资用压头过小或过大，则会使下一步选用该立管的管径过粗或过细，设计很不合理。此时，应调整第 1、2 步骤的水力计算结果，适当改变个别供、回水干管的管段直径，以易于选择各立管的管径并满足并联环路不平衡率的要求。

（2）根据立管Ⅱ的资用压头和立管各管段的流量，选用合适的立管管径。计算方法与例题 5-1 的方法相同。

（3）求立管Ⅱ的不平衡率，使其不平衡率在 10% 以内。

5.3.1.4　水平式系统等温降水力计算方法和步骤

水平式系统（见 2.2.2），采用等温降水力方法时，其计算步骤与上述垂直式系统基本相同。需要注意以下两点：

1）由于通过每层水平干管（散热器）环路的重力作用压头不同，在水力计算时必须考虑重力作用压头的影响，保证在设计工况下立管与各层水平干管（散热器）形成的环路不平衡率不超过 ±15%。

2）宜选通过最底层散热器的环路作为最不利环路，并从下至上计算通过各层散热器的环路。

【例题 5-3】试用等温降计算方法进行图 5-16 中所示水平式热水供暖系统的水力计算。图中散热器内的数字为其设计热负荷（W）。小圆圈内的数字表示管段号，圆圈旁短线上标注管段热负荷（W），短线下标注管段长度（m）。系统设计供回水温度为 $t'_g = 95℃$，$t'_h = 70℃$。底层散热器中心与热力入口高差 1.6m。

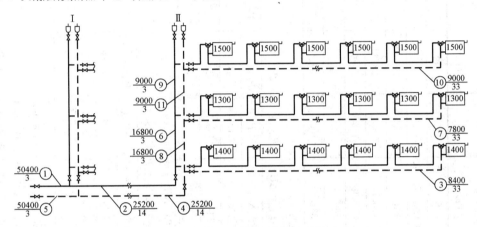

图 5-16 例题 5-3 水平式供暖系统图

【解】1. 计算最不利环路

（1）计算最不利环路的阻力损失

立管 Ⅱ 距热力入口最远，取通过立管 Ⅱ 最底层散热器的环路为最不利环路，包括管段 1~5。采用推荐的平均比摩阻 R_p 来确定最不利环路各管段的管径。取 R_p 为 60~120Pa/m。

首先根据式（5-10）确定各管段的流量。根据 G 和选用的 R_p 值，查附录 5-1，将查出的各管段 d、R、v 值列入表 5-5 的水力计算表中。各管段局部阻力的附件名称及其阻力系数 ζ 值（查附录 5-2）见表 5-6。计算出最不利环路的总阻力损失

$$\Delta H_I = \Sigma(\Delta H_y + \Delta H_j)_{1\sim5} = 7020.4 Pa。$$

（2）计算最不利环路的重力作用压头

根据式（5-24）得到第一层相对于系统入口的重力作用压头 $\Delta P_{z,I} = 6.28 \times (t_g - t_h) \times H_1 = 6.28 \times (95 - 70) \times 1.6 = 251.2 Pa。$

（3）计算考虑重力作用压头后最不利环路的阻力损失

$$\Delta H'_I = \Delta H_I - \Delta P_{z,I} = 7020.4 - 251.2 = 6769.2 Pa。$$

2. 计算通过其他层散热器的环路管段

（1）计算通过第二层散热器的环路管段

例题5-3 水平式热水供暖系统水力计算表

表5-5

管段号	Q(W)	G(kg/h)	l(m)	d(mm)	v(m/s)	R(Pa/m)	$\Delta H_y = Rl$(Pa)	$\Sigma\zeta$	$\rho v^2/2$(Pa)	$\Delta H_j = \Delta H_d \cdot \Sigma\zeta$(Pa)	$\Delta H = \Delta H_y + \Delta H_j$(Pa)
1	2	3	4	5	6	7	8	9	10	11	12
最不利环路（通过底层散热器）											
1	50400	1734	3.0	32	0.49	110.42	331.3	0.5	118.04	59.0	390.3
2	25200	867	14.0	32	0.24	29.19	408.7	3.0	28.32	85.0	493.7
3	8400	289	33.0	20	0.23	51.97	1715.0	136.0	26.01	3537.4	5252.4
4	25200	867	14.0	32	0.24	29.19	408.7	3.0	28.32	85.0	493.7
5	50400	1734	3.0	32	0.49	110.42	331.3	0.5	118.04	59.0	390.3

$$\Delta H_I = \Delta H_{1\sim5} = 7020.4\text{Pa}$$
$$\Delta P_{z,I} = 251.2\text{Pa} \qquad \Delta H'_I = \Delta H_I - \Delta P_{z,I} = 6769.2\text{Pa}$$

通过第二层散热器的环路											
6	16800	578	3.0	25	0.29	56.76	170.3	1.0	41.35	41.4	211.7
7	7800	268	33.0	20	0.22	45.03	1486.0	136.0	23.79	3235.4	4721.4
8	16800	578	3.0	25	0.29	56.76	170.3	1.0	41.35	41.4	211.7

资用压头 $\Delta P_{II} = \Delta H_3 - \Delta P_{z,I} + \Delta P_{z,II} = 5723.4\text{Pa}$
$$\Delta P_{z,II} = 722.2\text{Pa} \qquad \Delta H_{6\sim8} = 5144.8\text{Pa}$$
$$\delta_{II} = |\Delta P_{II} - \Delta H_{6\sim8}|/\Delta P_{II} = 10.11\% < 15\%$$

通过第三层散热器的环路											
9	9000	310	3.0	20	0.25	59.79	179.4	1.0	30.73	30.7	210.1
10	9000	310	33.0	20	0.25	59.79	1973.1	136.0	30.73	4179.3	6152.4
11	9000	310	3.0	20	0.25	59.79	179.4	1.0	30.73	30.7	210.1

资用压头 $\Delta P_{III} = \Delta H_3 - \Delta P_{z,I} + \Delta P_{z,III} = 6194.4\text{Pa}$
$$\Delta P_{z,III} = 1193.2\text{Pa} \qquad \Delta H_{6,9\sim11,8} = 6996.0\text{Pa}$$
$$\delta_{III} = |\Delta P_{III} - \Delta H_{6,9\sim11,8}|/\Delta P_{III} = 12.94\% < 15\%$$

系统总阻力损失 $\Delta H_z = 8764.0\text{Pa}$，计入重力压头后 $\Delta H'_z = 7570.8\text{Pa}$

例题 5-3 水平式热水供暖系统管路附件及局部阻力系数 表 5-6

管段号	局部阻力	个数	Σζ	管段号	局部阻力	个数	Σζ
1	闸阀	1	0.5		闸阀	2	0.5×2
5			Σζ=0.5		乙字弯	2×6	1.5×12
	直流三通	1	1.0	3	三通调节阀*	1×6	10.0×6
2	弯头	1	1.5	7	旁流三通	1×6	1.5×6
4	闸阀	1	0.5	10	弯头	3×6	2.0×18
			Σζ=3.0		散热器	1×6	2.0×6
6, 8	直流三通	1	1.0				Σζ=136.0
9, 11			Σζ=1.0				

注：* 三通调节阀的局部阻力系数参考截止阀。

1) 计算第二层的重力作用压头

根据式（5-24）得到第二层相对于系统入口的重力作用压头 $\Delta P_{z,\mathrm{II}} = 6.28 \times (t_g - t_h) \times H_2 = 6.28 \times (95 - 70) \times 4.6 = 722.2\mathrm{Pa}$。

2) 计算第二层的资用压头，确定管径

通过第二层散热器环路的管段 6～8 与通过第一层散热器的管段 3 并联，计入重力作用压头，第二层的资用压头为 $\Delta P_{\mathrm{II}} = \Delta H_3 - \Delta P_{z,\mathrm{I}} + \Delta P_{z,\mathrm{II}} = 5252.4 - 251.2 + 722.2 = 5723.4\mathrm{Pa}$。

$$R_p = \frac{0.5 \Delta P_{\mathrm{II}}}{\Sigma l} = \frac{0.5 \times 5723.4}{39} = 73.38\mathrm{Pa/m}。$$

根据 R_p 和 G 值，选管段 6～8 的管径，详见表 5-5。

3) 计算第二层的阻力损失和不平衡率

计算管段 6～8 总阻力损失 $\Delta H_{6\sim8} = 5144.8\mathrm{Pa}$。

与最不利环路相比，其不平衡百分率 $\delta_{\mathrm{II}} = |\Delta P_{\mathrm{II}} - \Delta H_{6\sim8}|/\Delta P_{\mathrm{II}} = |5723.4 - 5144.8|/5723.4 = 10.11\% < 15\%$。

（2）计算通过第三层散热器的环路管段

1) 计算第三层的重力作用压头

第三层相对于系统入口的重力作用压头 $\Delta P_{z,\mathrm{III}} = 6.28 \times (t_g - t_h) \times H_3 = 6.28 \times (95 - 70) \times 7.6 = 1193.2\mathrm{Pa}$。

2) 计算第三层的资用压头，确定管径

通过第三层散热器环路的管段 6、9～11、8 与通过第一层散热器的管段 3 并联，计入重力作用压头，第三层的资用压头为 $\Delta P_{\mathrm{III}} = \Delta H_3 - \Delta P_{z,\mathrm{I}} + \Delta P_{z,\mathrm{III}} = 5252.4 - 251.2 + 1193.2 = 6194.4\mathrm{Pa}$。同理，根据平均比摩阻选取管段 9～11 的管径见表 5-5。

3) 计算第三层的阻力损失和不平衡率

计算管段 6、9～11、8 总阻力损失 $\Delta H_{6,9\sim11,8} = 6996.0\mathrm{Pa}$。

与最不利环路相比，其不平衡百分率 $\delta_{\mathrm{III}} = |\Delta P_{\mathrm{III}} - \Delta H_{6,9\sim11,8}|/DP_{\mathrm{III}} = |6194.4 - 6996.0|/6194.4 = 12.94\% < 15\%$。

由于 $\Delta H_{6,9\sim11,8} > \Delta P_{\mathrm{II}}$，故系统总阻力损失按通过第三层散热器的环路（包括管段 1、2、6、9、10、11、8、4、5）计算，$\Delta H_z = 8764.0\mathrm{Pa}$，计入重力压头后，总阻力损失为

$\Delta H'_z = 7570.8\text{Pa}$。

5.3.2 非等温降水力计算方法

5.3.2.1 非等温降水力计算方法的原理

（1）非等温降水力计算方法中垂直式系统各立管（或水平式系统各水平支路）的供回水温差不等，各立管供水温度相同，回水温度不同。

一般供暖系统的设计供回水温差是已知或给定的，运用非等温降水力计算方法时各立管的供回水温差要假定（对第一个计算的立管）或通过计算得到，其值可能大于或小于系统的设计供回水温差。

（2）管段或立管的供回水温差可以偏离系统设计供回水温差，但是设计热负荷应满足设计要求。

（3）遵从并联管路阻力损失相等的原则计算环路内的各立管。

根据并联管路阻力损失相等的原理计算环路内各立管的流量的方法为：首先选某一立管（例如离热力入口最远的立管），根据已知的热负荷、设定温降，计算该立管流量和阻力损失 ΔH。用该立管的阻力损失数值，计算与之并联的立管：

$$\Delta H = \left(\frac{\lambda}{d}l + \Sigma\,\zeta\right)\frac{\rho}{2}v^2 = \zeta_{zh}\frac{\rho}{2}v^2 = \zeta_{zh}\frac{\rho}{2}\left(\frac{G}{900^2\pi^2 d^4\rho}\right)^2$$
$$= 6.25\times10^{-8}\frac{1}{\rho d^4}\zeta_{zh}G^2 = A\zeta_{zh}G^2 = SG^2 \tag{5-37}$$

式中 S——管段的阻力数，$\text{Pa}/(\text{kg/h})^2$；

其他符号同式（5-11）和式（5-15）。

$$A = 6.25\times10^{-8}\frac{1}{\rho d^4} \tag{5-38}$$

$$S = A\zeta_{zh} = A\left(\frac{\lambda}{d}l + \Sigma\,\zeta\right) \tag{5-39}$$

A 为比压降系数，是折算阻力系数 ζ_{zh} 等于 1 的管段上流过单位流量时的阻力损失。当水的密度 ρ 变化不大时，A 的数值只与管径有关，可查附录 5-3。管段的阻力数 S 是流过单位流量的管段或系统的阻力损失。要说明的是室内供暖系统管道内的流动多处于非阻力平方区，λ 不是定值，则阻力系数 S 也不是常数。为了简化计算和分析，近似认为阻力系数 S 是常数。

当 $\zeta_{zh} = 1$ 时可按式（5-37）编制水力计算表，见附录 5-7。

（4）初始计算并联大环路阻力损失不相等，要进行平差。

初始计算时水流通过并联大环路（指图 5-17 中通过 A 和 B 的环路 1 和环路 2）的阻力损失不相等，应调整流量使其阻力损失相等，即平差。

环路 1 和环路 2 在 a、a' 两点并联。如初始设计计算得到管路 aAa' 的阻力损失为 ΔH_1、流量为 G_1；管路 aBa' 的阻力损失为 ΔH_2、流量为 G_2。而且 $\Delta H_1 > \Delta H_2$。

由式（5-37）有 $\Delta H_1 = S_1G_1^2$，$\Delta H_2 = S_2G_2^2$。当 G_2 调整为 G'_2 时，恰使 $\Delta H'_2 = S_2G'^2_2 = S_1G_1^2 = \Delta H_1$。即将环路 2 的流量增加 $\sqrt{\dfrac{\Delta H_1}{\Delta H_2}}$ 倍（或将环路 1 的流量减少 $\sqrt{\dfrac{\Delta H_2}{\Delta H_1}}$ 倍），则

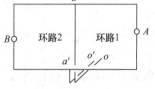

图 5-17 并联大环路示意图

平差后环路 2 的流量为：

$$G'_2 = G_2\sqrt{\frac{\Delta H_1}{\Delta H_2}} \tag{5-40}$$

（5）系统入口的总流量 G_z 在各并联大环路之间分配。

系统入口总流量 G_z 用系统的设计供回水温差和总设计热负荷计算得到。为室外供热管网提供给系统的流量。由于 $G_1 + G'_2 \neq G_z$。则应对两个环路的流量进行分配，使分配后的流量分别为 G'_1 和 G''_2，满足 $G'_1 + G''_2 = G_z$。流量分配要服从下述公式：

$$G'_1 = \frac{a_1}{a_b}G_z, \quad G''_2 = \frac{a_2}{a_b}G_z \tag{5-41}$$

式中　G'_1、G''_2——分别为调整后环路 1 和环路 2 的流量，kg/h；

　　　　a_1、a_2——分别为环路 1 和环路 2 的通导数，kg/（h·Pa$^{-0.5}$）；

　　　　a_b——环路 1 和环路 2 并联管路的通导数，kg/（h·Pa$^{-0.5}$）。

$$a = \frac{1}{\sqrt{S}} \tag{5-42}$$

环路的阻力数和通导数不随流量变化，仍可用初始计算得到的流量和阻力损失来计算：

$$a_1 = \frac{1}{\sqrt{S_1}} = \frac{G_1}{\sqrt{\Delta H_1}}, \quad a_2 = \frac{1}{\sqrt{S_2}} = \frac{G_2}{\sqrt{\Delta H_2}} \tag{5-43}$$

$$a_b = a_1 + a_2$$

（6）用在各大环路之间分配的最终流量，确定各并联环路的流量、压降和立管温降。

非等温降水力计算方法的实质是在设计阶段考虑实际运行时并联管路的阻力损失相等的原理，在管路结构确定后按这一原理来分配并联管路的流量，用分配得到的流量来计算立管的供回水温差。各立管的回水温度不同，用水力计算得到的立管温度计算散热器的面积。凡是流量大的立管，其回水温度高，散热器平均温度也高，则散热器的计算面积将有所减少。从而在设计阶段防止了立管流量大的房间过热，避免或大大减轻失调。

原则上非等温降水力计算方法既可用于异程式系统，也可用于同程式系统；既可用于垂直式系统，也可用于水平式系统。以往多用于垂直单管异程式系统，近年来也开始用于水平式系统。采用非等温降水力计算方法，节省散热器，系统运行后供热质量好，比等温降方法计算稍复杂。

5.3.2.2　非等温降水力计算的步骤

用例题 5-1 来阐述采用非等温降方法进行供暖系统水力计算的步骤。

【例题 5-4】供暖系统设计供回水温度为 95℃/70℃。用户入口处室外管网的资用压头为 10kPa。其系统图简化为图 5-18，其他条件见例题 5-1。

【解】1. 选一个大环路开始计算

选择环路 A 开始计算。

（1）计算平均比摩阻

通过立管Ⅲ的管路为环路 A 的最不利管路。根据式（5-34）计算

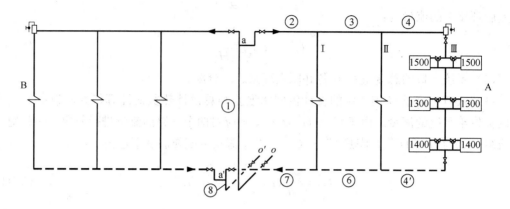

图 5-18　非等温降水力计算方法例题图

$$R_p = \frac{\alpha \Delta P}{\Sigma l} = \frac{0.5 \times 10000}{59.1} = 84.60 \text{Pa/m}$$

（2）计算所选最不利环路中的最远立管和与其串联的供回水干管。

1）计算最远立管Ⅲ

该系统为单管跨越管（Ⅱ）式，设计时可按单管顺流式计算。

设立管Ⅲ的温降 $\Delta t_{Ⅲ}=30℃$（可比系统设计供回水温差高 2~5℃），用式（5-10）计算立管流量 $G_{Ⅲ}=0.86 \times 8400/30 = 241 \text{kg/h}$。根据流量 $G_{Ⅲ}$，参照 R_p 值，从附录 5-1 选用立、支管管径为 $DN20 \times 15$。

采用当量阻力法进行水力计算。整根立管的折算阻力系数 ζ_{zh} 按附录 5-9 选用。

整根立管的折算阻力系数 $\zeta_{zh}=72.7$，最末立管设置集气罐（突然扩大和突然缩小），$\zeta=1.0+0.5=1.5$，刚好与编制附录 5-8 立管的旁流三通的局部阻力系数 $\zeta=1.5$（见附录 5-2）相等。

根据 $G_{Ⅲ}=241 \text{kg/h}$，$d=20 \text{mm}$，查附录 5-7，当 $\zeta_{zh}=1.0$ 时，$\Delta H=18.35 \text{Pa}$。立管的阻力损失 $\Delta H_{Ⅲ}=\zeta_{zh}\Delta H=72.7 \times 18.35=1334 \text{Pa}$。

2）计算与最远立管Ⅲ串联的供、回水干管

管段流量 $G_4 = G_{4'} = G_{Ⅲ} = 241 \text{kg/h}$。选定管径为 20mm。$\lambda/d$ 的值由附录 5-3 查出为 1.8，两个管段总长度为 $4+4=8 \text{mm}$。两个直流三通，$\zeta=1.0 \times 2=2.0$。管段 4 和 4′ 的 $\zeta_{zh} = \left(\lambda \dfrac{l}{d} + \Sigma \zeta\right) = 1.8 \times 8 + 2 = 16.4$。

根据 G 及 d 值，查附录 5-7，当 $\zeta_{zh}=1.0$ 时，管段 $d=20 \text{mm}$，通过流量为 241kg/h 的阻力损失 $\Delta H=18.35 \text{Pa}$，管段 4 和 4′的阻力损失 $\Delta H_{4,4'}=16.4 \times 18.35=301 \text{Pa}$。

（3）计算所选环路中与最远立管相邻的立管，及与其串联的供回水干管

计算与最远立管Ⅲ相邻的立管Ⅱ。立管Ⅱ与管路 4-Ⅲ-4′ 并联。因此，立管Ⅱ的资用压头 $\Delta H_{Ⅱ}=\Delta H_{Ⅲ}+\Delta H_{4,4'}=1334+301=1635 \text{Pa}$。立管Ⅱ选用管径 20×15。查附录 5-9，立管的 $\zeta_{zh}=72.7$。

当 $\zeta_{zh}=1.0$ 时，$\Delta H=\Delta H_{Ⅱ}/\zeta_{zh}=1635/72.7=22.49 \text{Pa}$，根据 ΔH 和 $d=20 \text{mm}$，查附录 5-7，得 $G_{Ⅱ}=268 \text{kg/h}$（用比例法求 G 值。在附录 5-7 中，当 $G=261 \text{k/h}$ 时，$\Delta H'=21.4 \text{Pa}$。根据 $\Delta H=SG^2$，可求得 $G_{Ⅱ} = G(\Delta H/\Delta H')^{0.5} = 261 \times (22.49/21.4)^{0.5} =$

268kg/h）。

立管Ⅱ的热负荷 $Q_{\text{Ⅱ}}=8400$W。由此可求出立管Ⅱ的计算温降 $\Delta t_{\text{j,Ⅱ}}=0.86Q/G=0.86\times8400/268=26.96$℃。

然后确定干管 3、6 的管径并计算其阻力损失。

（4）按照上述步骤，对环路 A 的其他水平供、回水干管和立管从远到近顺次地进行计算。计算结果列于表 5-7 中。在此不再详述。

（5）得到所选大环路的初步的计算流量和阻力损失

所选环路 A 的初步计算流量 $G_{\text{A}}=809$kg/h，阻力损失 $\Delta H_{\text{A}}=2464$Pa。ΔH_{A} 为表 5-7 中第 9 栏有下划线的数字之和。

2. 计算其他大环路

按计算初选环路 A 同样的方法计算图 5-18 中的大环路 B。假定用上述同样的步骤进行计算后，得出环路 B 的初步计算流量 $G_{\text{B}}=780$kg/h，初步计算阻力损失 $\Delta H_{\text{B}}=2100$Pa。

3. 对并联大环路进行平差

计算所得并联大环路的阻力损失不等，需进行平差。

（1）按式（5-40）计算 $G_{\text{B}}'=G_{\text{B}}\sqrt{\dfrac{\Delta H_{\text{A}}}{\Delta H_{\text{B}}}}=780\times\sqrt{\dfrac{2464}{2100}}=842$kg/h。

（2）环路 A 与环路 B 平差后的总流量为 $G_{\text{A}}+G_{\text{B}}'=809+842=1651$kg/h。

4. 系统入口的总流量 G_{z} 在各并联环路之间分配

系统总设计流量 $G_{\text{z}}=\dfrac{0.86\sum Q}{t_{\text{g}}'-t_{\text{h}}'}=\dfrac{0.86\times50400}{95-70}=1734$kg/h。

$G_{\text{A}}+G_{\text{B}}'\neq G_{\text{z}}$，因此需要在两个环路中再分配流量。

（1）计算通导数 a 的数值

环路 A：$a_{\text{A}}=G_{\text{A}}/\sqrt{\Delta H_{\text{A}}}=809/\sqrt{2464}=16.30$kg/(h・Pa$^{-0.5}$)

环路 B：$a_{\text{B}}=G_{\text{B}}/\sqrt{\Delta H_{\text{B}}}=780/\sqrt{2100}=17.02$kg/(h・Pa$^{-0.5}$)

$a_{\text{b}}=a_{\text{A}}+a_{\text{B}}=16.30+17.02=33.32$kg/(h・Pa$^{-0.5}$)

（2）分配流量

环路 A：$G_{\text{A}}'=\dfrac{a_{\text{A}}}{a_{\text{b}}}G_{\text{z}}=\dfrac{16.30}{33.32}\times1734=848$kg/h

环路 B：$G_{\text{B}}''=\dfrac{a_{\text{B}}}{a_{\text{b}}}G_{\text{z}}=\dfrac{17.02}{33.32}\times1734=886$kg/h

5. 计算各循环环路的流量、压降和各立管的温降

（1）确定各并联环路的流量调整系数和温降调整系数

环路 A：流量调整系数 $a_{\text{G,A}}=G_{\text{A}}'/G_{\text{A}}=848/809=1.048$

温降调整系数 $a_{\text{t,A}}=G_{\text{A}}/G_{\text{A}}'=809/848=0.954$

环路 B：流量调整系数 $a_{\text{G,B}}=G_{\text{B}}''/G_{\text{B}}=886/780=1.136$

温降调整系数 $a_{\text{t,B}}=G_{\text{B}}/G_{\text{B}}''=780/886=0.880$

（2）分别根据环路 A 和环路 B 的流量调整系数和温降调整系数，乘以各立管第一次计算（初步计算）得到的流量和温降，求得各立管的最终计算流量和温降。例如立管Ⅲ的最终计算流量为：

$$G_{t,\text{Ⅲ}} = 241 \times 1.048 = 252\text{kg/h}$$

最终计算温降：

$$\Delta t_{\text{Ⅲ}} = 30/1.048 = 28.62\text{℃}$$

环路 A 的最终计算流量和温降，见表 5-7 的第 12 和 13 栏。

例题 5-4 热水供暖系统 A 环的水力计算结果（非等温降水力计算方法）　　　表 5-7

管段号	热负荷 Q (W)	管径 d $d_立 \times d_支$ (mm)	管长 l (m)	$\lambda l/d$	Σz	总阻力数 ζ_{zh}	$\zeta_{zh}=1.0$ 的阻力损失 Δh (Pa)	计算阻力损失 ΔH_j (Pa)	计算流量 G_j (kg/h)	计算温降 Δt_j (℃)	调整流量 G_t (kg/h)	调整温降 Δt_t (℃)
1	2	3	4	5	6	7	8	9	10	11	12	13
立管Ⅲ	8400	20×15				72.7	18.35	<u>1334</u>	241	30	252	28.62
4、4′	8400	20	8	14.4	2	16.4	18.35	<u>301</u>	241		252	
立管Ⅱ	8400	20×15				72.7	22.49	1635	268	26.96	281	25.72
3、6	16800	25	8	11.2	2	13.2	31.4	<u>414</u>	509		533	
立管Ⅰ	8400	20×15				72.7	28.18	2049	300	24.08	314	22.97
2、7	25200	32	9	8.1	8	16.1	25.76	<u>415</u>	809		848	

（3）**计算并联环路节点的阻力损失值**

1）阻力损失调整系数

环路 A：$a_{h,A} = (G'_A/G_A)^2 = 1.048^2 = 1.098$

环路 B：$a_{h,B} = (G''_B/G_B)^2 = 1.136^2 = 1.290$

2）计算阻力损失

环路 A：$\Delta H'_A = \Delta H_A a_{h,A} = 2464 \times 1.098 = 2705\text{Pa}$

环路 B：$\Delta H'_B = \Delta H_B a_{h,B} = 2100 \times 1.290 = 2709\text{Pa} \neq 2705\text{Pa}$（计算误差）

（4）**确定系统供回水总管管径及系统的总阻力损失**

供、回水总管 ao 和 $a'o'$（即例题 5-1 中管段 1 和 8）的设计流量 $G_z = G'_A + G''_B = 1734\text{kg/h}$。选用管径 $DN32$。查附录 5-1 和附录 5-2，计算得 $\Delta H_1 = 1672\text{Pa}$，$\Delta H_8 = 733\text{Pa}$。

系统的总阻力损失：$\Delta H_z = \Delta H_1 + \Delta H'_B + \Delta H_8 = 1672 + 2709 + 733 = 5114\text{Pa}$

由于各立管的计算温降不同，通常计算得近处立管流量比按等温降法计算得到的温差小而流量大，因此，近处立管散热器的计算面积比等温降时会有所减小，从设计方法上改善了等温降方法中阻力损失不平衡时近热远冷的水平失调。

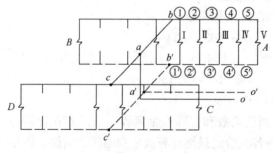

图 5-19　有四个大环路的热水供暖系统示意图

图 5-19 所示热水供暖系统有四个大环路，非等温降水力计算的方法和步骤与上例相同，只是计算工作量要大一些，平差的环节要多些。先分别计算通过 A、B、C、D 的四个大环路，然后每两个大环路进行平差。先对环路 A 和环路 B、

环路 C 和环路 D 平差，用平差后的流量分别计算环路 A 和环路 B 的公共管段 ab 和 $a'b'$、环路 C 和环路 D 的公共管段 ac 和 $a'c'$。若将环路 A、B 以及公共管段 ab、$a'b'$ 组成的大环路称为 Ⅰ 环；将环路 C、环路 D 以及公共管段 ac、$a'c'$ 组成的大环路称为 Ⅱ 环。则再对 Ⅰ 环和 Ⅱ 环进行平差，然后计算入口公共管段 ao 和 $a'o'$，并对入口的设计流量进行分配。

5.4　热水辐射供暖系统的水力计算

热水辐射供暖系统的水力计算原理和方法与一般热水供暖系统基本相同。供回水干管、立支管的水力计算与一般热水供暖系统完全相同。可以先分别计算上述管段的长度阻力损失和局部阻力损失，再求和得到各管段的阻力损失，然后再计算辐射板的阻力损失，求出系统总阻力损失。不同之处在于辐射板加热管的管材如为塑料管和铝塑管时，水力计算所采用的比摩阻公式和局部阻力系数与采用散热器的热水供暖系统有所不同。体现在以下公式中：

（1）阻力平方区的临界雷诺数 Re_1 用下式计算：

$$Re_1 = \frac{500 d_n}{k_d} \tag{5-44}$$

式中　Re_1——阻力平方区临界雷诺数；

$\quad\quad d_n$——塑料管、铝塑管的内径，m。

$\quad\quad k_d$——塑料管和铝塑管的当量粗糙度，m，$k_d = 1 \times 10^{-5}$ m。

（2）沿程摩阻系数 λ 用下式计算：

$$\lambda = \left\{ \frac{0.5 \left[\frac{b}{2} + \frac{1.312(2-b) \lg 3.7 \frac{d_n}{k_d}}{\lg Re_s - 1} \right]}{\lg \frac{3.7 d_n}{k_d}} \right\}^2 \tag{5-45}$$

式中　λ——摩擦阻力系数；

$\quad\quad b$——水的流动状态相似系数；

$\quad\quad Re_s$——实际的雷诺数；

其他符号同式（5-44）。

水的流动状态相似系数 b 用下式计算：

$$b = 1 + \frac{\lg Re_s}{\lg Re_1} \tag{5-46}$$

式中符号同式（5-44）和式（5-45）。

（3）水力计算表可查《辐射供暖供冷技术规程》JGJ 142。该规程中的数值对应热媒平均温度为 55℃。如不等于 55℃时，从规程中查出的比摩阻 R 要用下述公式进行修正。

$$R_t = R\alpha \tag{5-47}$$

式中　R_t——热媒在设计平均温度下的比摩阻，Pa/m；

$\quad\quad R$——热媒在平均温度为 55℃下的比摩阻，Pa/m；

$\quad\quad \alpha$——比摩阻温度修正系数，查表 5-8。

塑料管和铝塑管的比摩阻修正系数 α 的值				表 5-8	
热媒平均温度（℃）	55	50	45	40	35
系数 α	1	1.02	1.04	1.06	1.08

由于塑料管和铝塑管的材质和制造工艺与钢管不一样，在进行水力计算时应考虑管道外径及壁厚制造偏差，用下式来确定管道的计算管径（内径）：

$$d_n = 0.5(2d_w + \Delta d_w - 4\delta - 2\Delta\delta) \tag{5-48}$$

式中　d_n——管内径，m；

　　　d_w——管外径，m；

　　　Δd_w——管外径的允许误差，m；

　　　δ——管壁厚，m；

　　　$\Delta\delta$——管壁厚的允许误差，m。

（4）局部阻力系数 ζ 也可查《辐射供暖供冷技术规程》JGJ 142。

5.5　* 供暖调节

供暖的任务是向建筑物供给热量以维持所需的室内温度。由于供暖期室外气象条件（温度、太阳辐射和风速等）等因素不断变化，维持室内温度所需的热量也随之变化。供暖调节就是在供暖期内平衡供给建筑物的热量与建筑物所需的热量，保证所要求的供暖室内温度的技术手段或措施。

供暖系统的可调节量包括供水温度和流量。仅通过改变供水温度使供需热量平衡的方法称为质调节；仅改变流量的方法称为量调节；同时改变供水温度和流量的方法称为变流量调节。

调节实施的地点可在热源、热力站、热力入口和散热设备处。在热源处进行的调节称为集中调节；在向多个建筑物供热的热力站进行的调节称为分片调节；在向一个建筑物供热的热力站或热力入口进行的调节称为局部调节；直接在散热设备上进行的调节称为个体调节。集中、分片和局部调节时可通过改变热源的功率、混水等措施调节供水温度，也可通过改变阀门的开度与循环水泵的转速来调节流量；在个体调节时只能通过改变散热设备上的阀门开度来改变进入散热设备的流量，如采用恒温阀来调节散热器的散热量。供暖调节可从热源处的集中调节开始，经过分片或局部调节，最后在散热设备处通过个体调节实现对室内温度的精细控制。合理、科学的供暖调节，不仅能提高供暖质量，而且有利于供暖系统的节能。

5.5.1　供暖系统最佳调节的基本公式

供暖系统的最佳调节方法即是在供暖期不同室外温度下使各层散热设备的散热量等于该室外温度对应的房间热负荷，以避免运行期间的垂直失调。

如果将第 i 层房间在室外温度 t_w 和供暖室外计算温度 t'_w 对应的热平衡方程相比，即

$$\frac{q_{1,i}}{q'_{1,i}} = \frac{q_{2,i}}{q'_{2,i}} \tag{5-49}$$

式中　$q_{1,i}$、$q_{2,i}$——分别为室外温度 t_w 时第 i 层房间的热负荷和散热设备的散热量，W；

　　　$q'_{1,i}$、$q'_{2,i}$——分别为供暖室外计算温度 t'_w 时第 i 层房间的设计热负荷和散热设备的散热量，W。

定义相对热负荷比为室外温度 t_w 下的热负荷与供暖室外计算温度 t'_w 下的设计热负荷的比值。假设建筑物内各房间的热负荷均与室内外温差成正比，联立式（5-49）有

$$\bar{Q} = \frac{t_n - t_w}{t_n - t'_w} = \frac{q_{1,i}}{q'_{1,i}} = \frac{q_{2,i}}{q'_{2,i}} \tag{5-50}$$

式中　$\bar{Q}$——相对热负荷比；

t_n、t_w、t'_w——分别为供暖室内计算温度、室外温度和供暖室外计算温度，℃；

其他符号同式（5-49）。

根据式（5-50），供暖系统的最佳调节方法又可表述为：在供暖期不同室外温度下使各层散热设备的散热量与设计值的比值均等于相对应的相对热负荷比。

供暖系统稳态运行时，如不计管道散热损失，建筑物内每一个房间的热负荷、散热设备散热量和供暖管道输送给散热设备的热量相等；对于供暖系统，建筑物总热负荷、散热设备总散热量和室外管网输送给供暖系统的热量也相等。

$$q_{1,i} = q_{2,i} = q_{3,i} \tag{5-51}$$

$$Q_1 = Q_2 = Q_3 \tag{5-52}$$

式中　$q_{3,i}$——室外温度 t_w 时供暖管道输送给第 i 层房间散热设备的热量，W；

Q_1、Q_2、Q_3——分别为室外温度 t_w 时建筑物总热负荷、散热设备的散热量和供热管网输送的热量，W；

其他符号同式（5-49）。

室外温度 t_w 与供暖室外计算温度 t'_w 对应的方程相比，联立式（5-50）可得

$$\bar{Q} = \frac{q_{1,i}}{q'_{1,i}} = \frac{q_{2,i}}{q'_{2,i}} = \frac{q_{3,i}}{q'_{3,i}} = \frac{Q_1}{Q'_1} = \frac{Q_2}{Q'_2} = \frac{Q_3}{Q'_3} \tag{5-53}$$

式中　$q'_{3,i}$——供暖室外计算温度 t'_w 时供暖管道输送给第 i 层房间散热设备的热量，W；

Q'_1、Q'_2、Q'_3——分别为供暖室外计算温度 t'_w 时建筑物的设计热负荷、散热设备的散热量和供热管网输送的热量，W；

其他符号同式（5-49）、式（5-51）和式（5-52）。

如采用散热器供暖，将散热器散热量、管道输送热量的表达式，式（2-1）、式（2-4）和式（5-10），代入式（5-53）。同时可将供暖建筑物看作一个房间，供暖系统看作一个散热器，式（5-53）中的 Q_2 和 Q'_2 也用散热器散热量计算公式代入。

$$\bar{Q} = \left(\frac{\frac{t_{g,i} + t_{h,i}}{2} - t_n}{\frac{t'_{g,i} + t'_{h,i}}{2} - t_n} \right)^{1+b} = \bar{G}_i \frac{t_{g,i} - t_{h,i}}{t'_{g,i} - t'_{h,i}} = \left(\frac{\frac{t_g + t_h}{2} - t_n}{\frac{t'_g + t'_h}{2} - t_n} \right)^{1+b} = \bar{G} \frac{t_g - t_h}{t'_g - t'_h} \tag{5-54}$$

式中　t_g、t_h——分别为室外温度 t_w 时供暖系统的供、回水温度，℃；

t'_g、t'_h——分别为供暖室外计算温度 t'_w 时供暖系统的供、回水温度，℃；

$t_{g,i}$、$t_{h,i}$——分别为室外温度 t_w 时第 i 层散热器的供、回水温度，℃；

$t'_{g,i}$、$t'_{h,i}$——分别为供暖室外计算温度 t'_w 时第 i 层散热器的供、回水温度，℃；

$\bar{G}_i$、$\bar{G}$——分别为第 i 层散热器和供暖系统的相对流量比，其值为室外温度 t_w 下的流量与供暖室外计算温度 t'_w 下的设计流量的比值；

其他符号同式（2-2）和式（5-50）。

式（5-54）是供暖系统调节应满足的基本公式。在缺乏个体调节时，不能单独调节建筑物内各层散热器的散热量，而只能改变热水供暖系统的供水温度和流量。如系统调节不当，易发生垂直失调。由 5.2 可知，双管和单管热水供暖系统的结构不同，各层散热器的流量与供水温度的影响因素不同，导致垂直失调的原因也不同。因此，为了实现供暖最佳调节，对双管和单管热水供暖系统应分别采用不同的调节量，以下分别介绍两种系统最佳调节方法。

5.5.2 双管热水供暖系统的最佳调节方法

双管热水供暖系统中各层散热器的供、回水温度均等于系统的供、回水温度。假设系统在最佳调节方法下运行，以第 i 层与第 j 层为例，根据式（5-54）有：

$$\bar{Q} = \frac{q_{2,i}}{q'_{2,i}} = \frac{q_{2,j}}{q'_{2,j}} = \bar{G}_i \frac{t_g - t_h}{t'_g - t'_h} = \bar{G}_j \frac{t_g - t_h}{t'_g - t'_h} = \bar{G} \frac{t_g - t_h}{t'_g - t'_h} \tag{5-55}$$

式中　$\bar{G}_j$——第 j 层散热器的相对流量比；

其他符号同式（5-54）。

可见，双管系统在最佳调节方法下运行时，各层散热器的流量变化比例应一致，且等于系统的相对流量比，即

$$\bar{G}_i = \bar{G}_j = \bar{G} \tag{5-56}$$

由于管网结构不变，流量等比例的变化使得管网的阻力损失也相应的等比例变化。

$$\frac{\Delta H_i}{\Delta H'_i} = \frac{\Delta H_j}{\Delta H'_j} \tag{5-57}$$

式中　ΔH_i、ΔH_j——分别为室外温度 t_w 时通过第 i 层和第 j 层散热器的环路阻力损失，Pa；

$\Delta H'_i$、$\Delta H'_j$——分别为供暖室外计算温度 t'_w 时通过第 i 层和第 j 层散热器的环路阻力损失，Pa。

通过各层散热器环路的总阻力损失等于系统入口的资用压差与重力作用压头之和，即

$$\Delta H_i = \Delta P_r + \Delta P_{z,i} \tag{5-58}$$

$$\Delta H_j = \Delta P_r + \Delta P_{z,j} \tag{5-59}$$

式中　ΔP_r——室外温度 t_w 时供热管网提供给供暖系统的作用压头，Pa；

$\Delta P_{z,i}$、$\Delta P_{z,j}$——分别为室外温度 t_w 时通过第 i 层和第 j 层散热器环路的重力作用压头，Pa；

其他符号同式（5-57）。

将式（5-58）和式（5-59）分别与供暖室外计算温度 t'_w 对应的散热器环路的总阻力损失方程相比，可得

$$\frac{\Delta H_i}{\Delta H'_i} = \frac{\Delta H_j}{\Delta H'_j} = \frac{\Delta P_r + \Delta P_{z,i}}{\Delta P'_r + \Delta P'_{z,i}} = \frac{\Delta P_r + \Delta P_{z,j}}{\Delta P'_r + \Delta P'_{z,j}} \tag{5-60}$$

式中　$\Delta P'_r$——供暖室外计算温度 t'_w 时供热管网提供给供暖系统的作用压头，Pa；

$\Delta P'_{z,i}$、$\Delta P'_{z,j}$——分别为供暖室外计算温度 t'_w 时通过第 i 层和第 j 层散热器环路的重力作用压头，Pa；

其他符号同式（5-57）～式（5-59）。

由上式可推得

$$\frac{\Delta H_i}{\Delta H_i'} = \frac{\Delta H_j}{\Delta H_j'} = \frac{\Delta P_{z,i} - \Delta P_{z,j}}{\Delta P_{z,i}' - \Delta P_{z,j}'} \tag{5-61}$$

根据式（5-20）和式（5-24），在室外温度 t_w 与供暖室外计算温度 t_w' 下通过第 i 层和第 j 层散热器的重力作用压头之比为

$$\frac{\Delta P_{z,i}}{\Delta P_{z,i}'} = \frac{\Delta P_{z,j}}{\Delta P_{z,j}'} = \frac{\rho_h - \rho_g}{\rho_h' - \rho_g'} = \frac{\beta(t_g - t_h)}{\beta'(t_g' - t_h')} \tag{5-62}$$

式中　ρ_g'、ρ_h' ——分别为供暖室外计算温度 t_w' 时供、回水密度，kg/m^3；

β' ——供暖室外计算温度 t_w' 时密度差与温度差的比值，$kg/(m^3 \cdot ℃)$；

其他符号同式（5-20）、式（5-24）、式（5-54）和式（5-60）。

由式（5-62）可推得

$$\frac{\Delta P_{z,i}}{\Delta P_{z,i}'} = \frac{\Delta P_{z,j}}{\Delta P_{z,j}'} = \frac{\Delta P_{z,i} - \Delta P_{z,j}}{\Delta P_{z,i}' - \Delta P_{z,j}'} = \frac{\beta(t_g - t_h)}{\beta'(t_g' - t_h')} \tag{5-63}$$

式（5-61）和式（5-63）均含有 $\frac{\Delta P_{z,i} - \Delta P_{z,j}}{\Delta P_{z,i}' - \Delta P_{z,j}'}$，两式相等，再联立式（5-54）可得

$$\frac{\Delta P_{z,i}}{\Delta P_{z,i}'} = \frac{\Delta H_i}{\Delta H_i'} = \frac{\beta \bar{Q}}{\beta' \bar{G}} \tag{5-64}$$

根据式（5-12）和式（5-15），为便于分析和说明问题，假设摩擦阻力系数与流速无关，则管网阻力损失与流量的平方成正比，代入式（5-64）

$$\bar{G}^2 = \frac{\beta \bar{Q}}{\beta' \bar{G}} \tag{5-65}$$

如果忽略 β 和 β' 的变化，即 $\beta/\beta' = 1$，可得到双管系统最佳调节方法的流量调节公式

$$\bar{G} = \bar{Q}^{1/3} \approx \bar{Q}^{0.33} \tag{5-66}$$

按照式（5-66）的流量调节规律，根据式（5-54）可得到双管系统最佳调节方法的供水温度调节公式和回水温度变化规律

$$t_g = t_n + \left(\frac{t_g' + t_h'}{2} - t_n\right)\bar{Q}^{\frac{1}{1+b}} + \frac{1}{2}(t_g' - t_h')\bar{Q}^{2/3} \tag{5-67}$$

$$t_h = t_n + \left(\frac{t_g' + t_h'}{2} - t_n\right)\bar{Q}^{\frac{1}{1+b}} - \frac{1}{2}(t_g' - t_h')\bar{Q}^{2/3} \tag{5-68}$$

5.5.3 顺流式单管热水供暖系统的最佳调节方法

顺流式单管热水供暖系统各层散热器的流量相同，而供、回水温度不同，上层散热器的回水温度等于相邻下层散热器的供水温度。设顺流式单管系统的供、回水温度分别为 t_g、t_h，第 i 层和第 j 层的散热器供、回水温度分别为 $t_{g,i}$、$t_{h,i}$ 和 $t_{g,j}$、$t_{h,j}$，根据式（5-54）可得到：

$$\bar{Q} = \left(\frac{t_{g,i} + t_{h,i} - 2t_n}{t_{g,i}' + t_{h,i}' - 2t_n}\right)^{1+b} = \left(\frac{t_{g,j} + t_{h,j} - 2t_n}{t_{g,j}' + t_{h,j}' - 2t_n}\right)^{1+b} \tag{5-69}$$

$$\bar{Q} = \bar{G}\frac{t_g - t_h}{t_g' - t_h'} = \bar{G}\frac{t_g - t_{g,i}}{t_g' - t_{g,i}'} = \bar{G}\frac{t_g - t_{h,i}}{t_g' - t_{h,i}'} = \bar{G}\frac{t_g - t_{g,j}}{t_g' - t_{g,j}'} = \bar{G}\frac{t_g - t_{h,j}}{t_g' - t_{h,j}'} \tag{5-70}$$

式中　$t_{g,j}$、$t_{h,j}$ ——分别为室外温度 t_w 时第 j 层散热器的供、回水温度，℃；

$t_{g,j}'$、$t_{h,j}'$ ——分别为供暖室外计算温度 t_w' 时第 j 层散热器的供、回水温度，℃；

其他符号同式（5-54）。

由式（5-69）和式（5-70）可以分别推得

$$\bar{Q}^{\frac{1}{1+b}} = \frac{(t_{g,i} + t_{h,i}) - (t_{g,j} + t_{h,j})}{(t'_{g,i} + t'_{h,i}) - (t'_{g,j} + t'_{h,j})} \tag{5-71}$$

$$\frac{\bar{Q}}{\bar{G}} = \frac{t_g - t_{g,i}}{t'_g - t'_{g,i}} = \frac{t_g - t_{h,i}}{t'_g - t'_{h,i}} = \frac{t_g - t_{g,j}}{t'_g - t'_{g,j}}$$

$$= \frac{t_g - t_{h,j}}{t'_g - t'_{h,j}} = \frac{(t_{g,i} + t_{h,i}) - (t_{g,j} + t_{h,j})}{(t'_{g,i} + t'_{h,i}) - (t'_{g,j} + t'_{h,j})} \tag{5-72}$$

式（5-71）和式（5-72）中均含有 $\dfrac{(t_{g,i} + t_{h,i}) - (t_{g,j} + t_{h,j})}{(t'_{g,i} + t'_{h,i}) - (t'_{g,j} + t'_{h,j})}$，两式相等，可得到顺流式单管系统最佳调节方法的流量调节公式

$$\bar{G} = \bar{Q}^{\frac{b}{1+b}} \tag{5-73}$$

顺流式单管系统最佳调节方法与散热器类型有关。如取 $b = 0.3$，则该系统的最佳流量调节公式为 $\bar{G} \approx \bar{Q}^{0.23}$。

按照式（5-73）的流量调节规律，根据式（5-54）可得到顺流式单管系统最佳调节方法的供水温度调节公式和回水温度变化规律

$$t_g = t_n + (t'_g - t_n)\bar{Q}^{\frac{1}{1+b}} \tag{5-74}$$

$$t_h = t_n + (t'_h - t_n)\bar{Q}^{\frac{1}{1+b}} \tag{5-75}$$

供暖系统常采用简单的质调节方法。但是，在缺乏个体调节措施或无法进行个体调节时，质调节会使各层散热设备的散热量不同程度地偏离房间的热负荷，导致供暖系统产生不同程度的垂直失调。根据式（5-66）和式（5-73）可见，双管和单管热水供暖系统的最佳调节方法都是变流量调节，系统流量和供水温度都随着室外温度的升高（即热负荷的降低）而逐渐减小。采用变流量调节不仅避免了供暖期内室内供暖系统的垂直失调，还较质调节减少了输送能耗。

复习思考题

5-1 试述基本计算法和当量局部阻力法管段的阻力损失计算公式。

5-2 自然循环热水供暖系统作用压头与哪些因素有关?

5-3 计算图 5-20 中两个热水供暖系统的自然循环作用压头，并说明水力计算时用哪个数值作为作用压头?

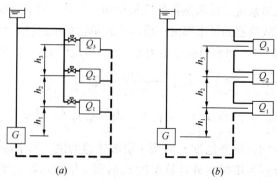

图 5-20 习题 5-3 重力循环热水供暖系统

（a）双管系统；（b）单管系统

已知：高差：$h_1 = 2m$，$h_2 = 3m$，$h_3 = 3m$；散热器的设计热负荷：$Q_1 = 1000W$，$Q_2 = 500W$，$Q_s = 1000W$；设计供回水温度：$t_s = 85℃$，$t_r = 60℃$。

5-4 什么是跨越管式单管系统的小循环？什么是散热器的进流系数？进流系数的数值与哪些因素有关？比较图 5-21 中散热器进流系数的大小。图中 Q 为散热器热负荷，G_l 为立管流量，d 为散热器支管的管径，l 为散热器支管的管长。

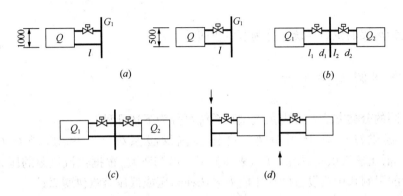

图 5-21 习题 5-4 附图

(a) t_s，G_l，Q，l 相同，散热器高度不同；(b) $Q_1 < Q_2$，$d_1 = d_2$，$l_2 > l_1$；
(c) $Q_1 < Q_2$，$d_1 = d_2$，$l_2 = l_1$；(d) 除立管水流方向外，其他条件均相同

5-5 什么是热水供暖系统水力计算时的富裕压头？什么是并联管路的阻力不平衡率？什么是资用作用压头？

5-6 热水供暖系统的等温降计算方法有何优缺点？适合用于哪些供暖系统？

5-7 热水供暖系统的非等温降计算方法为什么能够减轻远近立管或上下水平支路的冷热不均？

第6章　*蒸汽供暖系统及其水力计算

以蒸汽为热媒的供暖系统，称为蒸汽供暖系统。

6.1　蒸汽供暖系统形式

根据不同的分类方法，室内蒸汽供暖系统可分为下述几种：

（1）根据供汽压力 P 可分为：高压蒸汽供暖系统（$0.39MPa \geqslant P$（表压）$>$ $0.07MPa$）；低压蒸汽供暖系统（P（表压）$\leqslant 0.07MPa$）。根据供汽汽源的压力、对散热器表面温度的限制和用热设备的承压能力来选择高压或低压蒸汽供暖系统。

（2）根据凝结水回收动力可分为：重力回水系统和机械回水系统。重力回水系统中凝结水靠重力回流；机械回水系统中凝结水靠凝结水泵的动力回流。根据凝结水是否通大气可分为：开式系统（通大气）和闭式系统（不通大气）。如果蒸汽系统有一处（一般是凝结水箱或空气管）通大气则是开式系统，否则是闭式系统。

（3）根据凝结水充满管道断面的程度可分为：干式回水系统和湿式回水系统。干式回水系统的特征为：凝结水干管内不被凝结水充满，系统工作时该管道断面上部充满空气，下部流动凝结水，系统停止工作时，该管内全部充满空气。湿式回水系统的特征为：凝结水干管的整个断面始终充满凝结水。

（4）根据立管数量可分为：单管蒸汽供暖系统和双管蒸汽供暖系统。

（5）根据蒸汽干管的位置可分为：上供式、中供式和下供式。

6.1.1　低压蒸汽供暖系统

低压蒸汽供暖系统用于有蒸汽汽源的厂房、工业辅助建筑和厂区办公楼等场合。低压蒸汽供暖系统按回水方式分为重力回水和机械回水两种。

1. 低压蒸汽供暖系统工作原理

（1）重力回水低压蒸汽供暖系统

重力回水低压蒸汽供暖系统原理见图 6-1。锅炉 1 生产的蒸汽在自身压力作用下（供汽压力 $\leqslant 0.07MPa$）沿蒸汽管 2 进入散热器 6，同时将积聚在蒸汽管和散热器内的空气驱赶入凝结水管 3，经连接在凝结水管末端 B 点的空气管 5 排出。蒸汽在散热器内冷凝放热，凝结水靠重力作用返回锅炉，重新加热变成蒸汽。锅筒内水位为 I-I。在蒸汽压力作用下，总凝结水管 4 内的水位 II-II 比锅筒内水位 I-I 高出 h（h 为锅筒蒸汽压力折算的水柱高度），水平凝结水管 3 的最低点比 II-II 水位还要高出 200～250mm，以保证水平凝结水管 3 内不被水充满。系统工作时该管道断面上部充满空气，下部流动凝结水；系统停止工作时，该管内充满空气。凝结水管 3 称为干式凝结水管。总凝结水管 4 II-II 以下管道的整个断面始终充满凝结水，凝结水管 4 称为湿式凝结水管。图 6-1 (b) 中水封 8 用于排除蒸汽管中的沿途凝结水，可防止立管中的汽水冲击并阻止蒸汽窜入凝结水管。水平

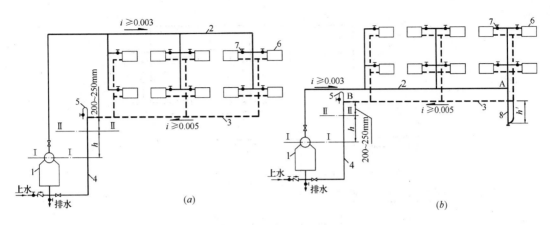

图 6-1 重力回水低压蒸汽供暖系统
(a) 上供式；(b) 下供式

1—锅炉；2—蒸汽管；3—干式凝结水管；4—湿式凝结水管；5—空气管；6—散热器；
7—截止阀；8—水封

蒸汽干管应坡向水封。水封底部应设放水丝堵供排污和放空之用。图中水封高度 h' 应大于水封与蒸汽管连接点处蒸汽压力 P_A 所对应的水柱高度。

重力回水低压蒸汽供暖系统简单，不需要设置占地的凝结水箱和消耗电能的凝结水泵；供汽压力低，只要初调节时调好散热器入口阀门，原则上可以不装疏水器，以降低系统造价。一般重力回水低压蒸汽供暖系统的锅炉位于一层地面以下。当供暖系统作用半径较大，需要采用较高的蒸汽压力才能将蒸汽送入最远的散热器时，图 6-1 中的 h 值也加大，即锅炉的标高将进一步降低。如锅炉的标高不能再降低，则水平凝结水干管内甚至底层散热器内将充满凝结水，空气不能顺利排出，蒸汽不能正常进入系统，从而影响供热质量，系统不能正常运行。因此重力回水低压蒸汽供暖系统只适用于小型蒸汽供暖系统。

(2) 机械回水低压蒸汽供暖系统

机械回水低压蒸汽供暖系统原理见图 6-2。来自蒸汽锅炉的蒸汽沿蒸汽干管 1 进入散热器，散热后凝结水靠重力流入凝结水箱 2 中，再用凝结水泵 4 沿凝结水管送回热源重新加热。凝结水箱低于底层凝结水干管，凝结水管末端插入水箱水面以下。空气管 5 在系统工作时排除系统内的空气，在系统停止工作时进入空气。通气管 3 用于排除开式凝结水箱水面上方的空气。水平凝结水干管仍为干式凝结水管。凝结水泵设置位置低于凝结水箱内最低水位（水箱出水管）的高度 h 要满足表 6-1 的要求，以防止凝结水泵汽蚀。水泵出口要设置逆止阀，用于防止凝结水倒流，保护水泵。

凝结水泵最小正水头 h			表 6-1
凝结水温度（℃）	80	90	100
最小正水头（m）	2	3	6

机械回水低压蒸汽供暖系统消耗电能，但热源不必设在一层地面以下，系统作用半径较大，适用于较大型的蒸汽供暖系统。

图 6-2 中蒸汽干管 1 位于供给蒸汽的各层散热器之上，为上供式系统。原则上无论是

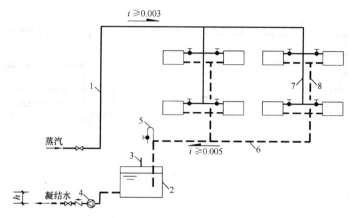

图 6-2 机械回水低压蒸汽供暖系统

1—蒸汽干管；2—凝结水箱；3—通气管；4—凝结水泵；5—空气管；

6—凝结水干管；7—蒸汽立管；8—凝结水立管

上供式、中供式还是下供式系统，都可用于重力回水或机械回水低压蒸汽供暖系统中。由于在上供式系统的立管中蒸汽与凝结水同向流出，有利于防止水击和减小运行时的噪声，从而较其他形式应用较多。

2. 低压蒸汽供暖系统设计要点

低压蒸汽供暖系统设计时，应注意下述要点：

(1) 疏水器的设置

疏水器（工作原理见 6.3.1）的作用是自动阻止蒸汽逸漏，而且能迅速地排出用热设备及管道中的凝结水，同时能排出系统中积留的空气和不凝气体。为避免未凝结的蒸汽串入凝结水管，也可在低压蒸汽供暖系统每一支路或一个立管下部设一个疏水器，阻止蒸汽通过，排除凝结水和空气。

(2) 管道通过门或洞口时的管道安装

蒸汽管或凝结水管通过门或洞口时采用图 6-3 的方式安装。图 6-3（a）用于湿式凝结水管；图 6-3（b）用于蒸汽管和干式凝结水管。两者的区别在于：图 6-3（a）中 1 为湿式凝结水管，设有过门空气管 2 和公称直径为 $DN15$ 的排气阀 6。过门下返管 7 内存有满管凝结水，用过门空气管及排气阀积聚和排放空气；图 6-3（b）中 4 为蒸汽管或干式凝结水管，绕行管 5 用于过门下返管 8 积满沿途凝结水时通过蒸汽（4 为蒸汽管时）或排除空气（4 为干式凝结水管时）。空气管 2 和绕行管 5 的公称直径为 $DN20$。

(3) 水击的预防

一般在蒸汽供暖系统中输送饱和蒸汽，管道散热损失生成沿途凝结水，它可能被高速蒸汽裹带，形成随蒸汽流动的高速水滴；它可能落在管底，被高速蒸汽重新掀起、积聚，形成"水塞"，随蒸汽一起高速流动。在遇到阀门、弯头或向上延伸的管段，流线改组或流向改变

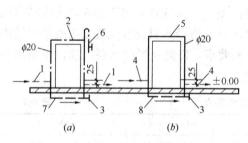

图 6-3 门或洞口处凝结水管道的安装

（a）湿式凝结水管时；（b）蒸汽管和干式凝结水管时

1—湿式凝结水管；2—空气管；3—排污放水丝堵；

4—蒸汽管或干式凝结水管；5—绕行管；6—排气阀；

7，8—过门下返管

时，高速水滴或水塞与管子或管件发生撞击，产生"水击"，出现噪声、振动或瞬时高压，严重时将破坏管件接口的严密性和管路支架。

为了减轻水击现象，水平供汽管道必须有足够的坡度，并尽可能使蒸汽和沿途凝结水同向流动。汽水同向流动时，蒸汽干管坡度 $i \geqslant 0.002$，散热器支管坡度 $i \geqslant 0.01 \sim 0.02$。蒸汽干管向上拐弯处，必须设置疏水器或设水封，以排除蒸汽管中的沿途凝结水。如水封连接点蒸汽压力为 P_A（kPa），则图6-1中水封高度 $h' = 0.1 P_A + 0.2$m，0.2m 是考虑蒸汽压力波动而设的安全值。为保持蒸汽干度，避免上供式系统中沿途凝结水进入蒸汽立管中，供汽立管宜从干管上方接出。为减轻下供式系统中的蒸汽立管中汽水逆向流动造成的水击问题，蒸汽立管要采用比较低的流速。

蒸汽供暖系统经常采用间歇工作方式供热。当停止供汽时，原来充满在管路和散热器内的蒸汽凝结成水，如空气能通过图6-1和图6-2中的空气管5进入系统内，则不会形成真空，避免空气从系统的不严密处渗入系统内，加剧接口或缝隙的不严密性，增加漏汽量。

6.1.2 高压蒸汽供暖系统

高压蒸汽供暖系统用于对室内供暖卫生条件和舒适性要求不严格，对室内温度均匀性要求不高，不要求调节每一组散热器散热量的生产厂房。

1. 高压蒸汽供暖系统工作原理

高压蒸汽供暖系统的表压力 0.39MPa $\geqslant P > 0.07$MPa。工程中所采用的压力，取决于系统部件、接头及散热设备的承压能力。

一般高压蒸汽供暖系统与工业生产用汽共用汽源，而且蒸汽压力往往大于供暖系统允许最高压力，必须减压后才能和供暖系统连接。高压蒸汽供暖系统原则上也可以采用上供式、中供式或下供式。为了简化系统及防止水击，应尽可能采用上供式，使立管中蒸汽与沿途凝结水同向流动。

图6-4为开式上供高压蒸汽供暖系统示意图。来自热源的蒸汽先进入高压分汽缸1。高压分汽缸上分出多个供汽管，向有不同压力要求的工艺用汽设备供汽。蒸汽经减压阀4减压后进入低压分汽缸3。减压阀设有旁通管5，供维修减压阀时旁通蒸汽用。安全阀7限制进入供暖系统的最高压力不超过额定值。从低压分汽缸3上还可以分出多个供汽管，分别供给其他蒸汽供暖系统以及通风空调系统的蒸汽加湿、汽水换热器以及蒸汽加热器和用蒸汽的暖风机等用汽设备。系统凝结水通过疏水器13排到凝结水箱14中，凝结水箱上通气管16通大气，用于排除箱内的空气和二次汽。凝结水箱中的水由凝结水泵15送回凝结水泵站或热源。该系统直接与大气相通，因此称为开式系统。

高压蒸汽供暖系统每一组散热器的供汽支管和凝结水支管上都要安装阀门，用于调节供汽量或关闭散热器，防止维修、更换散热器时高压蒸汽或凝结水汽化产生的蒸汽进入室内。高压蒸汽供暖系统温度高，管道热胀冷缩时产生的应力，由水平供汽干管和凝结水干管上设置的方形补偿器12的变形来吸收，以防止管道被破坏。凝结水在流动过程中压力降低，饱和温度也降低。凝结水管管壁的散热量比较小，凝结水压力降低的速率快于焓值降低的速率，凝结水中多余的焓会使部分凝结水重新汽化变成"二次汽"。在开式系统中二次汽从通气管16排出。

2. 高压蒸汽供暖系统设计要点

高压蒸汽供暖系统设计时，应注意下述要点：

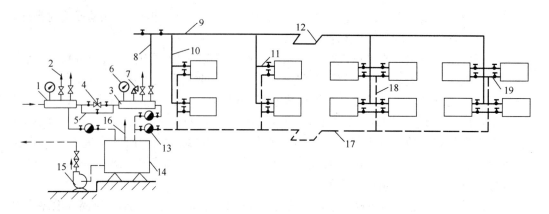

图 6-4 开式上供高压蒸汽供暖系统示意图

1—高压分汽缸；2—工艺用户供汽管；3—低压分汽缸；4—减压阀；5—减压阀旁通管；6—压力表；7—安全阀；
8—蒸汽主立管；9—水平蒸汽干管；10—蒸汽立管；11—蒸汽支管；12—方形补偿器；13—疏水器；
14—凝结水箱；15—凝结水泵；16—通气管；17—凝结水干管；18—凝结水立管；
19—凝结水支管

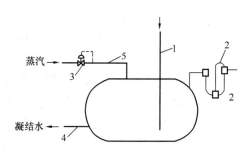

图 6-5 闭式凝结水箱

1—凝结水进入管；2—安全水封；3—压力调节器；
4—凝结水排出管；5—补汽管

（1）二次汽的处理

图 6-4 所示的开式系统将二次汽排到大气中，造成了能源浪费。将图 6-4 中的凝结水箱 14 换成图 6-5 所示的闭式凝结水箱，则可以避免由于二次汽排放造成的能量损失。补汽管 5 用于向箱内补给蒸汽，以使其内部压力维持在 5kPa 左右（由压力调节器 3 控制）。水箱上设置安全水封 2，用于防止箱内压力升高、二次汽逸散和隔绝空气，从而减轻系统腐蚀、节省热能（安全水封的工作原理详见 6.3.4）。

当工业厂房中用汽设备较多，用汽量大，凝结水系统产生的二次汽量大时，可利用二次蒸发箱将二次汽分离、汇集起来加以利用（二次蒸发箱的工作原理见 6.3.3）。图 6-6 是设置二次蒸发箱的高压蒸汽供暖系统。高压用汽设备 1 的凝结水通过疏水器 3 进入二次蒸发箱 5。二次蒸发箱设置在车间内 3m 左右高度处。蒸汽在二次蒸发箱内扩容后产生的二次汽可加以利用。当二次汽量较小时，由高压蒸汽供汽管补充。靠压力调节器 7 控制补汽量，以保持箱内压力为 20～40kPa（表压力），并满足二次汽热用户的用汽量要求。当二次蒸发箱内二次汽量超过二次汽热用户的用汽量时，二次蒸发箱内压力增高，箱上安装的安全阀 6 开启，排汽降压。

（2）系统中空气的排出

高压蒸汽供暖系统，在系统开始运行时，借高压蒸汽的压力，将管道系统及散热器内的空气驱走。空气沿干式凝结水管路流至疏水器，通过疏水器内的排气孔或排水孔排至凝结水箱，然后由箱顶的空气管排出。因此，散热设备到疏水器前的凝结水管路应按干凝结水管路设计，必须保证凝结水管路的坡度，沿凝结水流动方向的坡度 $i \geqslant 0.005$。为使空气能顺利排除，干式凝结水管通过门或洞口时的处理方法与室内低压蒸汽系统相同。

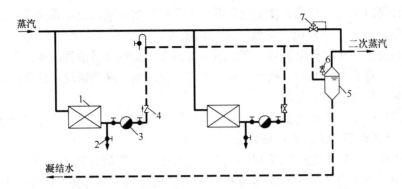

图 6-6 设置二次蒸发箱的高压蒸汽供暖系统

1—高压用汽设备；2—放水阀；3—疏水器；4—止回阀；5—二次蒸发箱；6—安全阀；
7—压力调节器

（3）高低压凝结水的合流处理

凝结水通过疏水器的排水孔和沿疏水器后面的凝结水管路流动时，由于压力降低，相应的饱和温度降低，凝结水会部分重新汽化，生成二次汽。同时，疏水器因动作滞后或阻汽不严也必然会有部分漏气现象。因此，疏水器后的管道流动状态属两相流（蒸汽与凝结水）；由于汽水混合物的密度很大，因而输送相同的质量流量凝结水时，它所需的管径要比输送纯凝结水的大得多。靠疏水器后的余压输送凝结水的方式，通常称为余压回水。

余压回水设备简单，是目前国内应用最为普遍的一种凝结水回收方式。但不同余压下的汽水两相流合流时会相互干扰，影响低压凝结水的排除，同时严重时甚至能破坏管件及设备。为使两股压力不同的凝结水顺利合流，可将压力高的凝结水管在与压力低的凝结水管连接处做成喷嘴或多孔管（管壁上有多个直径 3mm 的小孔）等形式，顺流插入压力低的凝结水管中（图 6-7）。

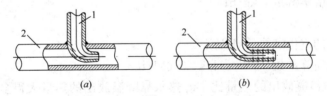

图 6-7 高、低压凝结水合流措施

（a）喷嘴式；（b）多孔管式

1—高压凝水管；2—低压凝水管

6.2 蒸汽供暖系统的水力计算

蒸汽供暖系统与热水供暖系统的水力计算原理相同，都要遵循流体力学中阐述的基本理论，但蒸汽供暖系统与热水供暖系统的水力计算方法有重大区别。热水供暖系统的供水管和回水管中热媒的水力特性相同，整个系统可作为一个封闭的回路来计算。蒸汽供暖系统的蒸汽管和凝结水管中的热媒水力特性不同，要分开为蒸汽管路和凝结水管路两类管路分别进行计算。热水供暖系统中的热水在流动过程中尽管温度和压力有变化，但密度变化不大。水力计算时可以不考虑密度变化对阻力损失的影响。蒸汽供暖系统中蒸汽管内蒸汽流动时存在阻力损失，沿程压力降低。蒸汽的密度、温度和压力密切相关。沿程压力变化，导致蒸汽密度变化。管道散热，产生沿途凝结水，蒸汽流量沿程减少。凝结水管内的流动状况复杂，存在空气混杂、汽水交融、水汽转化现象。这些情况，使蒸汽供暖系统的水力计算比热水供暖系统要复杂。

低压蒸汽供暖系统和高压供暖系统的水力计算有不同之处，在下面分别阐述。

6.2.1　低压蒸汽供暖系统水力计算方法

由于低压蒸汽供暖系统蒸汽压力低，蒸汽管路中压力降低导致的蒸汽密度变化较小；因管壁散热引起的蒸汽的流量变化也较小。为了简化计算，不考虑蒸汽密度和流量的变化。在低压蒸汽供暖系统中采用该简化手段对计算结果影响不大。水力计算时先计算蒸汽管路，然后计算凝结水管路。

6.2.1.1　低压蒸汽供暖系统蒸汽管路水力计算

计算低压蒸汽供暖系统管段的阻力损失时，采用式（5-1），其中计算蒸汽管段的单位长度沿程阻力损失（比摩阻）时，采用式（5-2）。计算蒸汽管路时先从最不利管路开始，然后计算其他并联支路。

在蒸汽供暖系统的换热设备中，主要靠蒸汽凝结成水放出热量。蒸汽在换热器中放热凝结是在定压条件下进行的，发生相变，由饱和蒸汽放热凝结成饱和水，所放出的热量等于相同压力下的汽化潜热。通常，流出换热设备的凝结水温度稍低于凝结压力下的饱和温度。低于饱和温度的数值称为过冷却度。过冷却放出的热量很少，一般可忽略不计。当稍为过热的蒸汽进入换热设备，其过热度不大时，也可忽略。这样，所需的饱和蒸汽量可由下式计算得出：

$$G = \frac{Q}{r} = \frac{3600Q}{1000r} = \frac{3.6Q}{r} \tag{6-1}$$

式中　G——所需的蒸汽量，kg/h；

　　　Q——热负荷，W；

　　　r——蒸汽的汽化潜热，kJ/kg；

　　3.6——单位换算系数，1W＝1J/s＝3.6kJ/h。

由于 1kg 蒸汽冷凝放出的热量比 1kg 热水靠降温放出的热量大得多，因此对同样热负荷，蒸汽供热时所需的蒸汽质量流量要比热水流量小得多。

（1）最不利管路的计算

从供暖系统入口到最远散热器（或立管）的蒸汽管路为最不利管路。管壁绝对当量粗糙度 k 的数值取 0.0002m。可采用下列两种方法之一进行计算。

1）计算平均比摩阻法

在已知锅炉出口或系统始端的设计供汽压力时采用计算平均比摩阻法。平均比摩阻用下式计算：

$$R_{\mathrm{P}} = \frac{\alpha(0.9P_{\mathrm{g}} - 2000)}{\sum l} \tag{6-2}$$

式中　R_{P}——蒸汽管路平均比摩阻，Pa/m；

　　　P_{g}——锅炉出口或系统始端的蒸汽设计供汽压力（表压力），Pa；

α——沿程阻力损失占总阻力损失的比例；

2000——散热器入口处预留的蒸汽压力，Pa；

$\sum l$——最不利蒸汽管路的总长度，m。

α 值查附录 5-6，低压蒸汽供暖系统中取 $\alpha=0.6$。

锅炉出口或系统始端的蒸汽设计供汽压力预留 10%，用以克服水力计算中未计及的阻力损失。故供汽压力 P_g 乘以 0.9。散热器入口处预留蒸汽压力用于克服散热器及其供汽支管上阀门的阻力损失，并驱赶散热器内的空气。

2) 推荐平均比摩阻法

若系统入口蒸汽设计供汽压力未知，可根据经验确定推荐平均比摩阻。一般认为比压降（单位管长的压力降）约为 100Pa/m，其中沿程阻力损失占 60%，则可取平均比摩阻 $R_P=60$Pa/m，据此来计算管路。并由此计算锅炉出口或系统入口的设计供汽压力。

根据上述两种方法中的一种确定平均比摩阻，已知平均比摩阻和各管段的设计流量，查附录 6-1 低压蒸汽供暖系统管路水力计算表，得到最不利管路各管段的管径、比摩阻和流速。局部阻力系数查附录 5-2。已知管段的总局部阻力系数，可由附录 6-2 查出管段的动压头（局部阻力系数等于 1 时的局部阻力损失）。按式（5-1）计算管段的阻力损失。

由各管段的阻力损失求出最不利管路的总阻力损失。

当所查数值在附录 6-1 中两个值之间时，需要用已知的设计热负荷，按照式（6-3）~式（6-5）计算得出相应的数值。

$$v_j = v_b \frac{Q_j}{Q_b} \tag{6-3}$$

$$R_j = R_b \left(\frac{Q_j}{Q_b}\right)^2 \tag{6-4}$$

$$P_{d,j} = P_{d,b} \left(\frac{v_j}{v_b}\right)^2 \tag{6-5}$$

式中　v_j，v_b——分别为计算流速和从附录中查出的流速，m/s；

Q_j，Q_b——分别为设计热负荷和从附录中查出的热负荷，W；

R_j，R_b——分别为计算比摩阻和从附录中查出的比摩阻，Pa/m；

$P_{d,j}$，$P_{d,b}$——分别为计算动压头和从附录中查出的动压头，Pa。

（2）其他并联支路的计算

计算与最不利管路并联的其他蒸汽管路时，先按并联管路阻力相等的原则，求出其他并联管路的平均比摩阻，用此值和各管段的流量去确定并联蒸汽支路的管径。

为了避免产生水击和噪声，计算时注意蒸汽管内的流速应不大于附录 6-3 的数值。一般并联管路比最不利管路的允许阻力损失大，允许比摩阻大，更要注意此问题。并联蒸汽管路的阻力损失不平衡率可取 15%。

6.2.1.2　低压蒸汽供暖系统凝结水管路的水力计算

低压蒸汽供暖系统的凝结水靠重力回收时，其流动动力来自有坡（一般 $i\geq0.005$）水平管道和垂直管道的高差产生的重力作用。所要求的凝结水管管径与其流动状态有关。干式凝结水管为非满管流。湿式凝结水管为满管流。在相同的热负荷（凝结水量）下，凝结水管的管径干式比湿式大、水平比垂直的大。可根据凝结水管承担的蒸汽热负荷流动状态和布置形式（水平或垂直），查附录 6-4 得到凝结水管的管径。凝结水干管始端管径一般不小于 $DN25$；个别始端负荷不大时，可不小于 $DN20$。散热器凝结水支管一般用 $DN15$；湿式凝结水管的空气管管径一般采用 $DN15$。

有坡干式凝结水管的作用压头按下式计算：

$$\Delta P = 0.5\rho g h \tag{6-6}$$

式中　ΔP——干式凝结水管的作用压头，Pa；

　　　0.5——考虑凝结水管内两相流动状态的修正系数；

　　　ρ——凝结水的密度，kg/m^3；

　　　h——凝结水管起点与终点间的垂直高差，m。

6.2.1.3　低压蒸汽供暖系统的水力计算示例

【例题 6-1】已知图 6-8 低压蒸汽供暖系统中各管段的设计热负荷和管长，对该系统进行水力计算。系统左右对称，图中仅绘出其右半部分。图中横线上的数字为设计热负荷（W），横线下的数字为管长（m）。

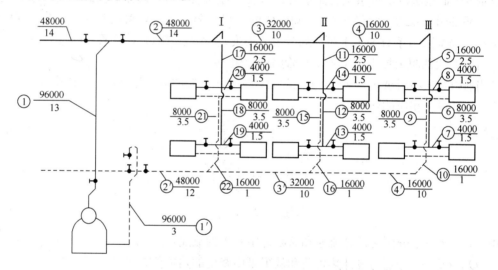

图 6-8　例题 6-1 低压蒸汽供暖系统管路计算图

【解】1. 计算蒸汽管路

（1）计算最不利蒸汽管路

确定最不利蒸汽管路为管段①～管段⑦，以管段①为例计算。

1）计算管段①的沿程阻力损失

由于未给出锅炉出口的供汽压力，因此采用推荐平均比摩阻法来进行计算。已知各管段的热负荷，则可根据附录 6-1 查出各管段的管径及对应的比摩阻和流速，分别填入水力计算表 6-2 中。

热负荷 $Q = 96000W$，$R_P = 60Pa/m$，先根据附录 6-1 选用 $DN70mm$，查得 $Q_b = 96179W$，流速 $v_b = 17.30m/s$，比摩阻 $R_b = 38Pa/m$。根据式（6-3）和式（6-4）求出其对应的流速和比摩阻填入表 6-2 中第 5、6 列。

$$v_j = v_b \frac{Q_j}{Q_b} = 17.30 \times \frac{96000}{96179} = 17.27 \approx 17.30m/s$$

$$R_{\mathrm{j}} = R_{\mathrm{b}} \left(\frac{Q_{\mathrm{j}}}{Q_{\mathrm{b}}} \right)^2 = 38 \times \left(\frac{96000}{96179} \right)^2 = 37.9 \mathrm{Pa/m}$$

沿程阻力损失 $R_{\mathrm{j}} l_1 = 37.9 \times 13.0 = 492.7 \mathrm{Pa}$，填入表 6-2 中第 7 列。

2）计算管段①的局部阻力

根据图 6-8 中的局部阻力构件形式和附录 5-2 得到各管段的局部阻力系数 $\Sigma \zeta$ 的值（表 6-3），填入表 6-2 中第 8 列。根据附录 6-2（或直接用公式 $\frac{\rho v^2}{2}$ 计算，取 $\rho = 0.634 \mathrm{kg/m^3}$）可以得到：$v_{\mathrm{b}} = 17.50 \mathrm{m/s}$，$P_{\mathrm{d,b}} = 97.04 \mathrm{Pa}$；由式（6-5）可以得到：

$$P_{\mathrm{d,j}} = P_{\mathrm{d,b}} \left(\frac{v_{\mathrm{j}}}{v_{\mathrm{b}}} \right)^2 = 97.04 \times \left(\frac{17.30}{17.50} \right)^2 = 94.83 \mathrm{Pa}$$

由此可以将得到的局部阻力损失 $z_1 = 94.83 \times 8.5 = 806.1 \mathrm{Pa}$，填入表 6-2 中第 9 列中。

3）计算管段①的总阻力损失

总阻力损失 $R_{\mathrm{j}} l_1 + z_1 = 492.7 + 806.1 = 1298.8 \mathrm{Pa}$，填入表 6-2 中第 10 列。

其余管段计算方法相同，并将计算结果填入表 6-2 中。

例题 6-1 低压蒸汽供暖系统蒸汽管水力计算表　　表 6-2

管段号	热负荷 Q (W)	管长 l (m)	管径 DN (mm)	流速 v (m/s)	比摩阻 R (Pa/m)	沿程损失 Rl (Pa)	局部阻力系数 $\Sigma \zeta$	局部阻力损失 z (Pa)	总损失 $Rl+z$ (Pa)
1	2	3	4	5	6	7	8	9	10
1	96000	13.0	70	17.3	37.9	492.7	8.5	806.1	1298.8
2	48000	14.0	50	15.8	47.3	662.2	10.0	791.0	1453.2
3	32000	10.0	40	16.9	73.6	736.0	1.0	90.6	826.6
4	16000	10.0	32	12.3	51.0	510.0	1.0	47.9	557.9
5	16000	2.5	32	12.3	51.0	127.5	3.0	143.8	271.3
6	8000	3.5	25	9.1	37.0	129.5	4.0	105.1	234.6
7	4000	1.5	20	8.1	38.3	57.5	4.5	93.7	151.2
$\Sigma l =$	50.5							$\Sigma (Rl+z) =$	4793.6

通过立管Ⅲ第 2 层散热器的管路与通过立管Ⅲ第 1 层散热器并联管路阻力 $\Sigma (Rl+z)_{6\sim7} = 385.8 \mathrm{Pa}$

管段号	热负荷	管长	管径	流速	比摩阻	沿程损失	局部阻力系数	局部阻力损失	总损失
8	4000	1.5	20	8.1	38.3	57.5	4.5	93.7	151.2
								$\Sigma (Rl+z) =$	151.2

立管Ⅲ第 2 层与第 1 层散热器管段不平衡率＝（385.8－151.2）/385.8＝60.8%＞15%，不平衡率过大，关小散热器供汽支管截止阀

立管Ⅱ第 1 层散热器　管路作用压力 $\Sigma (Rl+z)_{4\sim7} = 1215.0 \mathrm{Pa}$

管段号	热负荷	管长	管径	流速	比摩阻	沿程损失	局部阻力系数	局部阻力损失	总损失
11	16000	2.5	25	18.2	138.9	347.3	3.0	315.0	662.3
12	8000	3.5	25	9.1	37.0	129.5	4.0	105.1	234.6
13	4000	1.5	20	8.1	38.3	57.5	4.5	93.7	151.2
								$\Sigma (Rl+z) =$	1048.1

管段号	热负荷 Q (W)	管长 l (m)	管径 DN (mm)	流速 v (m/s)	比摩阻 R (Pa/m)	沿程损失 Rl (Pa)	局部阻力系数 $\Sigma\zeta$	局部阻力损失 z (Pa)	总损失 $Rl+z$ (Pa)
与立管Ⅱ并联环路的不平衡率=（1215.0−1048.1）/1215.0=13.7%＜15%									
立管Ⅱ 第2层散热器　作用压力$\Sigma(Rl+z)_{12\sim13}$=385.8Pa									
14	4000	1.5	20	8.1	38.3	57.5	4.5	93.7	151.2
								$\Sigma(Rl+z)=$	151.2
立管Ⅱ第2层与第1层散热器管段不平衡率=（385.8−151.2）/385.8=60.8%＞15%，不平衡率过大，关小散热器供汽支管截止阀									
立管Ⅰ 第1层散热器　管路作用压力$\Sigma(Rl+z)_{3\sim7}$=2041.6Pa									
17	16000	2.5	32	12.3	51.0	127.5	3.0	143.8	271.3
18	8000	3.5	25	9.1	37.0	129.5	4.0	105.1	234.6
19	4000	1.5	20	8.1	38.3	57.5	4.5	93.7	151.2
								$\Sigma(Rl+z)=$	657.1
与立管Ⅰ并联环路的不平衡率=（2041.6−657.1）/2041.6=67.8%＞15%，不平衡率过大，关小散热器供汽支管截止阀									
立管Ⅰ 第2层散热器　管路作用压力$\Sigma(Rl+z)_{18\sim19}$=385.8Pa									
20	4000	1.5	20	8.1	38.3	57.5	4.5	93.7	151.2
								$\Sigma(Rl+z)=$	151.2
立管Ⅰ第2层与第1层散热器管段的不平衡率=（385.8−151.2）/385.8=60.8%＞15%，不平衡率过大，关小散热器供汽支管截止阀									

4）计算锅炉出口压力

锅炉出口蒸汽压力 90% 用于克服最不利管路阻力损失，并在散热器入口预留压力 2000Pa，因此应提供的蒸汽压力为：

$$P_g=\frac{1}{0.9}\left[\sum_{i=1}^{7}(Rl+z)_i+2000\right]=\frac{1}{0.9}(4793.6+2000)=7548.4\text{Pa}$$

例题 6-1 低压蒸汽供暖系统蒸汽管路局部阻力系数表　　　　表 6-3

管段号	局部阻力名称	个数	阻力系数	$\Sigma\xi$
1	截止阀	1	7.0×1	8.5
	弯头	3	0.5×3	
2	截止阀	1	7.0×1	10.0
	分流三通	1	3.0×1	
3、4	直流三通	1	1.0×1	1.0
5	弯头	2	1.5×2	3.0
11、17	弯头	1	1.5×1	3.0
	分流三通	1	1.5×1	
6、12、18	括弯	1	2.0×1	4.0
	直流四通	1	2.0×1	
7、13、19	分流三通	1	3.0×1	4.5
	乙字弯	1	1.5×1	

管段号	局部阻力名称	个数	阻力系数	Σξ
8、14、20	分流四通	1	3.0×1	4.5
	乙字弯	1	1.5×1	

注：散热器支管（管段7）上截止阀的局部阻力系数不计入，其对应的局部阻力损失包括在散热器入口预留的压力数值（2000Pa）内。

（2）计算其他并联蒸汽管路

根据并联管路阻力相等的原理来计算其他并联蒸汽管路，与最不利蒸汽管路并联的其他蒸汽支路的允许压力损失可以从表6-2中得到，例如：立管Ⅱ的管段⑪、⑫、⑬与管段④、⑤、⑥、⑦并联。④～⑦管段阻力损失为 557.9＋271.3＋234.6＋151.2＝1215.0Pa，然后根据并联管路的平均比摩阻 $R_P = \dfrac{\alpha \Delta P}{\Sigma l} = \dfrac{0.6 \times 1215}{7.5} = 97.2 \text{Pa/m}$ 和各管段的流量查附录6-1进行计算。其他并联管段计算方法相同。

通过水力计算可见，低压蒸汽供暖系统的节点不平衡率较大，即使选择了较小的管径，蒸汽流速已采用较高，也不可能达到平衡的要求，只能靠系统投入运行时，通过调节立管或支管上的阀门来解决。蒸汽供暖系统远近立管并联环路节点压力不平衡而产生的水平失调的现象与热水供暖系统相比，不同之处在于：热水供暖系统中，如不进行调节，通过远近立管的流量比例不会发生变化；而蒸汽供暖系统的水平失调具有自调性（各立管的流量比例自动发生变化）和周期性的特点，系统失调较轻。

2. 计算凝结水管路

凝结水管中管段④'～②'，及⑨、⑩、⑮、⑯、㉑、㉒为干式凝结水管；管段①'为湿式凝结水管。根据所承担的蒸汽设计热负荷和处于水平和垂直位置查附录6-4，得到管径。将上述数值填入表6-4中。

例题6-1 低压蒸汽供暖系统凝结水管管径表　　　　　　　　　　　　表6-4

管段编号	9, 15, 21	10, 16, 22	4'	3'	2'	1'
热负荷（W）	8000	16000	16000	32000	48000	96000
管径 d（mm）	20	20	20	25	32	32

6.2.2　高压蒸汽供暖系统水力计算方法

高压蒸汽供暖系统的水力计算原理与低压蒸汽供暖系统基本相同。其不同之处在于低压蒸汽供暖系统水力计算可以不考虑蒸汽密度的变化；高压蒸汽供暖系统压力高，压力变化范围大，在计算其蒸汽管路时，要考虑密度变化及管道散热产生凝结水对蒸汽流量的影响；在工程中计算其蒸汽管路时，可以不考虑沿途凝结水对流量的影响，只考虑密度变化的影响。此外，低压蒸汽供暖系统凝结水管分为干式凝结水管和湿式凝结水管，计算简单；高压蒸汽供暖系统凝结水管中流动更复杂，分为分离二次汽的有压满管流和汽水并存的两相流。低压蒸汽供暖系统先计算蒸汽管，再计算凝结水管，计算复杂；高压蒸汽供暖系统应先计算凝结水管，确定凝结水管起点的压力及散热设备入口必需的最低蒸汽压力后，再计算蒸汽管路。

6.2.2.1 高压蒸汽管路水力计算

高压蒸汽供暖系统水力计算的目的同样也是选择管径和计算其压力损失。蒸汽管路的水力计算从最不利管路开始，计算最不利蒸汽管路之后，再计算其他并联蒸汽管路，其阻力损失不平衡率为 15%。压力损失计算可采用下述三种方法：

(1) 平均密度法

高压蒸汽供暖系统起点供汽压力与散热设备要求的供汽压力已知时采用此方法。蒸汽管路的水力计算一般采用当量长度法，最不利管路压力损失为供暖系统起点到最远散热设备管路的阻力损失之和。该方法先计算整个管段的平均压力，然后根据平均压力，确定蒸汽的平均密度。根据式 (6-7) 计算比摩阻 R_P。用管段的蒸汽流量 G（kg/h）和 R_P 查附录 6-5，可得到其管径、流速 v_b 和对应的比摩阻 $R_{P,b}$；当编表条件（蒸汽密度 $\rho_b=1kg/m^3$）和计算条件不同时，可按照式 (6-8)、式 (6-9) 求得计算条件下的比摩阻 $R_{P,j}$ 和流速 v_j 的数值。

$$R_P = \frac{\alpha(0.9P_g - P_s)}{\sum l}\rho_P \tag{6-7}$$

$$R_{P,j} = \frac{R_{P,b}}{\rho_P} \tag{6-8}$$

$$v_j = \frac{v_b}{\rho_P} \tag{6-9}$$

式中　R_P——根据系统起点供汽压力和散热设备要求的供汽压力计算的平均比摩阻，Pa/m；

$R_{P,b}$、$R_{P,j}$——分别为编表条件和换算到计算条件下的平均比摩阻，Pa/m；

　v_b、v_j——分别为编表条件和计算条件下的蒸汽流速，m/s；

　P_g、P_s——分别为系统起点供汽压力和最不利蒸汽管路散热设备入口要求的供汽压力，Pa；

　ρ_P——最不利蒸汽管路平均压力 $P_P = \frac{P_g + P_s}{2}$ 所对应的蒸汽密度，kg/m³；

其他符号同式 (6-2)。

α 值可查附录 5-6，一般取 $\alpha=0.8$。

式中 0.9 含义与低压蒸汽供暖系统一样，入口蒸汽压力储备 10%，用于克服设计计算时未能计及的阻力损失。

根据附录 5-2 得到的局部阻力系数 ζ 查附录 6-6 得到局部阻力的当量长度 l_d，然后得到折算长度 $l_{zh}=l_d+l$。

(2) 计算平均比摩阻法

高压蒸汽供暖系统起点供汽压力已知时采用此方法。为了使散热设备出口的疏水器能正常工作和有剩余压力将凝结水排入凝结水管网，最远散热设备入口处应有较高的蒸汽压力。因此在工程设计中，最不利管路总压力损失不宜超过起始压力的 1/4。平均比摩阻法可按下式计算：

$$R_P = \frac{0.25\alpha P_g}{\sum l} \tag{6-10}$$

式中　R_P——平均比摩阻，Pa/m；

其他符号同式 (6-7)。

(3) 限制流速法

高压蒸汽供暖系统起点供汽压力未知时采用此方法。高压蒸汽供暖系统蒸汽管路内压力和流速都较高，为了防止管内的蒸汽和沿途凝结水产生水击和噪声，限制汽、水同向流动最大允许流速 $v_{max} \leqslant 80m/s$；汽、水逆向流动 $v_{max} \leqslant 60m/s$。

上述流速是对整个蒸汽管路的要求。一般应力求使各用热设备入口处压力不要相差太大。离入口较近的支路，管段长度短，平均比摩阻大，流速高；离入口最远的支路，管段长度长，平均比摩阻较小，流速较低。因此较近支路的流速不超过最大允许值，则设计时最不利支路的流速应比最大允许流速低得多，一般取 $15\sim40m/s$。

6.2.2.2 高压蒸汽供暖系统凝结水管的计算

高压蒸汽供暖系统凝结水管的水力计算从热负荷最大的凝结水管开始。

由于高压疏水器价格较高，且疏水量远大于一组散热设备的凝结水量，因此高压蒸汽系统的疏水器在散热设备负荷较小时通常装于各分支环路凝结水管的末端。疏水器按照6.3.1介绍的方法进行选择。散热设备与疏水器之间的管段中凝结水流动状态为非满管流，属于干式凝结水管路。此类凝结水管的管径可按照附录6-7选择；只要保证此凝结水支干管的坡度 $i \geqslant 0.005$ 和足够的凝结水管管径，即使远近立管散热器的蒸汽压力不平衡，由于凝结水支干管上部截面有空气与蒸汽的联通作用和蒸汽系统本身流量的一定自调节性能，不会严重影响凝结水的重力流动。疏水器出口以后管段的凝结水流动状态为两相流，可按附录6-8选取凝结水管径。

6.2.2.3 高压蒸汽供暖系统的水力计算示例

【例题6-2】已知高压蒸汽供暖系统入口的蒸汽压力（表压力）为 $0.39MPa(4kg/m^2)$，各散热设备设计入口压力（表压力）为 $0.196MPa(2kg/m^2)$，设计热负荷为 $4 \times 10^5 W$。系统如图6-9所示，图中带圈数字为管段编号，圆圈旁边横线上为各管段的热负荷（单位：W），横线下为各管段的长度（单位：m）。疏水器出口凝结水密度为 $10kg/m^3$，管段中最大允许流速为 $5m/s$。

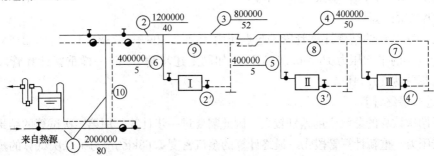

图6-9 例题6-2高压蒸汽采暖系统水力计算图

【解】1. 计算蒸汽管路

（1）确定最不利蒸汽管路为管段①～管段④。

采用平均密度法计算阻力损失。为简便起见，计算流量时不考虑管道热损失。

1）计算最不利蒸汽管路的平均比摩阻

蒸汽管的平均压力为 $P_P = \dfrac{0.39 + 0.196}{2} = 0.293MPa$，查水蒸气表的蒸汽密度 $\rho_P =$

$2.13kg/m^3$，汽化潜热 $r_P = 2135.6kJ/kg$。根据式（6-7）计算平均比摩阻。

$$R_P = \frac{(0.9P_g - P_s)\rho_P \times 0.8}{\Sigma l}$$
$$= \frac{(0.9 \times 0.39 - 0.196) \times 10^6 \times 2.13 \times 0.8}{222}$$
$$= 1190 \text{Pa/m}$$

2）计算最末端管段④的沿程阻力损失

先进行试算，然后再进行最终计算，分别在表 6-5 中加以注释。

a）第一次试算

i）确定比摩阻 $R_{P,b}$

用平均比摩阻 1190Pa/m 和平均压力 0.293MPa 下所对应的蒸汽参数（$\rho_P = 2.13$kg/m^3，$r_P = 2135.6$kJ/kg）进行计算。根据散热设备设计热负荷，计算管段蒸汽流量 $G = \frac{400000 \times 3.6}{2135.6} = 674$kg/h。根据 G 和 R_P，从附录 6-5 选管径为 $DN70$mm，$G_b = 1140$kg/h，$R_b = 1200$Pa/m，$v_b = 80.6$m/s，根据式（6-4）求出对应的比摩阻 $R_{P,b} = R_b \left(\frac{Q_j}{Q_b}\right)^2 = 1200 \times \left(\frac{675}{1140}\right)^2 = 419$Pa/m，填入表 6-5 中。

ii）计算局部阻力损失的当量长度和管段折算长度

根据图 6-9 上的管路附件，查附录 5-2 得到局部阻力系数。根据局部阻力系数的数值（表 6-6），查附录 6-6 得到局部阻力损失的当量长度 $l_d = 30.14$，从而得到管段的折算长度 $l_{zh} = l + l_d = 50 + 30.14 = 80.14$m，填入表 6-5 中。

iii）计算管段总压力损失

根据式（6-8）求出 $R_{P,j} = \frac{R_{P,b}}{\rho_P} = \frac{419}{2.13} = 197$Pa/m，再求出总压力损失 $\Delta P = R_{P,j}l_{zh} = 197 \times 80.14 = 15788$Pa，填入表 6-5 中。

b）第二次试算

用第一次试算的结果计算管段④起点压力 $P_s = 0.196 + 15788 \times 10^{-6} = 0.212$MPa，然后求出管段④的平均压力 $P_P = 0.204$MPa，如同上述步骤 i～iii 一样重新计算管段④，得到总阻力损失为 19714Pa。

c）进行最终计算

由于两次试算的蒸汽密度差别较大，因此需要进一步计算。用第二次试算的结果计算管段④起点压力，重新计算管段④。最终计算的蒸汽密度 1.68kg/m^3 与第二次试算的蒸汽密度 1.67kg/m^3 差别较小，因此本次计算为最终计算。最后根据式（6-3）求出 $v_{j1} = v_b \frac{Q_j}{Q_b} = 80.6 \times \frac{666}{1140} = 47.1$m/s，再依据式（6-9）计算出计算条件下的蒸汽流速 $v_j = \frac{v_{j1}}{\rho_P} = \frac{47.1}{1.67} = 28.0$m/s。

3）计算其他管段

各管段计算从末端向始端管段依次进行。例如，计算管段④后应计算管段③，管段④的起点压力即是管段③的终端压力。方法与管段④相同。开始试算时也是用整个蒸汽管路的平均比摩阻从附录 6-5 中查得管径。

表 6-5

例题 6-2 高压蒸汽供暖系统蒸汽管水力计算表

管段号	热负荷 Q (W)	蒸汽流量 G (kg/h)	管长 l (m)	压力 管段终点 Pg (MPa)	压力 管段起点 Ps (MPa)	压力 平均值 Pp (MPa)	蒸汽密度 ρ (kg/m³)	汽化潜热 r (kJ/kg)	附录6-5中的比摩阻 Rp,b (Pa/m)	管径 DN (mm)	局部阻力系数 Σζ	局部阻力损失的当量长度 ld (m)	折算长度 lzh (m)	计算条件下比摩阻 Rpj (Pa/m)	计算条件下管段总阻力损失 ΔP (Pa)	蒸汽流速 查表值 vj1 (m/s)	蒸汽流速 计算条件下数值 vj (m/s)
1	2	3	4	5	6	7	8	9	10	11	12	13	14	15	16	17	18
1	试1 400000	674	50	0.196	0.39	0.293	2.13	2135.6	419	70	11	30.14	80.14	197	15788	—	18
	试2 400000	666		0.196	0.212	0.204	1.67	2162.4	410					246	19714	—	—
	终 400000	666		0.196	0.216	0.206	1.68	2161.7	410					244	19554	47.1	28.0
4	试1 800000	1349	52	—	0.293	0.293	2.13	2135.6	687	80	3	10.19	62.19	323	20087	—	—
	试2 800000	1336		0.216	0.236	0.226	1.78	2155.3	674					379	23570	—	—
	终 800000	1337		0.216	0.240	0.228	1.79	2154.6	675					377	23446	67.3	37.6
3	试1 1200000	2023	40	—	0.293	0.293	2.13	2135.6	524	100	10	44.05	84.05	246	20676	—	—
	试2 1200000	2012		0.240	0.261	0.251	1.91	2147.6	518					271	22778	—	—
	终 1200000	2012		0.240	0.263	0.252	1.92	2147.3	518					270	22694	67.0	34.9
2	试1 2000000	3371	80	—	0.293	0.293	2.13	2135.6	1454	100	8.5	37.44	117.44	683	80212	—	—
	试2 2000000	3376		0.263	0.343	0.303	2.18	2132.8	1459					669	78567	—	—
	终 2000000	3376		0.263	0.342	0.303	2.18	2132.8	1459					669	78567	112.5	51.6
合计			Σl=222												ΣΔP=144261		
	储备 (0.39−0.342) /0.39=12.3%，大于10%																
	计算其他并联支路																
5	400000	666	5	0.196	0.216	0.206	1.68	2161.7	410	70	10.5	28.75	33.75	244	8235	47.1	28.0
6	400000	667	5	0.196	0.240	0.218	1.74	2157.8	411	70	10.5	28.75	33.75	236	7965	47.2	27.1

（2）计算其他并联蒸汽管路

并联支路与最不利管路并联时，压力应从上述计算结果中得到，然后按上述步骤计算并联支路各管段。例如，管段⑤的起点压力应是已通过计算得到的管段④的起点压力。最后要将计算条件下的蒸汽流速求出，而且应小于最大允许流速。

2. 凝结水管路各管段管径的确定

凝结水管中管段的管径确定是比较复杂的，本例中散热设备与疏水器之间的管段的凝结水流动状态为非满管流，属于干式凝结水管路，查附录6-7，得到管段⑦～⑨、⑫～⑭的直径列于表6-7中。

疏水器出口以后管段10的凝结水流动状态为两相流凝结水管径根据流量和限制流速按附录6-8选择，确定管径为 $DN150$。

例题 6-2 高压蒸汽供暖系统局部阻力系数表　　表 6-6

管段编号	局部阻力名称	个数	阻力系数	Σζ
1	截止阀	1	7.0×1	8.5
	旁流三通	1	1.5×1	
2	分流三通	1	3.0×1	10.0
	截止阀	1	7.0×1	
3	直流三通	1	1.0×1	3.0
	方形补偿器	1	2.0×1	
4	弯头	2	1.0×2	11.0
	直流三通	1	1.0×1	
	突然扩大	1	1.0×1	
	截止阀	1	7.0×1	
5, 6	旁流三通	1	1.5×1	10.5
	截止阀	1	7.0×1	
	突然扩大	1	1.0×1	
	弯头	1	1.0×1	

例题 6-2 高压蒸汽供暖系统凝结水管径表　　表 6-7

管段编号	⑦	⑧	⑨	⑫～⑭	⑩
热负荷 Q（W）	400000	800000	1200000	400000	—
管径 DN（mm）	70	80	100	70	150

6.3 蒸汽供暖系统的辅助设备

疏水器、减压阀、二次蒸发箱和安全水封是蒸汽供暖系统的关键设备，这些设备的选择和安装等直接关系到蒸汽供暖系统的运行状况。

6.3.1 疏水器

疏水器的作用是阻止蒸汽逸漏并迅速地排出凝结水，同时能排除系统中积留的空气和其他不凝气体。疏水器的选择及工作状况，与蒸汽供暖系统的正常运行和减少蒸汽漏失有着直接的关系。它的工作状况对系统运行的可靠性和经济性影响极大。

（1）疏水器工作原理

根据作用原理不同，疏水器可分为三种类型。

1）机械型疏水器是利用蒸汽和凝结水的密度不同，利用凝结水液位的变化，以控制凝结水排水孔自动启闭工作的疏水器。主要产品有浮筒式、钟形浮子式、自由浮球式、倒吊筒式疏水器等。

2）热动力型疏水器是利用蒸汽和凝结水热动力学（流动）特性的不同来工作的疏水器。主要产品有圆盘式、脉冲式、孔板或迷宫式疏水器等。

3）热静力型（恒温型）疏水器是利用蒸汽和凝结水的温度不同引起恒温元件膨胀或变形来工作的疏水器。主要产品有波纹管式、双金属片式和液体膨胀式疏水器等。

国内外使用的疏水器产品种类繁多，这里只介绍几种疏水器，其余产品请参考相关资料。

1）浮筒式疏水器

浮筒式疏水器属机械型疏水器，其构造如图 6-10 所示，动作原理如下：

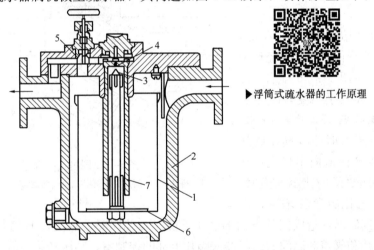

▶浮筒式疏水器的工作原理

图 6-10　浮筒式疏水器
1—浮筒；2—外壳；3—顶针；4—阀孔；5—排气阀；6—可换重块；7—套筒

凝结水进入疏水器的外壳 2 内，水位升高时浮筒 1 浮起，顶针 3 沿套筒 7 上移，关闭阀孔 4。凝结水继续进入外壳内时，凝结水溢过浮筒边缘，进入浮筒。当水即将充满浮筒时，浮筒下沉。图 6-11（a）表示浮筒即将下沉，阀孔 4 尚关闭，凝结水装满（90％程度）浮筒的情况。浮筒下沉后，阀孔被打开，凝结水借蒸汽压力排到凝结水管中。当凝结水排出到一定数量后，浮筒的总重量减轻，浮筒再度浮起，又将阀孔关闭。图 6-11（b）表示浮筒即将上浮，阀孔尚开启，余留在浮筒内的一部分凝结水起到水封作用，封住蒸汽逸漏通路，凝结水不断进入浮筒，顶针上移到阀孔关闭，待凝结水即将装满后下沉。如此反复循环动作。浮筒式疏水器由于筒内形成水封，空气不能通过，因此设有专门的排气阀 5，用于系统启动时打开排除留存的空气。连续运行时排气阀关闭。

浮筒的容积，浮筒及阀杆等的重量，阀孔直径及阀孔前后凝结水的压差决定着浮筒的正

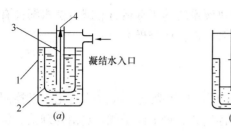

图 6-11 浮筒式疏水器动作原理示意图

(a) 浮筒即将下沉，阀孔尚关闭的情况；(b) 浮筒即将上浮，
阀孔尚开启的情况

1—浮筒；2—外壳；3—顶针；4—阀孔

常沉浮工作。浮筒底附带的可换重块 6，可用来调节它们之间的配合关系，适应不同凝结水压力和压差等工作条件。

浮筒式疏水器漏汽量小，能排出具有饱和温度的凝结水。疏水器前凝结水的表压力 P_1 在 500kPa 或更小时便能启动疏水。阀孔阻力较小，因而疏水器的背压（疏水器出口凝结水压力）可较高。浮筒式疏

水器的主要缺点是体积大、排量小、活动部件多、筒内易沉渣垢、阀孔易磨损、维修量较大。

2）圆盘式疏水器

圆盘式疏水器属于热动力型，其构造如图 6-12 所示，工作原理如下：

当过冷的凝结水流入孔 A 时，靠压差顶开圆盘形阀片 2，水经环形槽 B，从向下开的出口孔 6 排出。由于凝结水的比容几乎不变，凝结水流动通畅，阀片常开，连续排水。当凝结水带有蒸汽时，蒸汽在阀片下面从 A 孔经 B 槽流向出口孔；在通过阀片和阀座之间的狭窄通道时，压力下降，蒸汽比容急骤增大，阀

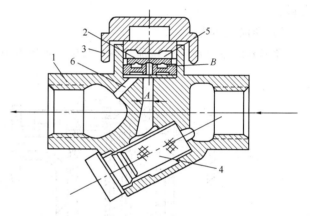

图 6-12 圆盘式疏水器

1—阀体；2—阀片；3—阀盖；4—过滤器；5—控制室；
6—出水孔

片下面蒸汽流速激增，造成阀片下面的静压下降。与此同时，蒸汽在 B 槽与出口孔处受阻，被迫从阀片和阀盖 3 之间的缝隙冲入阀片上部的控制室，动压转化为静压，在控制室 5 内形成比阀片下更高的压力，迅速将阀片向下关闭而阻汽。阀片关闭一段时间后，由于控制室内蒸汽凝结，压力下降，会使阀片瞬时开启，排除凝结水，但会有周期性漏汽。

圆盘式疏水器与机械型相比，圆盘式具有体积小、重量轻、结构简单、造价低、间接排水、耐水击、适用范围广、安装维修方便等优点。疏水器在工作压力下连续排出凝结水时，疏水器内凝结水与该压力下对应的饱和温度的差值称为过冷度。圆盘式疏水器的最小过冷度为 6～8℃，正常工作的最小压差为 500kPa。该疏水器工作有噪声，有一定漏汽量（漏汽率为 2%～3%），排空气性能不佳。

3）恒温式疏水器

恒温式疏水器属于热静力式疏水器。

恒温式疏水器主要分为直角式和直通式恒温疏水器。直角式（图 6-13a）一般装于低压蒸汽供暖系统散热器回水支管上；直通式（图 6-13b）则多用于凝结水干管上，在安装不便的地方代替水封。恒温式疏水器内装有底部带锥形阀 5 的膨胀盒 2，盒内装有酒精；当蒸汽

通过时，盒内酒精受热蒸发，其压力升高，使膨胀盒膨胀，靠锥形阀堵住阀孔4，阻止蒸汽通过。直到蒸汽冷凝并且温度降低，膨胀盒收缩，阀孔打开排出凝结水。当空气或较冷的凝结水流入时，因阀孔开启，可以顺利通过。疏水器所用系统的蒸汽压力不应超过30kPa，否则其中膨胀盒容易损坏。低压蒸汽系统用疏水器，其口径与管道直径相同。

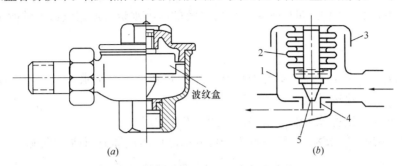

图 6-13 恒温式疏水器

(a) 直角式；(b) 直通式

1—外壳；2—膨胀盒；3—阀盖；4—阀孔；5—锥形阀

(2) 疏水器的选择

疏水器选择的基本原则是：满足蒸汽管道及工艺设备的最高工作压力、温度的要求，及时排出管道及工艺设备中的凝结水和不凝性气体，并保证工艺设备对温度和热量的要求，而且不泄漏或尽可能少泄漏蒸汽，耐用性能好，背压容许范围大，安装维修方便等。疏水器必须根据进出口的最大压差和最大排水量进行选用，同时注意疏水器的其余各项技术参数，如过冷度、漏汽率（任何类型的疏水器的漏汽率不应大于3%）、低负荷工作能力（在0.05MPa下能进行工作）、安装方位要求、抗冻能力、使用寿命等。

1) 疏水器前后压力的确定原则

疏水器前进口处凝结水的压力 P_1，根据散热设备或供暖系统的蒸汽压力确定。当疏水器靠近散热设备安装时，$P_1 = (0.9 \sim 0.95)P_b$（P_b 为用热设备前的蒸汽表压力）；当疏水器安装在凝结水干管上时，$P_1 = 0.7P_b$（P_b 为供热系统入口处的蒸汽表压力）；当疏水器用于排除管道或分汽缸的凝结水时，$P_1 = P_b$（P_b 为疏水点处的蒸汽表压力）。

疏水器出口凝结水的压力 P_2 称为疏水器的背压。疏水器前的压力 P_1 与疏水器背压 P_2 之差，称为疏水器压差 ΔP，即

$$\Delta P = P_1 - P_2 \tag{6-11}$$

式中　P_1、P_2——分别为疏水器前的压力和疏水器背压，kPa；

　　　ΔP——疏水器压差，kPa。

疏水器背压 P_2 用以克服凝结水管道的阻力，以及将凝结水提升至一定的高度，即

$$P_2 = \Delta H + 10h + P_3 \tag{6-12}$$

式中　ΔH——疏水器后凝结水管道阻力，kPa；

　　　h——疏水器后凝结水提升高度，m；

　　　P_3——凝结水箱内的压力，kPa。

为保证疏水器的正常工作，必须保证疏水器正常工作的最小压差 ΔP_{min}。浮筒式

$\Delta P_{\min} \geqslant 5\text{kPa}$；热动力式疏水器，$\Delta P_{\min} \geqslant 0.5P_1$。因此，疏水器可能提供的最大背压 $P_{2(\max)}$ 为：

$$P_{2(\max)} \leqslant P_1 - \Delta P_{\min} \tag{6-13}$$

2) 疏水器的选型

所选择的疏水器的排水量应该大于供暖系统的凝结水量（或用汽设备的额定排凝结水量），即：

$$G_{sh} = KG_n \tag{6-14}$$

式中　G_{sh}、G_n——分别为疏水器设计排水量和供暖系统的凝结水量（或用汽设备的额定排凝结水量），kg/h；

　　　　K——选择疏水器的倍率，按照表 6-8 确定。

根据式（6-14）计算 G_{sh}，即可按生产厂的产品样本选择适当型号的疏水器。

不同热用户系统的疏水器选择倍率 K 值　　　　表 6-8

系统	使用情况	选择倍率 K	系统	使用情况	选择倍率 K
供暖	$P_b \geqslant 100\text{kPa}$ $P_b < 100\text{kPa}$	2~3 4	淋浴	单独换热器 多喷头	2 4
热风	$P_b \geqslant 200\text{kPa}$ $P_b < 200\text{kPa}$	2 3	生产	一般换热器 大容量、常间歇、速加热	3 4

（3）疏水器的安装

疏水器均要求水平安装，安装位置要便于检查和维修。图 6-14 为疏水器安装的一般形式。如有旁通管 5，则应安装在疏水器 1 上面或同一水平面上，不可安装在疏水器的下方，关闭截止阀 6、开启旁通阀 4，供检修疏水器和系统开始运行时加速排除凝结水。一般情况下，为避免蒸汽损失，旁通阀是不允许开启的。对于供汽允许中断的设备，或较小的供暖系统，旁通管亦可不设。冲洗阀 2 的作用是冲洗管路时排污和排除空气。检查阀 3 为检查疏水器工作状况而设，当进行检查时，疏水器出口的截止阀应关闭。本身不带过滤器的热动力式等小型疏水器需要在疏水器前设置用于滤除凝结水中的杂物的过滤器，以避免疏水器堵塞。

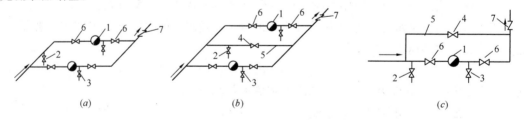

图 6-14　疏水器安装示意图

（a）无旁通管的疏水器并联；（b）有旁通管的疏水器并联；（c）旁通管垂直安装

1—疏水器；2—冲洗阀；3—检查阀；4—旁通阀；5—旁通管；6—截止阀；7—逆止阀

为了避免使用笨重的大规格疏水器，可以并联使用几个小型的疏水器（图 6-14a 和 b）。但是各疏水器的排除凝结水量之和应等于或大于其安装处凝结水量。

6.3.2　减压阀

减压阀通过调节阀孔大小，对蒸汽进行节流而达到减压目的。普通的截止阀或节流孔板虽能使蒸汽压力降低，亦即达到减压的目的，但其不能将节流后的蒸汽压力稳定在要求的范围内。减压阀则能够自动将阀后压力维持在一定范围内。

目前国产减压阀有活塞式、波纹管式和薄膜式等几种。活塞式和波纹管式减压阀，由于外形小巧，工作稳定可靠，维修工作量小，使用较多。

（1）减压阀的工作原理

活塞式减压阀（图6-15）的工作原理是，主阀1靠活塞2上面的阀前蒸汽压力和下面的弹簧3的弹力相互平衡控制作用而上下移动，来增大或减小阀孔的流通面积；针阀4由薄膜片5带动升降，开大或关小室d及e的通道；薄膜片的弯曲度由上弹簧6及阀后蒸汽压力的相互作用来操纵。启动前，主阀关闭。启动时，顺时针方向旋紧螺钉7，压下膜片5及打开针阀4，阀前压力为P_1的蒸汽经过阀内通道a、室e、室d及阀内通道b到达活塞2的上部空间，克服下弹簧弹力，将活塞2推下，打开主阀。蒸汽经过主阀后压力下降为P_2，在进入蒸汽管道的同时，并经阀内通道c进入薄膜片5下部空间，作用于膜片，与旋紧的上弹簧力相平衡。调节旋紧螺钉7，便可使阀后蒸汽压力达到需要值。运行中，当P_2升高时，薄膜片5由于下面作用力变大而上弯，针阀4关小，使活塞2的下推力下降，主阀上升，阀孔通路变小，P_2自动降低。相反当P_2降低时，动作相反。这样可以保持P_2在一个较小范围内波动，处于基本稳定状态。一般情况下，$P_2=300\text{kPa}$时，其波动值不超过$\pm50\text{kPa}$；$P_2=1000\text{kPa}$时，波动值不超过$\pm700\text{kPa}$。

活塞式减压阀工作可靠，工作温度和压力较高，适用范围广。当用于工作温度低于300℃、工作压力达1.6MPa的蒸汽管道时，阀前与阀后最小调节压差为0.15MPa。

波纹管减压阀如图6-16所示。主阀瓣4的启闭靠通至波纹管1的阀后蒸汽压力和阀杆下的调节弹簧2的弹力相平衡来调节。波纹式减压阀阀后的压力误差不超过25kPa。

波纹管适用于工作温度低于200℃，工作压力达1.0MPa的蒸汽管道。波纹管减压阀的调节范围大，压力波动范围较小，特别适用于减为低压的低压蒸汽供暖系统。

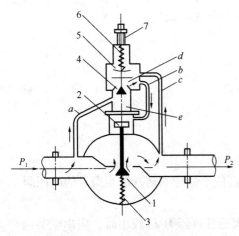

图6-15　活塞式减压阀

1—主阀；2—活塞；3—下弹簧；4—阀针；5—薄膜片；
6—上弹簧；7—旋紧螺钉；a、b、c—通道；
d、e—小室

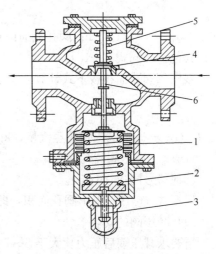

图6-16　波纹管式减压阀

1—波纹管；2—调节弹簧；3—调整螺钉；
4—主阀瓣；5—辅助弹簧；6—阀杆

（2）减压阀的选择

减压阀根据阀前、阀后的压力、减压比及阀孔面积选择。

蒸汽流过减压阀阀孔的过程是气体绝热节流过程。根据气体绝热节流的基本理论可知，减压比为阀后蒸汽压力 P_2 与阀前蒸汽压力为 P_1 的比值，称为减压比，用 β 表示。当 $\beta = \dfrac{P_2}{P_1}$ 为某一定值时，通过阀孔的流量达到最大值。相应的 P_2 称为临界压力 P_L。临界压力 P_L 和阀前压力 P_1 之比称为临界压力比。饱和蒸汽临界压力比 $\beta_L = 0.577$；过热蒸汽临界压力 $\beta_L = 0.546$。

当减压阀的减压比 β 大于临界压力比 β_L 时，通过 $1\mathrm{cm}^2$ 阀孔面积的饱和蒸汽流量按式（6-15）计算，过热蒸汽流量按式（6-16）计算。

$$q = 46.7\mu \sqrt{\frac{P_1}{v_1}\left[\left(\frac{P_2}{P_1}\right)^{1.76} - \left(\frac{P_2}{P_1}\right)^{1.88}\right]} \tag{6-15}$$

$$q = 33.5\mu \sqrt{\frac{P_1}{v_1}\left[\left(\frac{P_2}{P_1}\right)^{1.54} - \left(\frac{P_2}{P_1}\right)^{1.77}\right]} \tag{6-16}$$

式中　q——通过 $1\mathrm{cm}^2$ 阀孔面积的蒸汽流量，$\mathrm{kg/(cm^2 \cdot h)}$；

　　　μ——减压阀孔的流量系数，可取 $0.45\sim0.6$；

P_1、P_2——分别为阀孔前蒸汽压力和阀孔后蒸汽压力，kPa（绝对压力）；

　　　v_1——阀孔前蒸汽比容，$\mathrm{m^3/kg}$。

当减压阀的减压比 β 等于或小于临界压力比 β_L 时，则应按最大流量方程式计算，饱和蒸汽最大流量按式（6-17）计算，过热蒸汽最大流量按式（6-18）计算。

$$q_{max} = 7.2\mu \sqrt{\frac{P_1}{v_1}} \tag{6-17}$$

$$q_{max} = 7.6\mu \sqrt{\frac{P_1}{v_1}} \tag{6-18}$$

式中　q_{max}——通过 $1\mathrm{cm}^2$ 阀孔流通面积的蒸汽最大流量，$\mathrm{kg/h}$；

　　　其他符号同式（6-15）。

减压阀阀孔面积按下式计算：

$$f = \frac{G}{q} \tag{6-19}$$

式中　G——通过减压阀的蒸汽量，$\mathrm{kg/h}$；

　　　f——减压阀阀孔面积，$\mathrm{cm^2}$；

　　　其他符号同式（6-15）。

根据式（6-19）求出阀孔面积，即可按生产厂的产品样本选择适当型号的减压阀。

（3）减压阀的安装

当要求减压前后压力比大于 $5\sim7$ 倍时，或阀后蒸汽压力 P_2 较小时，应串联装两个减压阀，以减小减压阀工作时噪声和振动，而且运行安全可靠。在热负荷波动频繁而剧烈时，为使第一级减压阀工作稳定，两阀之间的距离应尽量拉长一些。当热负荷稳定时，其中一个减压阀可用节流孔板代替。

图 6-17 所示为减压阀安装图示。旁通管 3 的作用是当减压阀 1 发生故障需要检修时，

可关闭减压阀两侧的截止阀 2，临时通过旁通管供汽。减压阀两侧应分别装设高压压力表 5 和低压压力表 6，用于指示阀前及阀后压力；为防止减压后的压力超过允许的限度，阀后应装安全阀 7；泄水阀 8 用于启动时排除管道中的污物和凝结水。

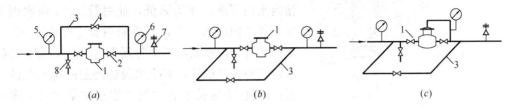

图 6-17　减压阀安装

(*a*) 活塞式减压阀旁通管垂直安装；(*b*) 活塞式减压阀旁通管水平安装；(*c*) 薄膜式或波纹管式减压阀安装

1—减压阀；2—截止阀；3—旁通管；4—截止阀；5—高压压力表；6—低压压力表；7—安全阀；8—泄水阀

6.3.3　二次蒸发箱

二次蒸发箱的作用是将用汽设备排出的凝结水，在较低的压力下分离出二次汽，并将二次汽输送到热用户被利用。二次蒸发箱如图 6-18 所示，高压含汽凝结水沿筒壁切线方向的入口 1 进入箱内。凝结水中含有二次汽，加上二次蒸发箱进口阀门的节流，压力下降，再产生二次汽。流入箱内后，体积突然扩大，汽水分离，二次汽上浮聚集在箱内上部空间；凝结水被离心力作用抛甩向壁面，向下流动，聚集在下部空间。二次蒸发箱中的压力可以利用安全水封或安全阀控制在 0.105～0.12MPa。

二次蒸发箱箱中 20% 的体积存水，80% 的体积为蒸汽分离空间。箱内蒸汽流速不应超过 2m/s，凝结水的流速不应超过 0.25m/s。

二次蒸发箱所需的容积按下式计算：

$$V_z = \frac{G_N x_z}{2000\rho_z} = 0.0005 v_z x_z G_N \qquad (6-20)$$

式中　V_z——二次蒸发箱容积，m^3；

ρ_z——在二次蒸发箱内分离出来的二次汽的密度，kg/m^3；

x_z——在二次蒸发箱内分离出来的二次汽量，以进入凝结水重量的百分数计，%；

v_z——在二次蒸发箱压力下分离出来的二次汽的比容，m^3/kg；

G_N——进入二次蒸发箱内凝结水量，kg/h；

2000——1m^3 二次蒸发箱容积分离的二次汽体积流量，$(m^3/h)/m^3$。

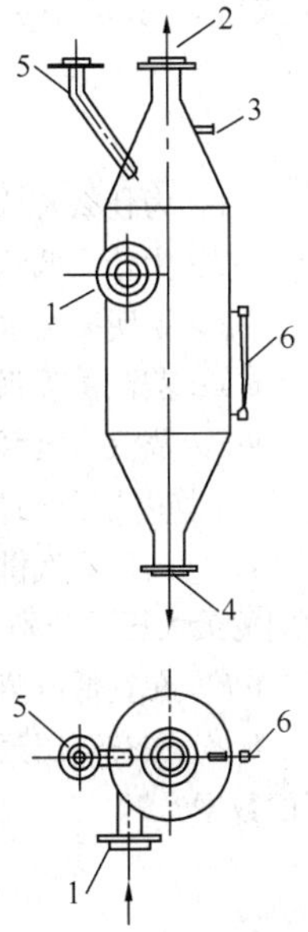

图 6-18　二次蒸发箱
1—凝结水入口；2—二次汽出口；3—压力表连接管；4—凝结水出口；5—安全阀连接管；6—水位计

6.3.4　安全水封

安全水封设置在闭式凝结水箱上，用于在系统正常工作时将凝结水系统与大气隔绝，在凝结水系统超压时排水、排汽。安全水封的构造见图 6-19，由三个水罐 A、B、C 和四根管 1、2、3、4 组成。管 3 与闭式凝结水箱连通，系统启动前由下部充水管充水至 I'-I' 高度。在正常的凝结水箱内压力下，管 2 内水面比管 4、管 1 内水面低高度 h（凝结水箱内压力高于大气压的水柱高度），管 1、2、4 内的水柱将凝结水系统与大气隔绝。当系统压力高于大气压力 H_1 m 水柱时，凝结水或蒸汽从管 2、4 经压力贮水罐 A 流入大气，

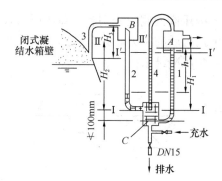

图 6-19　安全水封示意图

A—压力贮水罐；B—真空贮水罐；

C—中间贮水罐

将系统压力释放，保证系统安全。当系统压力回落时，压力贮水罐 A 中的水自动补充到管 2 和管 4 中。当无凝结水进入水箱，而启动凝结水泵时，水箱内水位下降，压力降低，此时管 1、4 内水面下降，管 2 内水面上升，只要箱内真空度小于 H_2 m 水柱，管 1 内水面就不会降到 I-I 以下，管 2 内的水封就不会被破坏，安全水封仍能起隔绝大气的作用；高度 H_2 应按水箱内可能出现的最大真空度设计。一旦水箱内真空度消失，真空贮水罐 B 中的水立即由管 2 端部的孔眼流回管 2、4、1 中。当水箱内存水过多，水面超过高度 H_3 后，水由管 2、4 排入大气，系统不会超压。

复 习 思 考 题

6-1　为什么要从蒸汽供暖系统排除空气？可采用哪些方法排气？

6-2　为什么低压蒸汽供暖系统的散热器前必须预留 2000Pa 压力？

6-3　说明凝结水管中产生二次汽的条件。在哪些位置最容易产生二次汽？

6-4　蒸汽供暖系统中为什么采用减压阀？减压阀怎样连接到系统中？

6-5　蒸汽供暖系统如何调节供热量？

6-6　说明浮筒式和圆盘式疏水器的优缺点。

6-7　高压蒸汽供暖系统散热器的最大允许温度分别为 130℃ 和 110℃，计算散热器和闭式凝结水箱之间的最大压差分别为多少？

6-8　在查低压蒸汽供暖系统水力计算表时，如果所查数值在表中两个值之间，如何确定所查数据？

6-9　在查高压蒸汽供暖系统水力计算表时，如果计算条件与编表条件不一致，如何求得计算条件下的数据？

附录

围护结构平壁传热系数的修正系数 φ

外墙传热系数限值 $[K_\mathrm{m}]$ $[\mathrm{W/(m^2 \cdot K)}]$	外 保 温	
	普通窗	凸窗
0.70	1.1	1.2
0.65	1.1	1.2
0.60	1.1	1.3
0.55	1.2	1.3
0.50	1.2	1.3
0.45	1.2	1.3
0.40	1.2	1.3
0.35	1.3	1.4
0.30	1.3	1.4
0.25	1.4	1.5

注：1. $[K_\mathrm{m}]$ 根据不同气候区确定，由 $[K_\mathrm{m}]$ 查 φ 值。

2. ≤3 层的建筑，Ⅰ(A)，$[K_\mathrm{m}]=0.2\mathrm{W/(m^2 \cdot K)}$；Ⅰ(B)，$[K_\mathrm{m}]=0.3\mathrm{W/(m^2 \cdot K)}$；Ⅰ(C)，$[K_\mathrm{m}]=0.35\mathrm{W/(m^2 \cdot K)}$；Ⅱ(A)及Ⅱ(B)，$[K_\mathrm{m}]=0.45\ \mathrm{W/(m^2 \cdot K)}$。

3. 4~8 层的建筑，Ⅰ(A)，$[K_\mathrm{m}]=0.4\mathrm{W/(m^2 \cdot K)}$；Ⅰ(B)，$[K_\mathrm{m}]=0.45\mathrm{W/(m^2 \cdot K)}$；Ⅰ(C)，$[K_\mathrm{m}]=0.50\mathrm{W/(m^2 \cdot K)}$；Ⅱ(A)及Ⅱ(B)，$[K_\mathrm{m}]=0.60\ \mathrm{W/(m^2 \cdot K)}$。

地面传热系数 K_d

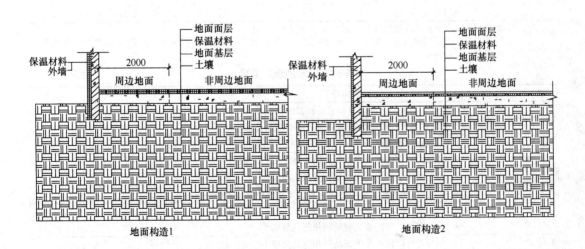

地面构造1　　　　地面构造2

续表

地面构造1						地面构造2					
保温层热阻[(m²·K)/W]	西安	北京	长春	哈尔滨	海拉尔	保温层热阻[(m²·K)/W]	西安	北京	长春	哈尔滨	海拉尔
周边地面当量传热系数[W/(m²·℃)]											
3.00	0.05	0.06	0.08	0.08	0.08	3.00	0.05	0.06	0.08	0.08	0.08
2.75	0.05	0.07	0.09	0.08	0.09	2.75	0.05	0.07	0.09	0.08	0.09
2.50	0.06	0.07	0.10	0.09	0.11	2.50	0.06	0.07	0.10	0.09	0.11
2.25	0.08	0.07	0.11	0.10	0.11	2.25	0.08	0.07	0.11	0.10	0.11
2.00	0.09	0.08	0.12	0.11	0.12	2.00	0.08	0.07	0.11	0.11	0.12
1.75	0.10	0.09	0.14	0.13	0.14	1.75	0.09	0.08	0.12	0.11	0.12
1.50	0.11	0.11	0.15	0.14	0.15	1.50	0.10	0.09	0.14	0.13	0.14
1.25	0.12	0.12	0.16	0.15	0.17	1.25	0.11	0.11	0.15	0.14	0.15
1.00	0.14	0.14	0.19	0.17	0.20	1.00	0.12	0.12	0.16	0.15	0.17
0.75	0.17	0.17	0.22	0.20	0.26	0.75	0.14	0.14	0.19	0.17	0.20
0.50	0.20	0.20	0.26	0.24	0.26	0.50	0.17	0.17	0.22	0.20	0.22
0.25	0.27	0.26	0.32	0.29	0.31	0.25	0.24	0.23	0.29	0.25	0.27
0.00	0.34	0.38	0.38	0.40	0.41	0.00	0.31	0.34	0.34	0.36	0.37
非周边地面当量传热系数[W/(m²·℃)]											
3.00	0.02	0.03	0.08	0.06	0.07	3.00	0.02	0.03	0.08	0.06	0.07
2.75	0.02	0.03	0.08	0.06	0.07	2.75	0.02	0.03	0.08	0.06	0.07
2.50	0.03	0.03	0.09	0.06	0.08	2.50	0.03	0.03	0.09	0.06	0.08
2.25	0.03	0.04	0.09	0.07	0.07	2.25	0.03	0.04	0.09	0.07	0.07
2.00	0.03	0.04	0.10	0.07	0.08	2.00	0.03	0.04	0.10	0.07	0.08
1.75	0.03	0.04	0.10	0.07	0.08	1.75	0.03	0.04	0.10	0.07	0.08
1.50	0.03	0.04	0.11	0.07	0.09	1.50	0.03	0.04	0.11	0.07	0.09
1.25	0.04	0.05	0.11	0.08	0.09	1.25	0.04	0.05	0.11	0.08	0.09
1.00	0.04	0.05	0.12	0.08	0.10	1.00	0.04	0.05	0.12	0.08	0.10
0.75	0.04	0.06	0.13	0.09	0.10	0.75	0.04	0.06	0.13	0.09	0.10
0.50	0.05	0.06	0.14	0.09	0.11	0.50	0.05	0.06	0.14	0.09	0.11
0.25	0.06	0.07	0.15	0.10	0.11	0.25	0.06	0.07	0.15	0.10	0.11
0.00	0.08	0.10	0.17	0.19	0.21	0.00	0.08	0.10	0.17	0.19	0.21

注：1. 本表摘自《严寒和寒冷地区居住建筑节能设计标准》JGJ 26—2010。
　　2. 计算中采用的采暖期室外平均温度为：西安＝2.1℃；北京＝0.1℃；长春＝－6.7℃；哈尔滨＝－8.5℃；海拉尔＝－12.0℃。

围护结构温差修正系数 α　　　　　　　　　　　　附录1-3

围护结构特征	α
外墙、屋顶、地面以及与室外相通的楼板等	1.00
闷顶与室外空气相通的非供暖地下室上面的楼板等	0.90
与有外门窗的不供暖楼梯间相邻的隔墙（1～6层建筑）	0.60
与有外门窗的不供暖楼梯间相邻的隔墙（7～30层建筑）	0.50
非供暖地下室上面的楼板，外墙上有窗时	0.75
非供暖地下室上面的楼板，外墙上无窗且位于室外地坪以上时	0.60
非供暖地下室上面的楼板，外墙上无窗且位于室外地坪以下时	0.40
与有外门窗的非供暖房间相邻的隔墙	0.70
与无外门窗的非供暖房间相邻的隔墙	0.40
伸缩缝墙、沉降缝墙	0.30
防震缝墙	0.70

缝隙渗风量的朝向修正系数 n

城　市	朝　向							
	N	NE	E	SE	S	SW	W	NW
北京	1.00	0.50	0.15	0.10	0.15	0.15	0.40	1.00
天津	1.00	0.40	0.20	0.10	0.15	0.20	0.10	1.00
张家口	1.00	0.40	0.10	0.10	0.10	0.10	0.35	1.00
太原	0.90	0.40	0.15	0.20	0.30	0.20	0.70	1.00
呼和浩特	0.70	0.25	0.10	0.15	0.20	0.15	0.70	1.00
沈阳	1.00	0.70	0.30	0.30	0.40	0.35	0.30	0.70
长春	0.35	0.35	0.15	0.25	0.70	1.00	0.90	0.40
哈尔滨	0.30	0.15	0.20	0.70	1.00	0.85	0.70	0.60
济南	0.45	1.00	1.00	0.40	0.55	0.55	0.25	0.15
郑州	0.65	1.00	1.00	0.40	0.55	0.55	0.25	0.15
成都	1.00	1.00	0.45	0.10	0.10	0.10	0.10	0.40
贵阳	0.70	1.00	0.70	0.15	0.25	0.15	0.10	0.25
西安	0.70	1.00	0.70	0.25	0.40	0.50	0.35	0.25
兰州	1.00	1.00	1.00	0.70	0.50	0.20	0.15	0.50
西宁	0.10	0.10	0.70	1.00	0.70	0.10	0.10	0.10
银川	1.00	1.00	0.70	0.30	0.25	0.20	0.65	0.95
乌鲁木齐	0.35	0.35	0.55	0.75	1.00	0.70	0.25	0.35

铸铁散热器尺寸和热工性能

序号	型号	规格	单片尺寸（mm）				重量（kg/片）	水容量（L/片）	散热面积（m²/片）	传热系数（W/(m²·℃)）		单片散热量（W/片）	
			高度	宽度	长度	进出口中心距				传热系数计算公式	$\Delta T=$64.5℃时	散热量计算公式	$\Delta T=$64.5℃时
1	圆管三柱 745 型 SC（WS）TYZ3-6-6（8/10）（745）	中片	680	100	45	600	3.7	0.75	0.179	$k=2.771$ $(\Delta T)^{0.273}$	8.64	$Q=0.4960$ $(\Delta T)^{1.273}$	99.8
		足片	745				4.0						
2	圆管三柱 645 型 SC（WS）TYZ3-5-6（8/10）（645）	中片	572	100	45	500	3.2	0.64	0.150	$k=2.605$ $(\Delta T)^{0.284}$	8.51	$Q=0.3909$ $(\Delta T)^{1.284}$	82.3
		足片	645				3.5						
3	圆管三柱 445 型 SC（WS）TYZ3-3-6（8/10）（445）	中片	372	100	45	300	2.0	0.44	0.111	$k=2.618$ $(\Delta T)^{0.261}$	7.77	$Q=0.2905$ $(\Delta T)^{1.261}$	55.6
		足片	445				3.2						
		足片	650				4.7						
4	柱翼橄榄 745 型 SC（WS）TYZ3-6-6（8/10）（745）	中片	668	120	60	600	5.9	1.10	0.273	$k=2.677$ $(\Delta T)^{0.271}$	8.28	$Q=0.7308$ $(\Delta T)^{1.271}$	145.8
		足片	745				6.3						
5	柱翼橄榄 645 型 SC（WS）TYZ3-5-6（8/10）（645）	中片	568	120	60	500	4.8		0.248	$k=2.509$ $(\Delta T)^{0.266}$	7.60	$Q=0.6223$ $(\Delta T)^{1.266}$	121.6
		足片	645				5.2						
6	椭三柱 745 型 SC（WS）TTZ3-6-6（8/10）（745）	中片	674	120	60	600	5.1	1.30	0.213	$k=2.569$ $(\Delta T)^{0.309}$	9.31	$Q=0.5473$ $(\Delta T)^{1.309}$	127.9
		足片	745				5.5						

序号	型号	规格	单片尺寸(mm)				重量(kg/片)	水容量(L/片)	散热面积(m²/片)	传热系数(W/(m²·℃))		单片散热量(W/片)	
			高度	宽度	长度	进出口中心距				传热系数计算公式	ΔT=64.5℃时	散热量计算公式	ΔT=64.5℃时
7	椭三柱645型SC（WS）TTZ3-5-6（8/10）（645）	中片	574	120	60	500	4.3	1.02	0.181	$k=3.111(\Delta T)^{0.276}$	9.82	$Q=0.5632(\Delta T)^{1.276}$	114.7
		足片	645				4.7						
8	椭三柱450型SC（WS）TTZ3-3-6（8/10）（450）	中片	385	120	60	300	3.0	0.68	0.135	$k=2.888(\Delta T)^{0.294}$	9.83	$Q=0.3897(\Delta T)^{1.294}$	85.6
		足片	450				3.4						
9	椭柱132型（WS）TTZ2-5-6（8/10）（132）	中片	582	132	80	500	5.6	1.36	0.273	$k=2.296(\Delta T)^{0.274}$	7.19	$Q=0.6267(\Delta T)^{1.274}$	126.6
		足片	660				6.0						
10	四柱760型（无粘砂型）SC（WS）TZ4-6-5（8）	中片	682	143	60	500	5.7	1.05	0.235	$k=2.357(\Delta T)^{0.316}$	8.79	$Q=0.5538(\Delta T)^{1.316}$	133.3
		足片	760				6.4						
11	四柱660型（无粘砂型）SC（WS）TZ4-5-5（8）	中片	582	143	60	500	4.6	0.90	0.200	$k=2.810(\Delta T)^{0.276}$	8.88	$Q=0.5620(\Delta T)^{1.276}$	114.5
		足片	660				5.3						
12	四柱760型TZ4-6-5（8）	中片	682	143	60	500	6.0	1.05	0.235	$k=2.357(\Delta T)^{0.316}$	8.79	$Q=0.5538(\Delta T)^{1.316}$	133.3
		足片	760				6.7						
13	四柱660型TZ4-5-5（8）	中片	582	143	60	500	4.9	0.90	0.200	$k=2.810(\Delta T)^{0.276}$	8.88	$Q=0.5620(\Delta T)^{1.276}$	114.5
		足片	660				5.6						
14	四柱460型TZ4-3-5（8）	中片	382	143	60	300	3.4	0.60	0.134	$k=3.535(\Delta T)^{0.240}$	9.60	$Q=0.4734(\Delta T)^{1.240}$	83.0
		足片	460				4.1						

注：本表根据陆耀庆主编的《实用供热空调设计手册》中的数据摘录并改编。

考虑管内水的冷却时散热器表面积的附加数（%）

附录 2-2

层数	重力循环						机械循环					
	被计算的层数						被计算的层数					
	1	2	3	4	5	6	1	2	3	4	5	6
下供式（不保温）												
2	10	—	—	—	—	—	5	—	—	—	—	—
3	15	5	—	—	—	—	5	—	—	—	—	—
4	20	10	5	—	—	—	10	5	—	—	—	—
5	20	10	5	—	—	—	10	5	5	—	—	—
6	25	15	10	5	—	—	10	5	5	—	—	—

层数	重力循环						机械循环					
	被计算的层数						被计算的层数					
	1	2	3	4	5	6	1	2	3	4	5	6
上供式（不保温）												
2	—	10	—	—	—	—	5	—	—	—	—	—
3	—	5	15	—	—	—	—	—	5	—	—	—
4	—	5	10	20	—	—	—	—	5	10	—	—
5	—	—	5	10	20	—	—	—	5	5	10	—
6	—	—	5	10	15	25	—	—	—	5	5	10
下供式（保温）												
2	3	—	—	—	—	—	—	—	—	—	—	—
3	5	2	—	—	—	—	—	—	—	—	—	—
4	5	3	2	—	—	—	—	—	—	—	—	—
5	7	4	2	—	—	—	—	—	—	—	—	—
6	8	5	3	2	—	—	—	—	—	—	—	—
上供式（保温）												
2	—	3	—	—	—	—	—	—	—	—	—	—
3	—	2	5	—	—	—	—	—	—	—	—	—
4	—	2	3	6	—	—	—	—	—	—	—	—
5	—	2	4	7	—	—	—	—	—	—	—	—
6	—	2	3	5	8	—	—	—	—	—	—	—

注：1. 沟内不保温的竖管其附加值按裸竖管数值的50％计算。

　　2. 层数高于4层，也可按进入散热器内水的有效温度决定散热器面积，而不进行附加。

采用导热系数为0.23W/(m·K)的PB管时单位地面面积的向上供热量和向下传热量

附录4-1

表1　水泥、石材或陶瓷面层单位地面面积的向上供热量和向下传热量（W/m²）

平均水温（℃）	室内空气温度（℃）	加热管间距（mm）									
		500		400		300		200		100	
		向上供热量	向下传热量	向上供热量	向下传热量	向上供热量	向下传热量	向上供热量	向下传热量	向上供热量	向下传热量
35	16	54.7	16.5	63.1	17.0	72.9	17.8	84.3	18.8	96.4	20.2
	18	49.0	15.0	56.5	15.4	65.3	16.1	75.4	17.0	86.2	18.3
	20	43.4	13.4	49.9	13.8	57.7	14.4	66.5	15.2	76.0	16.3
	22	37.7	11.8	43.4	12.1	50.1	12.7	57.7	13.3	65.8	14.4
	24	32.1	10.2	36.9	10.5	42.5	10.9	48.9	11.5	55.8	12.4
40	16	69.8	20.7	80.6	21.4	93.5	22.2	108.2	23.6	124.2	25.5
	18	64.1	19.2	74.0	19.7	85.7	20.6	99.2	21.8	113.7	23.5
	20	58.4	17.6	67.3	18.1	77.9	18.9	90.1	20.0	103.3	21.6
	22	52.6	16.0	60.7	16.5	70.2	17.2	81.2	18.2	93.0	19.6
	24	46.9	14.4	54.1	14.9	62.5	15.5	72.2	16.4	82.6	17.6

平均水温 （℃）	室内空气 温度 （℃）	加热管间距（mm）									
		500		400		300		200		100	
		向上 供热量	向下 传热量	向上 供热量	向下 传热量	向上 供热量	向下 传热量	向上 供热量	向下 传热量	向上 供热量	向下 传热量
45	16	85.2	25.0	98.5	25.7	114.3	26.8	132.6	28.4	152.6	30.8
	18	79.4	23.4	91.7	24.1	106.5	25.1	123.5	26.7	142.0	28.8
	20	73.6	21.9	85.0	22.5	98.7	23.4	114.4	24.9	131.5	26.9
	22	67.8	20.3	78.3	20.9	90.8	21.7	105.2	23.1	120.9	24.9
	24	62.0	18.7	71.6	19.2	83.0	20.0	96.1	21.3	110.4	23.0
50	16	100.7	29.2	116.5	30.1	135.5	31.3	157.5	33.3	181.7	36.1
	18	94.9	27.7	109.8	28.5	127.6	29.7	148.3	31.5	171.0	34.1
	20	89.0	26.1	103.0	26.9	119.7	28.1	139.1	29.7	160.3	32.2
	22	83.2	24.5	96.2	25.3	111.8	26.3	129.9	27.9	149.6	30.3
	24	77.4	23.0	89.5	23.6	103.9	24.6	120.7	26.1	138.9	28.3
55	16	116.4	33.4	134.8	34.4	157.0	35.9	182.8	38.2	211.2	41.4
	18	110.5	31.9	128.0	32.9	149.0	34.3	173.5	36.4	200.4	39.5
	20	104.7	30.4	121.2	31.3	141.1	32.6	164.2	34.7	189.6	37.6
	22	98.8	28.8	114.4	29.7	133.1	30.9	154.9	32.9	178.8	35.6
	24	92.9	27.2	107.6	28.1	125.2	29.3	145.6	31.0	168.0	33.7

注：1. 本表摘自《辐射供暖供冷技术规程》JGJ 142—2012。

2. 计算条件为加热管公称外径20mm，填充层厚度50mm，聚苯乙烯泡沫塑料绝热层的导热系数0.041W/（m·K）、厚度20mm，供回水温差10℃。

3. 水泥、石材或陶瓷面层热阻为0.02m²·K/W。

表2　木地板面层单位地面面积的向上供热量和向下传热量（W/m²）

平均水温 （℃）	室内空气 温度 （℃）	加热管间距（mm）									
		500		400		300		200		100	
		向上 供热量	向下 传热量	向上 供热量	向下 传热量	向上 供热量	向下 传热量	向上 供热量	向下 传热量	向上 供热量	向下 传热量
35	16	45.7	17.6	50.4	18.4	55.5	19.2	60.9	20.4	66.5	21.7
	18	41.0	16.0	45.2	16.6	49.7	17.4	54.5	18.4	59.6	19.6
	20	36.3	14.3	39.9	14.8	43.9	15.5	48.2	16.4	52.7	17.5
	22	31.6	12.6	34.8	13.1	38.2	13.7	41.9	14.4	45.8	15.4
	24	26.9	10.8	29.6	11.3	32.5	11.8	35.7	12.5	38.9	13.3
40	16	58.2	22.2	64.2	23.1	70.7	24.2	77.7	25.6	85.0	27.4
	18	53.4	20.5	58.9	21.3	64.9	22.4	71.3	23.7	78.0	25.3
	20	48.7	18.8	53.6	19.6	59.1	20.5	64.9	21.7	71.0	23.2
	22	43.9	17.1	48.4	17.8	53.3	18.7	58.5	19.7	64.0	21.1
	24	39.2	15.4	43.1	16.0	47.5	16.8	52.2	17.8	57.0	18.9

平均水温 （℃）	室内空气 温度 （℃）	加热管间距（mm）									
		500		400		300		200		100	
		向上 供热量	向下 传热量	向上 供热量	向下 传热量	向上 供热量	向下 传热量	向上 供热量	向下 传热量	向上 供热量	向下 传热量
45	16	70.8	26.7	78.1	27.8	86.2	29.2	94.8	30.9	103.8	33.0
	18	66.0	25.0	72.8	26.1	80.3	27.4	88.3	29.0	96.7	31.0
	20	61.2	23.4	67.5	24.3	74.4	25.5	81.9	27.1	89.7	28.9
	22	56.4	21.7	62.2	22.6	68.6	23.7	75.4	25.1	82.6	26.8
	24	51.6	20.0	56.9	20.8	62.8	21.8	69.0	23.1	75.5	24.7
50	16	83.5	31.2	92.2	32.6	101.8	34.3	112.1	36.3	122.9	38.8
	18	78.7	29.6	86.9	30.8	95.9	32.4	105.6	34.4	115.7	36.7
	20	73.9	27.9	81.6	29.1	90.0	30.6	99.1	32.4	108.6	34.6
	22	69.1	26.3	76.2	27.4	84.1	28.7	92.6	30.5	101.5	32.5
	24	64.3	24.6	70.9	25.6	78.2	26.9	86.1	28.5	94.4	30.4
55	16	96.4	35.8	106.5	37.3	117.6	39.4	129.6	41.6	142.2	44.5
	18	91.5	34.2	101.1	35.6	111.7	37.4	123.1	39.7	135.0	42.5
	20	86.7	32.5	95.8	33.9	105.8	35.6	116.5	37.8	127.8	40.4
	22	81.8	30.9	90.4	32.2	99.8	33.8	110.0	35.8	120.6	38.3
	24	77.0	29.2	85.1	30.4	93.9	31.9	103.5	33.9	113.5	36.2

注：1. 本表摘自《辐射供暖供冷技术规程》JGJ 142—2012。

2. 计算条件为：加热管公称外径20mm，填充层厚度50mm，聚苯乙烯泡沫塑料绝热层的导热系数0.041W/（m·K）、厚度为20mm，供回水温差10℃。

3. 木地板材料面层热阻为0.1m²·K/W。

热水供暖系统管道水力计算表 $（t'_g=95℃，t'_h=70℃，K=0.0002m）$ 附录 5-1

公称 直径 （mm）		15		20		25		32		40		50		70	
内径 （mm）		15.75		21.25		27.00		35.75		41.00		53.00		68.00	
G	R	v		R	v	R	v	R	v	R	v	R	v	R	v
30	2.64	0.04													
34	2.99	0.05													
40	3.52	0.06													
42	6.78	0.06													
48	8.60	0.07													
50	9.25	0.07		1.33	0.04										
52	9.92	0.08		1.38	0.04										
54	10.62	0.08		1.43	0.04										
56	11.34	0.08		1.49	0.04										

公称直径（mm）	15		20		25		32		40		50		70	
内径（mm）	15.75		21.25		27.00		35.75		41.00		53.00		68.00	
G	R	v	R	v	R	v	R	v	R	v	R	v	R	v
60	12.84	0.09	2.93	0.05										
70	16.99	0.10	3.85	0.06										
80	21.68	0.12	4.88	0.06										
82	22.69	0.12	5.10	0.07										
84	23.71	0.12	5.33	0.07										
90	26.93	0.13	6.03	0.07										
100	32.72	0.15	7.29	0.08	2.24	0.05								
105	35.82	0.15	7.96	0.08	2.45	0.05								
110	39.05	0.16	8.66	0.09	2.66	0.05								
120	45.93	0.17	10.15	0.10	3.10	0.06								
125	49.57	0.18	10.93	0.10	3.34	0.06								
130	53.35	0.19	11.74	0.10	3.58	0.06								
135	57.27	0.20	12.58	0.11	3.83	0.07								
140	61.32	0.20	13.45	0.11	4.09	0.07	1.04	0.04						
160	78.87	0.23	17.19	0.13	5.20	0.08	1.31	0.05						
180	98.59	0.26	21.38	0.14	6.44	0.09	1.61	0.05						
200	120.48	0.29	26.01	0.16	7.80	0.10	1.95	0.06						
220	144.52	0.32	31.08	0.18	9.29	0.11	2.31	0.06						
240	170.73	0.35	36.58	0.19	10.90	0.12	2.70	0.07						
260	199.09	0.38	42.52	0.21	12.64	0.13	3.12	0.07						
270	214.08	0.39	45.66	0.22	13.55	0.13	3.34	0.08						
280	229.61	0.41	48.91	0.22	14.50	0.14	3.57	0.08	1.82	0.06				
300	262.29	0.44	55.72	0.24	16.48	0.15	4.05	0.08	2.06	0.06				
400	458.07	0.58	96.37	0.32	28.23	0.20	6.85	0.11	3.46	0.09				
500			147.91	0.40	43.03	0.25	10.35	0.14	5.21	0.11				
520			159.53	0.41	46.36	0.26	11.13	0.15	5.60	0.11	1.57	0.07		
560			184.07	0.45	53.38	0.28	12.78	0.16	6.42	0.12	1.79	0.07		
600			210.35	0.48	60.89	0.30	14.54	0.17	7.29	0.13	2.03	0.08		
700			283.67	0.56	81.79	0.35	19.43	0.20	9.71	0.15	2.69	0.09		
760			332.89	0.61	95.79	0.38	22.69	0.21	11.33	0.16	3.13	0.10		
780			350.17	0.62	100.71	0.38	23.83	0.22	11.89	0.17	3.28	0.10		
800			367.88	0.64	105.74	0.39	25.00	0.23	12.47	0.17	3.44	0.10		

公称直径 (mm)	15		20		25		32		40		50		70	
内径 (mm)	15.75		21.25		27.00		35.75		41.00		53.00		68.00	
G	R	v	R	v	R	v	R	v	R	v	R	v	R	v
900			462.97	0.72	132.72	0.44	31.25	0.25	15.56	0.19	4.27	0.12	1.24	0.07
1000			568.94	0.80	162.75	0.49	38.20	0.28	18.98	0.21	5.19	0.13	1.50	0.08
1050			626.01	0.84	178.90	0.52	41.93	0.30	20.81	0.22	5.69	0.13	1.64	0.08
1100			685.79	0.88	195.81	0.54	45.83	0.31	22.73	0.24	6.20	0.14	1.79	0.09
1200			813.52	0.96	231.92	0.59	54.14	0.34	26.81	0.26	7.29	0.15	2.10	0.09
1250			881.47	1.00	251.11	0.62	58.55	0.35	28.98	0.27	7.87	0.16	2.26	0.10
1300					271.06	0.64	63.14	0.37	31.23	0.28	8.47	0.17	2.43	0.10
1400					313.24	0.69	72.82	0.39	35.98	0.30	9.74	0.18	2.79	0.11
1600					406.71	0.79	94.24	0.45	46.47	0.34	12.52	0.20	3.57	0.12
1800					512.34	0.89	118.39	0.51	58.28	0.39	15.65	0.23	4.44	0.14
2000					630.11	0.99	145.28	0.56	71.42	0.43	19.12	0.26	5.41	0.16
2200							174.91	0.62	85.88	0.47	22.92	0.28	6.47	0.17
2400							207.26	0.68	101.66	0.51	27.07	0.31	7.62	0.19
2500							224.47	0.70	110.04	0.53	29.28	0.32	8.23	0.19
2600							242.35	0.73	118.76	0.56	31.56	0.33	8.86	0.20
2800							280.18	0.79	137.19	0.60	36.39	0.36	10.20	0.22

注：1. 本表部分摘自《供暖通风设计手册》1987 年。

2. 本表按采暖季平均水温 $t \approx 60℃$，相应的密度 $\rho = 983.248 kg/m^3$ 条件编制。

3. 摩擦阻力系数 λ 值按下述原则确定：层流区中，按式（5-4）计算；紊流区中，按式（5-6）计算。

4. 表中符号：G—管段热水流量，kg/h；R—比摩阻，Pa/m；v—水流速，m/s。

热水和蒸汽供暖系统常用局部阻力系数 ζ 值 　　　附录 5-2

局部阻力名称	ζ	说明	局部阻力名称	在下列管径（DN/mm）时的 ζ 值					
				15	20	25	32	40	≥50
双柱散热器	2.0	以热媒在导管中的流速计算局部阻力	截止阀	16.0	10.0	9.0	9.0	8.0	7.0
铸铁锅炉	2.5		旋塞	4.0	2.0	2.0	2.0		
钢制锅炉	2.0		斜杆截止阀	3.0	3.0	3.0	2.5	2.5	2.0
突然扩大	1.0	以其中较大的流速计算局部阻力	闸阀	1.5	0.5	0.5	0.5	0.5	0.5
突然缩小	0.5		弯头	2.0	2.0	1.5	1.5	1.0	1.0

续表

局部阻力名称	ζ	说明	局部阻力名称	在下列管径（DN/mm）时的ζ值					
				15	20	25	32	40	≥50
直流三通①②	1.0		90°煨弯及乙字弯	1.5	1.5	1.0	1.0	0.5	0.5
旁流三通③④	1.5		括弯⑪	3.0	2.0	2.0	2.0	2.0	2.0
合流三通⑤	3.0		急弯双弯头	2.0	2.0	2.0	2.0	2.0	2.0
分流三通⑥	3.0		缓弯双弯头	1.0	1.0	1.0	1.0	1.0	1.0
直流四通⑦⑧	2.0								
分流四通⑨⑩	3.0								
方形补偿器	2.0								
套管补偿器	0.5								

注：局部阻力系数对应实线箭头所在管段。

水煤气钢管和直缝焊接钢管的 λ/d 和 A 的数值　　　　　　附录5-3

水煤气钢管						
公称直径（mm）	15	20	25	32	40	50
外径（mm）	21.25	26.75	33.5	42.3	48.0	60.0
内径（mm）	15.75	21.25	27.00	35.75	41.0	53.0
λ/d (1/m)	2.70	1.80	1.40	0.90	0.80	0.55
$A(Pa/(kg/h)^2)$	10.60×10^{-4}	3.19×10^{-4}	1.23×10^{-4}	3.9×10^{-5}	2.3×10^{-5}	8.2×10^{-6}
直缝焊接钢管						
公称直径（mm）	50	70	80	100	125	150
外径（mm）	57	76	89	108	133	159
内径（mm）	50	70	82	100	125	150
λ/d (1/m)	0.60	0.40	0.30	0.23	0.18	0.15
A (Pa/ $(kg/h)^2$)	11.3×10^{-6}	2.69×10^{-6}	1.42×10^{-6}	6.42×10^{-6}	2.65×10^{-7}	1.35×10^{-7}

注：本表摘自 В. Н. Богословский й др. Справочник проектировщика. Внутренние санитарно-технические устройства.
Ч. 1Отопление Москва. . Стройиздат，1990。

水在管路内冷却产生的重力作用压头　　　　　　附录5-4

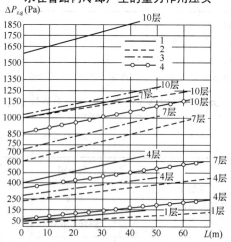

$\Delta P_{z,g}$ ——水在管路内冷却产生的重力作用压头，Pa；L ——从主立管到计算立管的水平距离，m
1—重力循环双管系统；2—机械循环双管系统；3—重力循环单管系统；4—机械循环单管系统

注：本图摘自 В. Н. Богословский й др. Справочник проектировщика Внутренние санитарно-технические устройства. Часть 1 Отопление. Москва . Стройиздат 1990。

水的压力与密度　　　　　　　　　　　　　　　　　　　　　　　附录 5-5

温度 (℃)	压力 (kPa)	密度 (kg/m³)	温度 (℃)	压力 (kPa)	密度 (kg/m³)	温度 (℃)	压力 (kPa)	密度 (kg/m³)	温度 (℃)	压力 (kPa)	密度 (kg/m³)
0	0	999.80	60	0	983.24	80	0	971.83	100	0.03	958.38
10	0	999.73	62	0	982.20	82	0	970.57	110	0.046	951.00
20	0	998.23	64	0	981.13	84	0	969.30	120	0.102	943.10
30	0	995.67	66	0	980.05	86	0	968.00	130	0.175	934.80
40	0	992.24	68	0	978.94	88	0	966.68	140	0.268	926.10
50	0	988.07	70	0	977.81	90	0	965.34	150	0.385	916.90
52	0	987.15	72	0	976.66	92	0	963.99	160	0.530	907.40
54	0	986.21	74	0	975.48	94	0	962.61	170	0.708	897.30
56	0	985.25	76	0	974.29	95	0	961.92	180	0.923	886.90
58	0	984.25	78	0	973.07	97	0	960.51	190	1.180	876.00

供暖系统中沿程阻力损失占总阻力损失的百分比（%）　　　　　　附录 5-6

供暖系统形式	沿程阻力损失占总阻力损失的百分比
重力循环热水供暖系统	50
机械循环热水供暖系统	50
低压蒸汽供暖系统	60
高压蒸汽供暖系统	80
室内高压凝水管路系统	80

按 $\xi_{zh}=1$ 确定热水供暖系统管段阻力损失的管径计算表　　　附录 5-7

项目	DN (mm)									流速 v (m/s)	ΔH (Pa)
	15	20	25	32	40	50	70	80	100		
水流量 G (kg/h)	75	137	220	386	508	849	1398	2033	3023	0.11	5.9
	82	149	240	421	554	926	1525	2218	3298	0.12	7.0
	89	161	260	457	601	1004	1652	2402	3573	0.13	8.2
	95	174	280	492	647	1081	1779	2587	3848	0.14	9.5
	102	186	301	527	693	1158	1906	2772	4122	0.15	10.9
	109	199	321	562	739	1235	2033	2957	4397	0.16	12.5
	116	211	341	597	785	1312	2160	3141	4672	0.17	14
	123	223	361	632	832	1390	2287	3326	4947	0.18	15.8
	130	236	381	667	878	1467	2415	3511	5222	0.19	17.6
	136	248	401	702	947	1583	2605	3788	5634	0.20	19.4
	143	261	421	738	970	1621	2669	3881	5771	0.21	21.4
	150	273	441	773	1016	1698	2796	4065	6046	0.22	23.5
	157	285	461	808	1063	1776	2923	4250	6321	0.23	25.7
	164	298	481	843	1109	1853	3050	4435	6596	0.24	27.9
	170	310	501	878	1155	1930	3177	4620	6871	0.25	30.4
	177	323	521	913	1201	2007	3304	4805	7146	0.26	32.9
	184	335	541	948	1247	2084	3431	4989	7420	0.27	35.4
	191	347	561	983	1294	2162	3558	5174	7695	0.28	38
	198	360	581	1019	1340	2239	3685	5359	7970	0.29	40.9
	205	372	601	1054	1386	2316	3812	5544	8245	0.30	43.7
	211	385	621	1089	1432	2393	3939	5729	8520	0.31	46.7
	218	397	641	1124	1478	2470	4067	5913	8794	0.32	49.7
	225	410	661	1159	1525	2548	4194	6098	9069	0.33	53

续表

项目	DN(mm)									流速v (m/s)	ΔH (Pa)
	15	20	25	32	40	50	70	80	100		
	232	422	681	1194	1571	2625	4321	6283	9344	0.34	56.2
	237	434	701	1229	1617	2702	4448	6468	9619	0.35	59.5
	245	447	721	1264	1663	2825	4575	6653	9894	0.36	63
	252	459	741	1300	1709	2856	4702	6837	10169	0.37	66.5
	259	472	761	1335	1756	2934	4829	7022	10443	0.38	70.1
	273	496	801	1405	1848	3088	5083	7392	10993	0.40	77.8
	286	521	841	1475	1940	3242	5337	7761	11543	0.42	85.7
	300	546	882	1545	2033	3397	5592	8131	12092	0.44	94
水流量G (kg/h)	314	571	922	1616	2125	3551	5846	8501	12642	0.46	102.8
	327	596	962	1686	2218	3706	6100	8870	13192	0.48	111.9
	341	621	1002	1766	2310	3860	6354	9240	13741	0.50	121.5
	375	683	1102	1932	2541	4246	6989	10164	15115	0.55	147
	409	745	1202	2107	2772	4632	7625	11088	16490	0.60	192.4
	443	807	1302	2283	3003	5018	8260	12012	17864	0.65	205.3
	477	869	1402	2459	3234	5404	8896	12936	19238	0.70	238.1
	511	931	1503	2634	3465	5790	9531	13860	29612	0.75	273.3
			1603	2810	3696	6176	10166	14784	21986	0.80	311
				3161	4158	6948	11437	16631	24734	0.90	393.6
				3512	4620	7720	12708	18479	27483	1.00	485.8
						9264	15250	22175	32979	1.20	699.6
						10808	17791	25871	38476	1.40	952.2

注:本表摘自《实用供热空调设计手册》(陆耀庆主编)。

顺流式单管热水供暖系统立管组合部件的ζ_{zh}值 　　　　附录5-8

组合部件名称		图　式	ζ_{zh}	管径(mm)			
				15	20	25	32
立管	回水干管在地沟内		$\zeta_{zh,a}$	15.6	12.9	10.5	10.2
			$\zeta_{zh,j}$	44.6	31.9	27.5	27.2
	无地沟:散热器单侧连接		$\zeta_{zh,a}$	7.5	5.5	5.0	5.0
			$\zeta_{zh,j}$	36.5	24.5	22.0	22.0
	无地沟:散热器双侧连接		$\zeta_{zh,a}$	12.4	10.1	8.5	8.3
			$\zeta_{zh,j}$	41.4	29.1	25.5	25.3
散热器单侧连接			ζ_{zh}	14.2	12.6	9.6	8.8

组合部件名称	图　式	ζ_{zh}	管径（mm）			
			15	20	25	32
散热器双侧连接		ζ_{zh}	管径 $d_1 \times d_2$					
			15×15	20×15	20×20	25×15	25×20	25×25	32×20	32×25
			4.7	15.6	4.1	10.6	10.7	3.5	32.8	10.7

注：1. $\zeta_{zh,a}$——代表立管两端安装闸阀；

　　$\zeta_{zh,j}$——代表立管两端安装截止阀。

2. 编制本表的条件为：

(1) 散热器及其支管连接：散热器支管长度，单侧连接 $l_z=1.0$m；双侧连接，$l_z=1.5$m。每组散热器支管均装有乙字管。

(2) 立管与水平干管的几种连接方式见图式所示。立管上装设两个闸阀或截止阀。

3. 计算举例：以散热器双侧连接 $d_1\times d_2=20\times15$ 为例。

首先计算通过散热器及其支管这一组合部件的折算阻力系数 ζ_{zh}。

$$\zeta_{zh}=\frac{\lambda}{d}l_z+\sum\zeta=2.6\times1.5\times2+11.0=18.8$$

其中，$\frac{\lambda}{d}$ 值查附录5-3；支管上局部阻力有：分流三通2个，乙字管2个及散热器，查附录5-2，可得 $\sum\zeta=2\times3.0+2\times1.5+2.0=11.0$；

设进入散热器的进流系数 $\alpha=G_s/G_1=0.5$；则按下式可求出该组合部件的当量阻力系数 ζ_0 值（以立管流速的动压头为基准的 ζ 值）：

$$\zeta_0=\frac{d_1^4}{d_2^4}\alpha^2\zeta_{zh}=\left(\frac{21.25}{15.75}\right)^4\times(0.5)^2\times18.8=15.6。$$

顺流式单管热水供暖系统立管的 ζ_{zh} 值　　　　附录5-9

层数	单向连接立管管径（mm）				双向连接立管管径（mm）							
					15	20		25			32	
					散热器支管直径（mm）							
	15	20	25	32	15	15	20	15	20	25	20	32
（一）整根立管的折算阻力系数 ζ_{zh} 值（立管两端安装闸阀）												
3	77	63.7	48.7	43.1	48.4	72.7	38.2	141.7	52.0	30.4	115.1	48.8
4	97.4	80.6	61.4	54.1	59.3	92.6	46.6	185.4	65.8	37.0	150.1	61.7
5	117.9	97.5	74.1	65.0	70.3	112.5	55.0	229.1	79.6	43.6	185.0	74.5
6	138.3	114.5	86.9	76.0	81.2	132.5	63.5	272.9	93.5	50.3	220.0	87.4
7	158.8	131.4	99.6	86.9	92.2	152.4	71.9	316.6	107.3	56.9	254.9	100.2
8	179.2	148.3	112.3	97.9	103.1	172.3	80.3	360.3	121.1	63.5	290.0	113.1
（二）整根立管的折算阻力系数 ζ_{zh} 值（立管两端安装截止阀）												
3	106	82.7	65.7	60.1	77.4	91.7	57.2	158.7	69.0	47.4	132.1	65.8
4	126.4	99.6	78.4	71.1	88.3	111.6	65.6	202.4	82.8	54	167.1	78.7
5	146.9	116.5	91.1	82.0	99.3	131.5	74.0	246.1	96.6	60.6	202	91.5
6	167.3	133.5	103.9	93.0	110.5	151.5	82.5	289.9	110.5	67.3	237	104.4
7	187.8	150.4	116.6	103.9	121.2	171.4	90.9	333.6	124.3	73.9	271.9	117.2
8	208.2	167.3	129.4	114.9	132.1	191.3	99.3	377.3	138.1	80.5	307	130.1

注：1. 编制本表条件：建筑物层高为 3.0m，回水干管敷设在地沟内。

2. 计算举例：如以三层楼 $d_1\times d_2=20\times15$ 为例。

层立管之间长度为 3.0-0.6=2.4m，则层立管的当量阻力系数 $\zeta_{0,1}=\frac{\lambda_1}{d_1}l_1+\sum\zeta_1=1.8\times2.4+0=4.32$，设 n 为建筑物层数，ζ_0 代表散热器及其支管的当量阻力系数，ζ_0' 代表立管与供、同水干管连接部分的当量阻力系数，则整根立管的折算阻力系数 ζ_{zh} 为：

$$\zeta_{zh}=n\zeta_0+n\zeta_{0,1}+\zeta_0'=3\times15.6+3\times4.32+12.9=72.7$$

低压蒸汽供暖系统管路水力计算表

（表压力 $P_g=0.01\text{MPa}$，$\rho=0.634\text{kg/m}^3$，$k=0.0002\text{m}$）

上行通过热量 $Q(W)$，下行蒸汽流速 $v(\text{m/s})$

比摩阻 R (Pa/m)	水煤气管（公称直径）						直缝焊接钢管（公称直径）											
	15	20	25	32	40	50	15	20	25	32	40	50	70	80	100	125	150	200
4.0	566	1243	2181	4721	6782	13653	354	1219	2391	4066	6782	12982	29342	46337	80363	141823	230433	552956
	2.05	2.47	2.66	3.27	3.61	4.35	1.62	2.47	2.73	3.15	3.61	4.29	5.29	5.96	6.85	7.91	8.9	11.1
4.5	637	1295	2328	5032	7229	14516	399	1269	2547	4337	7229	13786	31099	49061	85075	150014	244263	583971
	2.31	2.58	2.83	3.49	3.85	4.62	1.82	2.57	2.90	3.35	3.85	4.56	5.61	6.31	7.25	8.37	9.45	11.7
5	695	1349	2471	5337	7664	15304	443	1320	2703	4600	7664	14535	32931	57934	90024	158686	258310	617271
	2.52	2.68	3.01	3.7	4.08	4.87	2.02	2.67	3.08	3.56	4.08	4.81	5.94	6.68	7.68	8.85	9.99	12.3
5.5	720	1330	2607	5599	8038	16123	487	1374	2852	4827	8038	15314	34675	54669	94734	166936	271673	648949
	2.61	2.65	3.17	3.88	4.28	5.13	2.22	2.79	3.25	3.73	4.28	5.06	6.26	7.03	8.08	9.31	10.5	13.0
6	746	1393	2724	5876	8433	16907	532	1361	2979	5066	8433	16059	36343	57284	99237	174823	284447	679223
	2.70	2.77	3.32	4.08	4.49	5.38	2.42	2.76	3.4	3.92	4.49	5.31	6.56	7.36	8.46	9.75	11.0	13.6
6.5	769	1450	2849	6141	8812	17659	576	1413	3116	5296	8812	16774	37944	59794	103558	182391	296702	708265
	2.79	2.89	3.47	4.26	4.69	5.62	2.63	2.87	3.55	4.10	4.69	5.55	6.85	7.69	8.83	10.1	11.5	14.2
7	790	1512	2969	6397	9177	18384	612	1473	3247	5517	9177	17462	39486	62210	107717	189675	308497	736214
	2.87	3.01	3.62	4.44	4.88	5.85	2.79	2.99	3.7	4.27	4.88	5.77	7.12	8.0	9.18	10.6	11.9	14.7
7.5	810	1572	3085	6644	9529	19083	623	1532	3374	5730	9530	18127	40974	64543	111732	196705	319881	7653188
	2.94	3.13	3.76	4.61	5.07	6.07	2.84	3.11	3.85	4.43	5.07	5.99	7.39	8.29	9.53	10.9	12.4	15.3
8	829	1630	3197	6883	9871	19760	640	1588	3496	5937	9871	18770	42414	66799	115617	203507	330894	789277
	3.0	3.24	3.89	4.77	5.25	6.28	2.92	3.22	3.98	4.59	5.25	6.2	7.65	8.58	9.85	11.3	12.8	15.8
8.5	846	1686	3306	7115	10202	20417	6.56	1643	3615	6137	10202	19395	43810	68988	119384	210101	341571	814568
	3.07	3.35	4.02	4.93	5.42	6.49	2.99	3.33	4.12	4.74	5.42	6.41	7.90	8.86	10.1	11.7	13.2	16.3

续表

比摩阻 R (Pa/m)	水煤气管（公称直径）						直缝焊接钢管（公称直径）上行通过热量 Q(W)、下行蒸汽流速 v(m/s)											
	15	20	25	32	40	50	15	20	25	32	40	50	70	80	100	125	150	200
9	863	1741	3413	7341	10524	21055	671	1696	3731	6332	10524	20001	45167	71114	123042	216506	351940	839131
	3.13	3.46	4.15	5.09	5.59	6.70	3.06	3.43	4.25	4.89	5.59	6.61	8.14	9.14	10.4	12.0	13.6	16.8
9.5	879	1794	3516	7560	10837	21676	685	1748	3844	6522	10837	20591	46487	73182	126602	222737	362027	863023
	3.19	3.57	4.28	5.24	5.76	6.89	3.12	3.54	4.38	5.04	5.76	6.80	8.38	9.40	10.7	12.4	14.0	17.3
10	895	1846	3617	7774	11142	22281	698	1799	3954	6707	11142	21167	47774	75198	130070	228808	371854	886297
	3.24	3.67	4.40	5.39	5.92	7.09	3.18	3.64	4.50	5.18	5.92	6.99	8.61	9.66	11.0	12.7	14.3	17.7
11	925	1942	3802	8171	11709	23410	723	1892	4157	7050	11709	22239	50183	78980	136593	240253	390416	930390
	3.35	3.86	4.62	5.66	6.22	7.45	3.29	3.83	4.74	5.45	6.22	7.35	9.05	10.1	11.6	13.4	15.1	18.6
12	956	2038	3989	8567	12274	24529	745	1986	4360	7393	12274	23303	52561	82704	142999	251462	408556	973336
	3.46	4.05	4.85	5.94	6.52	7.80	3.40	4.02	4.97	5.71	6.52	7.70	9.48	10.6	12.1	14.0	15.8	19.5
13	987	2131	4168	8948	12817	25603	766	2076	4556	7722	12817	24324	54842	86277	149145	262215	425957	1014529
	3.58	4.23	5.07	6.20	6.81	8.14	3.49	4.20	5.19	5.97	6.81	8.04	9.89	11.0	12.7	14.6	16.4	20.3
14	975	2220	4341	9314	13339	26637	786	2163	4744	8038	13339	25307	57038	89716	155059	272562	442702	1054167
	3.53	4.41	5.28	6.46	7.09	8.47	3.58	4.38	5.41	6.21	7.09	8.36	10.2	11.5	13.2	15.2	17.1	21.1
15	1010	2306	4507	9668	13843	27635	805	2247	4926	8344	13843	26256	59158	93035	160767	282548	458861	1092414
	3.66	4.58	5.48	6.70	7.36	8.79	3.67	4.55	5.61	6.45	7.36	8.68	10.6	11.9	13.7	15.7	17.7	21.9
16	1047	2389	4669	10010	14331	28601	824	2328	5102	8640	14331	27174	61209	96246	166288	292207	474490	1129409
	3.79	4.75	5.68	6.94	7.62	9.10	3.76	4.72	5.81	6.68	7.62	8.98	11.0	12.3	14.1	16.3	18.3	22.6

续表

比摩阻 R (Pa/m)		水煤气管（公称直径）						直缝焊接钢管（公称直径）											
		15	20	25	32	40	50	15	20	25	32	40	50	70	80	100	125	150	200
17	Q(W)	1083	2470	4825	10342	14804	29538	843	2407	5273	8927	14804	28065	63197	99359	171641	301571	489640	1165265
	v	3.93	4.91	5.87	7.17	7.87	9.40	3.84	4.88	6.01	6.90	7.87	9.28	11.4	12.7	14.6	16.8	18.9	23.4
18	Q(W)	1118	2549	4977	10664	15263	30447	862	2484	5439	9206	15263	28929	65128	102382	176839	310663	504352	1200084
	v	4.05	5.07	6.06	7.39	8.11	9.69	3.93	5.03	6.20	7.12	8.11	9.56	11.7	13.1	15.0	17.3	19.5	24.1
19	Q(W)	1152	2625	5125	10978	15710	31332	882	2558	5601	9478	15710	29771	67007	105325	181895	319508	518662	1233949
	v	4.18	5.22	6.24	7.61	8.35	9.97	4.02	5.18	6.38	7.33	8.35	9.84	12.0	13.5	15.5	17.8	20.0	24.7
20	Q(W)	1185	2700	5269	11284	16146	32194	904	2631	5758	9742	16146	30590	68837	108188	186821	328123	532602	1266936
	v	4.30	5.37	6.41	7.82	8.58	10.2	4.12	5.33	6.56	7.57	8.58	10.1	12.4	13.9	15.9	18.3	20.6	25.4
22	Q(W)	1246	2838	5537	11855	16961	33813	912	2766	6051	10235	16961	32129	72284	113595	196135	344446	559051	1329682
	v	4.52	5.64	6.74	8.22	9.02	10.7	4.16	5.60	6.90	7.91	9.02	10.6	13.0	14.6	16.7	19.2	21.6	26.7
24	Q(W)	1308	2976	5804	12420	17760	35406	954	2900	6342	10725	17766	33643	75664	118884	205226	360343	584766	1390520
	v	4.74	5.92	7.06	8.61	9.45	11.2	4.35	5.88	7.23	8.29	9.45	11.1	13.6	15.2	17.5	20.1	22.6	27.9
26	Q(W)	1367	3109	6060	12963	18539	36934	997	3029	6621	11194	18539	35096	78905	123958	213946	375591	609430	1448867
	v	4.95	6.18	7.37	8.99	9.86	11.7	4.57	6.14	7.55	8.65	9.86	11.6	14.2	15.9	18.2	20.9	23.5	29.0
28	Q(W)	1424	3236	6307	13485	19283	38405	1039	3154	6890	11646	19283	36495	82025	128840	222336	390262	633162	1505008
	v	5.16	6.43	7.67	9.35	10.2	12.2	4.74	6.39	7.85	9.00	10.2	12.0	14.7	16.5	18.9	21.7	24.5	30.2
30	Q(W)	1479	3360	6545	13989	20001	39825	1079	3274	7150	12082	20001	37844	85036	133551	230433	404419	655060	1599177
	v	5.36	6.68	7.96	9.70	10.6	12.6	4.92	6.63	8.15	9.34	10.6	12.5	15.3	17.1	19.6	22.5	25.3	31.3

上行通过热量 Q(W)，下行蒸汽流速 v(m/s)

续表

比摩阻 R (Pa/m)	水煤气管（公称直径）						直缝焊接钢管（公称直径）											
	15	20	25	32	40	50	15	20	25	32	40	50	70	80	100	125	150	200
32	1532	3479	6775	14477	20695	41198	1118	3390	7401	12504	20695	39150	87948	138108	238264	418112	678207	1611566
	5.55	6.92	8.24	10.0	11.0	13.1	5.10	6.87	8.44	9.67	11.0	12.9	15.8	17.7	20.3	23.3	26.2	32.3
34	1583	3595	6998	14949	21368	42529	1156	3503	7645	12913	21368	40415	90771	142525	245855	431383	699673	1662343
	5.74	7.15	8.52	10.3	11.3	13.5	5.27	7.10	8.71	9.98	11.3	13.3	16.3	18.3	20.9	24.0	27.0	33.3
36	1634	3707	7215	15409	22022	43822	1193	3613	7882	13310	22022	41644	93512	146815	253225	444270	720516	1711648
	5.92	7.37	8.78	10.6	11.7	13.9	5.44	7.32	8.98	10.2	11.7	13.7	16.8	18.8	21.5	24.7	27.8	34.4
38	1682	3817	7426	15855	22658	45079	1229	3719	8112	13696	22658	42840	96179	150987	260395	456804	740788	1759599
	6.10	7.59	9.04	10.9	12.0	14.3	5.60	7.54	9.25	10.5	12.0	14.1	17.3	19.4	22.2	25.4	28.6	35.3
40	1730	3923	7632	16291	23278	46304	1264	3823	8336	14073	23278	44005	98776	155051	267378	469013	760534	1806305
	6.27	7.80	9.29	11.3	12.3	14.7	5.76	7.75	9.50	10.8	12.3	14.5	17.8	19.9	22.7	26.1	29.4	36.2
45	1839	4169	8107	17302	24721	49166	1343	4062	8855	14947	24721	46725	104865	164596	283813	497800	807163	1916856
	6.67	8.29	9.87	12.0	13.1	15.6	6.13	8.23	10.0	11.5	13.1	15.4	18.9	21.1	24.1	27.7	31.2	38.4
50	1947	4411	8575	18292	26130	51951	1423	4299	9366	15804	26130	49373	110767	173827	299669	525515	851979	2022832
	7.06	8.77	10.4	12.6	13.8	16.5	6.49	8.71	10.6	12.2	13.8	16.3	19.9	22.3	25.5	29.3	32.9	40.6
55	2050	4642	9020	19234	27471	54599	1499	4524	9852	16619	27471	51890	116379	182606	314749	551872	894598	2123611
	7.43	9.23	10.9	13.3	14.6	17.3	6.84	9.17	11.2	12.8	14.6	17.1	20.9	23.4	26.8	30.7	34.6	42.6
60	2149	4863	9446	20134	28752	57129	1571	4740	10316	17397	28752	54296	121740	190992	329155	577052	935315	2219893
	7.79	9.67	11.5	13.9	15.2	18.1	7.16	9.61	11.7	13.4	15.2	17.9	21.9	24.5	28.0	32.1	36.1	44.5

上行通过热量 Q(W)，下行蒸汽流速 v(m/s)

续表

比摩阻 R (Pa/m)	水煤气管（公称直径）						直缝焊接钢管（公称直径）											
	15	20	25	32	40	50	15	20	25	32	40	50	70	80	100	125	150	200
	上行通过热量 Q(W)、下行蒸汽流速 v(m/s)																	
65	2244	5075	9854	20997	29980	59556	1641	4946	10761	18144	29980	56604	126883	199036	342972	601201	974365	2312230
	8.13	10.0	11.9	14.5	15.9	18.9	7.48	10.0	12.2	14.0	15.9	18.7	22.8	25.5	29.2	33.5	37.7	46.4
70	2335	5279	10247	21827	31162	61891	1708	5145	11190	18863	31162	58824	131831	206775	356267	624436	1011937	2401074
	8.47	10.5	12.4	15.1	16.5	19.6	7.79	10.4	12.7	14.5	16.5	19.4	23.7	26.5	30.7	34.8	39.1	48.2
75	2423	5475	10626	22629	32303	64144	1772	5337	11603	19557	32303	60966	136605	214242	369093	646854	1048187	2486792
	8.78	10.8	12.9	15.6	17.1	20.4	8.08	10.8	13.2	15.1	17.1	20.1	24.6	27.5	31.4	36.0	40.5	49.9
80	2508	5666	10993	23404	33406	66324	1835	5522	12004	20228	33406	63038	141222	221464	381499	668536	1083247	2569692
	9.09	11.2	13.3	16.2	17.7	21.1	8.37	11.1	13.6	15.6	17.8	20.8	25.4	28.4	32.5	37.2	41.9	51.6
85	2590	5850	11348	24156	34476	68436	1895	5702	12391	20878	34476	65047	145698	228464	393522	689550	1117225	2692374
	9.39	11.6	13.8	16.7	18.3	21.7	8.64	11.5	14.1	16.1	18.3	21.5	26.2	29.3	33.5	38.4	43.2	54.0
90	2670	6029	11693	24885	35514	70487	1954	5877	12768	21509	35514	66997	150043	235261	405196	709953	1150218	2770432
	9.68	11.9	14.2	17.2	18.8	22.4	8.91	11.9	14.5	16.6	18.8	22.1	27.0	30.2	34.5	39.6	44.5	55.6
95	2748	6204	12029	25595	36524	72482	2011	6047	13134	21124	36524	68893	154270	241872	416551	729797	1182306	2846348
	9.97	12.3	14.6	17.7	19.4	23.0	9.17	12.2	14.9	17.1	19.4	22.7	27.8	31.0	35.5	40.7	45.7	57.1
100	2824	6373	12356	26287	37508	74425	2067	6212	13491	22722	37508	70741	158387	248310	427610	749126	1213559	2920290
	10.2	12.6	15.0	18.2	19.9	23.6	9.43	12.5	15.3	17.5	19.9	23.3	28.5	31.9	36.4	41.7	46.9	58.6
110	2966	6693	12973	27595	39373	78116	2172	6524	14165	23854	39373	74250	166223	260581	448713	786049	1273316	3062829
	10.7	13.7	15.7	19.1	20.9	24.8	9.90	13.2	16.1	18.4	20.9	24.5	29.9	33.4	38.2	43.8	49.2	61.5

续表

比摩阻 R (Pa/m)	水煤气管（公称直径）						直缝焊接钢管（公称直径）											
	15	20	25	32	40	50	15	20	25	32	40	50	70	80	100	125	150	200
120	3107	7006	13577	28871	41188	81700	2275	6829	14824	24958	41188	77658	173815	272452	469100	821677	1330920	3199019
	11.2	13.9	16.5	20.0	21.9	26.0	10.3	13.8	16.9	19.3	21.9	25.6	31.5	35.0	39.9	45.8	51.5	64.2
130	3241	7307	14156	30095	42929	85137	2374	7123	15455	26017	42929	80926	181095	283838	488653	855845	1408426	3329645
	11.7	14.5	17.2	20.8	22.8	27.0	10.8	14.4	17.6	20.1	22.8	26.7	32.6	36.4	41.6	47.7	54.5	66.8
140	3371	7597	14713	31272	44604	88445	2469	7405	16063	27036	44604	84071	188099	294792	507466	888721	1461593	3455335
	12.2	15.1	17.9	21.6	23.7	28.1	11.2	15.0	18.3	20.9	23.7	27.7	33.9	37.8	43.2	49.5	56.5	69.3
150	3496	7876	15251	32408	46221	91636	2561	7677	16650	28019	46221	87105	194858	305361	525617	920439	1512892	3576612
	12.6	15.6	18.5	22.4	24.5	29.1	11.6	15.6	18.9	21.6	24.5	28.8	35.1	39.2	44.8	51.3	58.5	71.8
160	3617	8146	15771	33507	47784	94722	2650	7940	17217	28970	47784	90039	201394	315582	543171	966466	1562509	3693310
	13.1	16.2	19.2	23.2	25.4	30.1	12.0	16.0	19.6	22.4	25.4	29.7	36.3	40.5	46.3	53.9	60.4	74.1
170	3734	8408	16275	34572	49299	97713	2736	8196	17767	29892	49299	92883	207729	325489	560185	996211	1610597	3807594
	13.5	16.7	19.8	23.9	26.2	31.1	12.4	16.6	20.2	23.1	26.2	30.7	37.4	41.8	47.7	55.5	62.3	76.4
180	3848	8662	16764	35606	50770	100617	2819	8444	18301	30787	50770	95644	213880	335108	576704	1025093	1657290	3917983
	13.9	17.2	20.4	24.7	27.0	32.0	12.8	17.1	20.8	23.8	27.0	31.6	38.5	43.0	49.1	57.1	64.1	78.6
190	3958	8909	17241	36611	52200	103441	2901	8685	18820	31657	52200	98330	219862	344463	592770	1053183	1702704	4025344
	14.3	17.7	20.9	25.3	27.7	32.9	13.2	17.6	21.4	24.4	27.7	32.5	39.6	44.2	50.5	58.7	65.8	80.8
200	4066	9150	17704	37591	53594	106193	2980	8919	19326	32505	53594	100946	225689	353575	608418	1080542	1746937	4129916
	14.7	18.2	21.5	26.0	28.5	33.8	13.5	18.0	22.0	25.1	28.5	33.3	40.7	45.4	51.8	60.2	67.6	82.9

注：表中"上行通过热量 Q(W)，下行蒸汽流速 v(m/s)"。

上行通过热量 Q(W)，下行蒸汽流速 v(m/s)

比摩阻 R (Pa/m)		水煤气管（公称直径）						直缝焊接钢管（公称直径）											
		15	20	25	32	40	50	15	20	25	32	40	50	70	80	100	125	150	200
220	Q	4269	9606	18584	39453	56246	111438	3129	9364	20285	34116	56246	105933	236817	370991	648590	1133283	1832204	4331493
220	v	15.4	19.1	22.6	27.3	29.9	35.4	14.2	18.9	23.1	26.3	29.9	35.0	42.7	47.6	55.3	63.2	70.9	86.9
240	Q	4468	10050	19439	41260	58816	116510	3276	9797	21218	35679	58816	110756	247557	387786	677430	1183675	1913674	4524096
240	v	16.2	19.9	23.6	28.6	31.2	37.0	14.9	19.8	24.1	27.5	31.2	36.2	44.6	49.8	57.7	66.0	74.0	90.8
260	Q	4659	10477	20259	42992	61281	121371	3416	10213	22114	37179	61281	115381	257858	403892	705091	1232008	1991815	4708829
260	v	16.9	20.8	24.6	29.8	32.5	38.6	15.5	20.7	25.2	28.7	32.5	38.1	46.5	51.9	60.1	68.7	77.0	94.5
280	Q	4843	10887	21048	44659	63652	126055	3551	10613	22974	38622	63652	119831	267768	426123	731708	1278515	2067004	4886585
280	v	17.5	21.6	25.6	30.9	33.8	40.1	16.2	21.5	26.2	29.8	33.8	39.6	48.3	54.7	62.3	71.3	79.9	98.1
300	Q	5020	11282	21810	46267	65939	130570	3682	10998	23805	40014	65939	124125	277330	441079	757389	1323389	2139553	5058095
300	v	18.2	22.4	26.5	32.0	35.0	41.5	16.7	22.2	27.1	30.9	35.0	41.0	50.0	56.6	64.5	73.8	82.7	101
320	Q	5192	11665	22546	47822	68152	134937	3808	11372	24608	41360	68152	128277	286578	455544	782229	1366790	2209721	5223976
320	v	18.8	23.2	27.4	33.1	36.2	42.9	17.3	23.0	28.0	31.9	36.2	42.4	51.6	58.5	66.6	76.2	85.5	104
340	Q	5358	12036	23260	49330	70296	139170	3930	11733	25387	42665	70296	132302	300314	469565	806303	1408855	2277728	5384752
340	v	19.4	23.9	28.3	34.2	37.4	44.3	17.9	23.8	28.9	32.9	37.4	43.7	54.2	60.3	68.7	78.6	88.1	108
360	Q	5519	12396	23953	50793	72379	143279	4048	12084	26143	43931	72379	136209	309020	483178	829679	1449700	2343763	5540865
360	v	20.0	24.7	29.2	35.2	38.5	45.6	18.5	24.5	29.8	33.9	38.5	45.0	55.7	62.1	70.7	80.9	90.7	111
380	Q	5676	12747	24627	52217	74404	147276	4164	12426	26878	45164	74404	140010	317488	496418	852414	1489426	2407987	5692699
380	v	20.6	25.4	30.0	36.2	39.6	46.9	19.0	25.2	30.6	34.9	39.6	46.3	57.3	63.8	72.7	83.1	93.2	114
400	Q	5829	13088	25284	53603	76376	151168	4276	12759	27594	46363	76376	143711	325736	509314	874558	1528118	2470543	5840585
400	v	21.1	26.0	30.8	37.2	40.6	48.1	19.5	25.8	31.5	35.8	40.6	47.5	58.7	65.5	74.6	85.2	95.6	117
450	Q	6188	13892	26834	56884	81047	160404	4540	13542	29286	49202	81047	152492	345495	540209	927609	1620814	2620406	6194877
450	v	22.4	27.6	32.7	39.5	43.1	5.1	20.7	27.5	33.4	38.0	43.1	50.4	62.3	69.4	79.1	90.4	101	124
500	Q	6515	14666	28324	60030	85522	172008	4796	14298	30901	51925	85522	163555	364184	569430	977786	1708488	2762149	6529972
500	v	23.7	29.2	34.5	41.6	45.5	54.7	21.9	28.9	35.3	40.1	45.5	54.1	65.7	73.2	83.4	95.3	107	131

注：本表摘自 В. Н. Богословский й др. Справочник проектировщика. Внутренние санитарно-технические устройства. Ч. Ⅰ Отопление. Москва. Стройиздат，1990。

低压蒸汽供暖系统管路水力计算用动压头（Pa）　　　　附录 6-2

v (m/s)	$\frac{v^2}{2}\rho$ (Pa)	v (m/s)	$\frac{v^2}{2}\rho$ (Pa)	v (m/s)	$\frac{v^2}{2}\rho$ (Pa)	v (m/s)	$\frac{v^2}{2}\rho$ (Pa)
5.5	9.58	10.5	34.93	15.5	76.12	20.5	133.16
6.0	11.40	11.0	38.34	16.0	81.11	21.0	139.73
6.5	13.39	11.5	41.90	16.5	86.26	21.5	146.46
7.0	15.53	12.0	45.63	17.0	91.57	22.0	153.36
7.5	17.82	12.5	49.50	17.5	97.04	22.5	160.41
8.0	20.28	13.0	53.50	18.0	102.66	23.0	167.61
8.5	22.89	13.5	57.75	18.5	108.44	23.5	174.98
9.0	25.66	14.0	62.10	19.0	114.38	24.0	182.51
9.5	28.60	14.5	66.60	19.5	120.48	24.5	190.19
10.0	31.69	15.0	71.29	20.0	126.74	25.0	198.03

注：按蒸汽密度 $\rho=0.634\text{kg/m}^3$ 计算。

蒸汽供暖系统中最大蒸汽允许流速　　　　附录 6-3

管道公称直径	入口蒸汽压力≤0.07MPa 的低压蒸汽供暖系统		入口蒸汽压力＞0.07MPa 的高压蒸汽供暖系统	
(mm)	汽水同向流动	汽水逆向流动	汽水同向流动	汽水逆向流动
15	14	10	25	17
20	18	12	40	28
25	22	14	50	35
32	23	15	55	38
40	25	17	60	42
50	30	20	70	49
＞50	30	20	80	56

注：1. 表中的"汽水"指"蒸汽与沿途凝结水"；
　　2. 系统入口蒸汽压力＞0.07MPa、汽水逆向流动时，其最大蒸汽允许流速由汽水同向流动时最大允许流速乘以 0.7 得到；
　　3. 本表摘自 В. М. Спиридонов и др. Внутренние санитанро-технические устройства. Ч. 1 Отопление. М.：стройиздат. 1990.

低压蒸汽供暖系统干式和湿式无压凝结水管的管径　　　　附录 6-4

凝结水管公称直径	形成凝结水时，由蒸汽放出的热量（kW）				
	干式凝结水管		垂直或水平的湿式凝结水管		
			管段总计算长度（m）		
(mm)	水平管段	垂直管段	50 以下	50～100	100 以上
15	4.7	7	32.6	20.9	9.3
20	18	26	81	52	29
25	33	49	146	93	47
32	79	116	314	204	99
40	121	180	436	291	134
50	250	372	756	465	250
60	581	872	1745	1221	582
80	872	1303	2617	1746	872
100	1454	2152	4071	2675	1454

注：1. 确定低压蒸汽系统重力回水凝结水管的管径时不是用几何长度，而是用下式计算的折算长度。

$$l_{zh}=KL$$

式中　l_{zh}——凝结水管折算长度，m；
　　　　L——凝结水管的几何长度，m；
　　　　K——考虑局部阻力的系数，干管 $K=1.1$，其余管段 $K=1.5$。

　　2. 本表摘自 В. М. Спиридонов и др. Внутренние санитанро-технические устройства. Ч. 1 Отопление. М.：стройиздат. 1990.

高压蒸汽供暖系统管路水力计算表

（表压力 $P_g=0.076\text{MPa}$，$t=116.2℃$，$\rho=1.0\text{kg/m}^3$，$K=0.0002\text{m}$）

上行通过流量 $G(\text{kg/h})$，下行蒸汽流速 $v(\text{m/s})$

比摩阻 R (Pa/m)	水煤气管 (公称直径)						直缝焊接钢管 (公称直径)											
	15	20	25	32	40	50	15	20	25	32	40	50	70	80	100	125	150	200
30	3.1	7.0	13.5	28.9	41.1	81.8	2.2	6.8	14.8	24.9	41.1	78	174	273	472	825	1340	3185
	4.37	5.43	6.46	7.85	8.56	10.2	4.0	5.39	6.60	7.53	8.56	10.1	12.3	13.8	15.8	18.0	20.3	25.0
35	3.3	7.5	14.6	31.1	44.3	88.1	2.4	7.3	15.9	26.8	44.3	83.8	187	294	507	890	1440	3425
	4.73	5.85	6.95	8.44	9.24	10.9	4.35	5.81	7.11	8.13	9.24	10.8	13.3	14.8	16.9	19.5	21.9	26.9
40	3.6	8.1	15.6	33.3	47.6	94.5	2.6	7.8	17.1	28.8	47.6	89.8	201	315	544	953	1545	3667
	5.06	6.28	7.46	9.06	9.91	11.8	4.66	6.23	7.63	8.72	9.91	11.6	14.2	15.9	18.2	20.8	23.4	28.9
45	3.8	8.6	16.6	35.4	50.6	100	2.8	8.4	18.2	30.6	50.6	95.5	213	335	577	1012	1641	3893
	5.39	6.68	7.94	9.63	10.5	12.5	4.96	6.64	8.12	9.28	10.5	12.4	15.1	16.9	19.3	22.1	24.9	30.6
50	4.0	9.1	17.6	37.4	53.4	106	2.9	8.8	19.2	32.4	53.4	101	226	354	610	1069	1732	4174
	5.7	7.07	8.39	10.2	11.1	13.2	5.25	7.02	8.58	9.81	11.1	13.1	15.9	17.8	20.3	23.4	26.3	32.8
55	4.2	9.5	18.5	39.3	56.2	111	3.1	9.3	20.2	34.0	56.2	106	237	372	640	1122	1818	4377
	6.00	7.43	8.82	10.7	11.7	13.9	5.53	7.38	9.02	10.3	11.7	13.7	16.7	18.7	21.4	24.5	27.6	34.5
60	4.4	10.0	19.4	41.2	58.7	116	3.2	9.7	21.1	35.6	58.7	110	248	389	669	1173	1900	4572
	6.29	7.78	9.23	11.2	12.2	14.5	5.8	7.7	9.44	10.8	12.2	14.4	17.5	19.6	22.4	25.6	28.8	35.9
65	4.6	10.4	20.2	42.9	61.1	121	3.4	10.2	22.0	37.1	61.2	115	258	405	697	1222	1979	4759
	6.56	8.11	9.63	11.7	12.7	15.2	6.04	8.06	9.85	11.2	12.7	14.9	18.3	20.4	23.3	26.7	30.0	37.5
70	4.8	10.8	21.0	44.6	63.6	126	3.5	10.6	22.9	38.6	63.6	120	268	420	724	1269	2055	4938
	6.82	8.44	10.0	12.1	13.3	15.7	6.3	8.4	10.2	11.7	13.2	15.5	18.9	21.2	24.2	27.7	31.1	38.9

续表

比摩阻 R (Pa/m)	参数	水煤气管（公称直径）						直缝焊接钢管（公称直径）											
		15	20	25	32	40	50	15	20	25	32	40	50	70	80	100	125	150	200
75	上行通过流量 G(kg/h)	5.0	11.2	21.7	46.2	65.9	130	3.6	10.9	23.7	40.0	65.9	124	278	435	750	1314	2162	5112
	下行蒸汽流速 v(m/s)	7.08	8.75	10.3	12.6	13.7	16.3	6.52	8.69	10.6	12.1	13.7	16.1	19.7	21.9	25.1	28.7	32.8	40.2
80	上行通过流量 G(kg/h)	5.2	11.6	22.5	47.8	68.2	135	3.8	11.3	24.6	41.3	68.2	128	287	450	775	1358	2233	5279
	下行蒸汽流速 v(m/s)	7.32	9.05	10.7	13.0	14.2	16.9	6.75	8.99	10.9	12.5	14.2	16.6	20.3	22.7	25.9	29.7	33.9	41.5
85	上行通过流量 G(kg/h)	5.3	12.0	23.2	49.3	70.3	139	3.9	11.7	25.3	42.6	70.3	132	296	464	779	1400	2302	5442
	下行蒸汽流速 v(m/s)	7.56	9.34	11.1	13.4	14.7	17.4	6.97	9.2	11.3	12.9	14.7	17.2	20.9	23.4	26.7	30.6	34.9	42.8
90	上行通过流量 G(kg/h)	5.5	12.3	23.9	50.8	72.4	143	4.0	12.0	26.1	43.9	72.4	136	305	478	823	1465	2368	5600
	下行蒸汽流速 v(m/s)	7.79	9.62	11.4	13.8	15.1	17.9	7.18	9.56	11.7	13.3	15.1	17.7	21.6	24.1	27.5	32.0	35.9	44.1
95	上行通过流量 G(kg/h)	5.6	12.7	24.6	52.2	74.5	147	4.1	12.4	26.8	45.2	74.5	140	313	491	846	1505	2433	5753
	下行蒸汽流速 v(m/s)	8.02	9.9	11.7	14.2	15.5	18.4	7.38	9.84	11.9	13.7	15.5	18.2	22.2	24.8	28.3	32.9	36.9	45.2
100	上行通过流量 G(kg/h)	5.8	13.0	25.3	53.6	76.5	151	4.2	12.7	27.6	46.4	76.5	144	322	505	869	1544	2496	5903
	下行蒸汽流速 v(m/s)	8.24	10.2	12.0	14.6	15.9	18.9	7.6	10.1	12.3	14.1	15.9	18.7	22.7	25.4	29.0	33.7	37.8	46.4
110	上行通过流量 G(kg/h)	6.1	13.7	26.5	56.3	80.3	159	4.5	13.4	28.9	48.7	80.3	151	338	529	911	1619	2618	6191
	下行蒸汽流速 v(m/s)	8.64	10.7	12.6	15.3	16.7	19.8	7.9	10.6	12.9	14.7	16.7	19.6	23.9	26.7	30.4	35.4	39.7	48.7
120	上行通过流量 G(kg/h)	6.4	14.3	27.7	58.9	83.9	166	4.7	14.0	30.3	50.9	83.9	158	353	553	968	1692	2735	6466
	下行蒸汽流速 v(m/s)	9.05	11.1	13.2	16.0	17.5	20.7	8.35	11.1	13.5	15.4	17.5	20.5	24.9	27.9	32.4	36.9	41.5	50.9
130	上行通过流量 G(kg/h)	6.6	14.9	28.9	61.3	87.5	173	4.9	14.6	31.5	53.1	87.5	165	368	576	1007	1761	2846	6730
	下行蒸汽流速 v(m/s)	9.4	11.6	13.8	16.7	18.2	21.6	8.70	11.6	14.1	16.1	18.2	21.3	26.0	29.0	33.7	38.5	43.2	52.9

续表

比摩阻 R (Pa/m)	水煤气管（公称直径）						直缝焊接钢管（公称直径）											
	15	20	25	32	40	50	15	20	25	32	40	50	70	80	100	125	150	200
140	6.9	15.5	30.0	63.7	90.8	179	5.1	15.1	32.8	55.1	90.8	171	382	598	1046	1827	2954	6985
	9.81	12.1	14.3	17.3	18.9	22.4	9.05	12.0	14.6	16.7	18.9	22.1	27.0	30.1	34.9	39.9	44.8	54.9
150	7.2	16.1	31.1	66.0	94.1	186	5.2	15.7	34.0	57.1	94.1	177	396	620	1082	1891	3058	7229
	10.1	12.5	14.8	17.9	19.6	23.2	9.38	12.5	15.2	17.3	19.6	22.9	27.9	31.2	36.1	41.3	46.4	56.9
160	7.4	16.6	32.2	68.3	97.3	192	5.4	16.2	35.1	59.0	97.3	183	409	651	1118	1953	3158	7466
	10.5	12.9	15.3	18.5	20.2	24.0	9.7	12.9	15.7	17.9	20.3	23.7	28.9	32.8	37.4	42.7	47.9	58.8
170	7.6	17.2	33.2	70.4	100	198	5.6	16.7	36.2	60.9	100	189	422	671	1152	2013	3255	7696
	10.9	13.4	15.8	19.2	20.9	24.8	10.0	13.3	16.2	18.5	20.9	24.5	29.8	33.8	38.5	44.0	49.4	60.6
180	7.9	17.7	34.2	72.5	103	204	5.8	17.2	37.3	62.7	103	194	434	690	1186	2072	3350	7919
	11.2	13.8	16.3	19.7	21.5	25.5	10.3	13.7	16.7	19.0	21.5	25.2	30.7	34.8	39.6	45.3	50.8	62.3
190	8.1	18.2	35.1	74.5	106	210	5.9	17.7	38.4	64.5	106	199	454	709	1218	2128	3441	8136
	11.5	14.2	16.7	20.3	22.1	26.2	10.6	14.1	17.1	19.5	22.1	25.9	32.1	35.7	40.7	46.5	52.2	64.0
200	8.3	18.7	36.1	76.5	109	215	6.1	18.2	39.4	66.2	109	205	465	728	1250	2184	3531	8348
	11.8	14.6	17.2	20.8	22.7	26.9	10.9	14.5	17.6	20.0	22.7	26.6	32.9	36.7	41.7	47.7	53.5	65.7
220	8.7	19.6	37.9	80.3	114	226	6.4	19.1	41.3	69.4	114	215	488	763	1311	2290	3703	8755
	12.4	15.3	18.1	21.8	23.8	28.2	11.4	15.2	18.5	21.0	23.8	27.9	34.5	38.5	43.8	50.1	56.2	68.9
240	9.1	20.5	39.6	83.9	119	236	6.7	20.0	43.2	72.6	119	225	510	797	1369	2392	3868	9144
	12.9	15.9	18.9	22.8	24.9	29.5	11.9	15.9	19.3	22.0	24.9	29.2	36.1	40.1	45.8	52.3	58.6	71.9

上行通过流量 G(kg/h)，下行蒸汽流速 v(m/s)

比摩阻 R (Pa/m)	水煤气管（公称直径）						直缝焊接钢管（公称直径）											
	15	20	25	32	40	50	15	20	25	32	40	50	70	80	100	125	150	200
260	9.5	21.4	41.3	87.4	124	246	7.0	20.8	45.0	75.6	124	234	530	830	1425	2490	4026	9518
	13.5	16.6	19.7	23.8	25.9	30.7	12.5	16.5	20.1	22.9	25.9	30.4	37.5	41.8	47.6	54.4	61.0	74.9
280	9.9	22.2	42.9	90.8	129	260	7.3	21.6	46.8	78.6	129	247	551	861	1479	2584	4178	9877
	14.0	17.3	20.4	24.7	26.9	32.5	12.9	17.2	20.9	23.8	26.9	32.0	38.9	43.4	49.4	56.5	63.3	77.7
300	10.2	23.0	44.4	94.1	134	269	7.5	22.4	48.4	81.4	134	256	570	891	1531	2675	4324	10224
	14.6	17.9	21.2	25.6	27.9	33.6	13.4	17.8	21.6	24.7	27.9	33.2	40.3	44.9	51.2	58.5	65.6	80.5
320	10.6	23.8	45.9	97.2	138	278	7.8	23.2	50.1	84.1	138	264	589	921	1581	2762	4466	10560
	15.1	18.5	21.9	26.4	28.8	34.7	13.9	18.4	22.4	25.5	28.9	34.3	41.6	46.4	52.8	60.4	67.7	83.1
340	10.9	24.5	47.3	100	142	286	8.0	23.9	51.6	86.7	142	272	607	949	1629	2847	4604	10884
	15.5	19.1	22.6	27.3	29.7	35.8	14.3	18.9	23.1	26.3	29.8	35.3	42.9	47.8	54.5	62.2	69.8	85.6
360	11.3	25.2	48.7	103	147	295	8.3	24.6	53.2	89.3	147	280	624	976	1677	2930	4737	11200
	15.9	19.7	23.2	28.1	30.6	36.8	14.7	19.6	23.7	27.1	30.6	36.3	44.2	49.2	56.0	64.0	71.8	88.1
380	11.6	26.0	50.1	106	151	303	8.5	25.3	54.7	91.8	151	288	642	1003	1723	3010	4867	11507
	16.5	20.3	23.9	28.8	31.5	37.8	15.2	20.1	24.4	27.8	31.5	37.3	45.4	50.5	57.6	65.8	73.8	90.5
400	11.9	26.6	51.4	109	158	311	8.7	26.0	56.1	94.2	157	296	658	1029	1767	3088	4993	11806
	16.9	20.8	24.5	29.6	32.8	38.8	15.6	20.6	25.1	28.5	32.8	38.3	46.5	51.8	59.1	67.5	75.7	92.9
450	12.6	28.3	54.6	115	167	329	9.3	27.6	59.5	100	167	313	698	1092	1875	3276	5296	12522
	17.9	22.0	26.0	31.4	34.8	41.1	16.6	21.9	26.6	30.3	34.8	40.6	49.3	55.0	62.6	71.6	80.3	98.5

上行通过流量 G(kg/h)，下行蒸汽流速 v(m/s)

续表

上行通过流量 G(kg/h)，下行蒸汽流速 v(m/s)

比摩阻 R (Pa/m)	水煤气管（公称直径）						直缝焊接钢管（公称直径）											
	15	20	25	32	40	50	15	20	25	32	40	50	70	80	100	125	150	200
500	13.3	29.8	57.6	123	176	347	9.8	29.1	62.8	107	176	330	736	1151	1976	3453	5583	13199
	18.9	23.3	27.5	33.7	36.7	43.3	17.5	23.1	28.1	32.5	36.7	42.8	52.0	57.9	66.0	75.5	84.7	103
550	14.0	31.3	60.4	130	185	364	10.3	30.5	66.0	112	184	346	772	1207	2072	3622	5855	13843
	19.9	24.4	28.8	35.3	38.5	45.5	18.4	24.3	29.5	34.1	38.5	44.9	54.5	60.8	69.3	79.2	88.8	108
600	14.6	32.8	63.2	136	193	381	10.7	31.9	68.9	117	193	362	806	1261	2165	3783	6116	14459
	20.8	25.5	30.1	36.9	40.2	47.5	19.2	25.4	30.8	35.6	40.2	46.9	57.0	63.5	72.3	82.7	92.7	113
650	15.2	34.1	65.8	141	201	396	11.2	33.3	73.0	122	201	377	839	1312	2253	3937	6366	15049
	21.6	26.6	31.4	38.4	41.8	49.4	19.9	26.4	32.6	37.1	41.9	48.8	59.3	66.1	75.3	86.1	96.5	118
700	15.8	35.4	69.4	146	208	411	11.6	34.5	75.7	127	208	391	871	1362	2338	4086	6606	15617
	22.5	27.6	33.1	39.8	43.4	51.3	20.8	27.4	33.8	38.4	43.5	50.7	61.6	68.6	78.1	89.3	100	122
750	16.4	36.7	71.9	152	216	426	12.0	35.8	78.4	131	215	405	902	1409	2420	4229	6838	16166
	23.3	28.6	34.3	41.2	44.9	53.1	21.5	28.4	35.0	39.8	44.9	52.5	63.7	71.0	80.9	92.5	103	127
800	16.9	37.9	74.2	156	223	439	12.4	37.0	81.0	135	223	418	931	1456	2500	4368	7062	16696
	24.1	29.6	35.4	42.6	46.5	54.8	22.2	29.4	36.2	41.1	46.5	54.2	65.8	73.3	83.5	95.5	107	131
805	17.5	39.1	76.5	161	229	453	12.8	38.1	83.5	139	229	431	959	1500	2577	4503	7279	17210
	24.8	30.5	36.5	43.9	47.9	56.6	22.9	30.3	37.3	42.3	47.9	55.8	67.8	75.6	86.1	98.4	110	135
900	18.0	40.3	78.7	166	236	466	13.2	39.3	85.9	144	236	443	988	1544	2651	4633	7491	17709
	25.5	31.4	37.5	45.2	49.3	58.2	23.6	31.2	38.4	43.6	49.3	57.4	69.8	77.8	88.6	101	113	139

续表

比摩阻 R (Pa/m)		水煤气管（公称直径）						直缝焊接钢管（公称直径）											
		15	20	25	32	40	50	15	20	25	32	40	50	70	80	100	125	150	200
950	G	18.5	42.1	80.9	171	243	479	13.6	41.0	88.2	148	243	455	1014	1586	2724	4760	7696	18194
	v	26.3	32.8	38.6	46.4	50.6	59.8	24.3	32.6	39.4	44.8	50.6	59.0	71.7	79.9	91.0	104	116	143
1000	G	19.0	43.1	83.0	175	249	492	13.9	42.1	90.5	151	249	467	1041	1628	2795	4884	7896	18667
	v	26.9	33.6	39.6	47.6	51.9	61.3	24.9	33.4	40.4	45.9	51.9	60.6	73.6	82.0	93.4	106	119	147
1100	G	19.9	45.2	87.0	184	261	515	14.6	44.1	95.0	159	261	490	1092	1707	2931	5122	8281	19578
	v	28.3	35.3	41.5	49.9	54.5	64.3	26.1	35.1	42.4	48.2	54.5	63.5	77.2	85.9	97.9	111	125	154
1200	G	20.8	47.3	91	192	273	538	15.3	46.1	99.2	166	273	512	1140	1783	3062	5350	8649	20448
	v	29.6	36.8	43.3	52.2	56.9	67.2	27.3	36.6	44.3	50.3	56.9	66.4	80.6	89.8	102	117	131	161
1300	G	21.7	49.2	94.6	199	284	561	15.9	48.0	103	173	284	533	1187	1856	3187	5569	9002	21283
	v	30.8	38.3	45.1	54.3	59.2	69.9	28.5	38.1	46.1	52.4	59.2	69.1	83.9	93.5	106	122	136	167
1400	G	22.9	51.0	98.2	207	295	582	16.5	49.8	107	179	294	553	1231	1926	3307	5778	9342	22087
	v	32.5	39.8	46.8	56.3	61.4	72.6	29.6	39.5	47.8	54.3	61.4	71.7	87.1	97.0	110	126	141	174
1500	G	23.7	52.8	101	214	305	602	17.1	51.5	111	185	305	572	1275	1994	3423	5981	9670	22862
	v	33.7	41.2	48.5	58.3	63.6	75.1	30.6	40.9	49.5	56.3	63.6	74.2	90.1	100	114	130	146	179
1600	G	24.5	54.6	105	221	315	622	18.0	53.2	114	192	315	591	1317	2059	3535	6177	9988	23611
	v	34.7	42.5	50.0	60.2	65.7	77.6	32.2	42.2	51.1	58.1	65.7	76.6	93.1	103	118	135	151	185
1700	G	25.2	56.3	108	228	325	641	18.6	54.8	118	198	325	609	1357	2122	3644	6368	10296	
	v	35.8	43.8	51.6	62.1	67.7	79.9	33.1	43.6	52.7	59.9	67.7	78.9	95.9	106	121	139	156	

上行通过流量 G(kg/h)，下行蒸汽流速 v(m/s)

续表

上行通过流量 G(kg/h)、下行蒸汽流速 v(m/s)

比摩阻 R (Pa/m)	水煤气管(公称直径)						直缝焊接钢管(公称直径)												
	15	20	25	32	40	50	15	20	25	32	40	50	70	80	100	125	150	200
1800	25.9	57.9	111	235	334	659	19.1	56.4	121	203	334	627	1397	2183	3750	6552	10593	
	36.9	45.1	53.1	63.9	69.6	82.3	34.1	44.8	54.2	61.6	69.6	81.2	98.7	110	125	143	160	
1900	26.7	59.5	114	241	343	677	19.6	58.0	124	209	343	644	1435	2243	3852	6732	10883	
	37.9	46.3	54.5	65.6	71.6	84.5	35.1	46.1	55.7	63.3	71.6	83.5	101	113	128	147	165	
2000	27.3	61.0	117	247	352	695	20.1	59.5	128	214	352	661	1472	2302	3952	6907	11166	
	38.8	47.6	55.9	67.3	73.4	86.7	35.9	47.3	57.2	64.9	73.4	85.6	104	115	132	150	169	
2100	28.0	62.5	120	253	361	712	20.6	61.0	131	219	361	677	1508	2359	4050	7077	11442	
	39.8	48.7	57.3	69.0	75.2	88.8	36.8	48.4	58.6	66.6	75.2	87.7	106	118	135	154	173	
2200	28.7	64.0	123	259	369	729	21.1	62.4	134	224	369	693	1544	2414	4145	7244	11711	
	40.8	49.9	58.7	70.6	77.0	90.9	37.7	49.5	59.9	68.1	77.0	89.8	109	121	138	158	177	
2300	29.3	65.4	125	265	377	745	21.6	63.8	137	230	377	709	1578	2468	4239	7406	11974	
	41.7	51.0	60.0	72.2	78.7	93.0	38.6	50.7	61.3	69.7	78.7	91.7	111	124	141	161	181	
2400	30.0	66.8	128	271	386	761	22.0	65.2	140	234	386	724	1612	2521	4330	7566		
	42.6	52.1	61.3	73.8	80.4	95.0	39.4	51.8	62.6	71.2	80.4	93.8	114	127	144	165		
2500	30.6	68.2	131	277	394	777	22.5	66.5	143	239	394	739	1646	2573	4419	7722		
	43.4	53.2	62.6	75.3	82.1	96.9	40.2	52.8	63.9	72.6	82.1	95.8	116	129	147	168		
2600	31.2	69.6	133	282	401	792	22.9	67.8	146	244	401	754	1678	2624	4507	7875		
	44.3	54.2	63.8	76.8	83.7	98.9	41.0	53.9	65.2	74.1	83.7	97.7	118	132	150	172		
2700	31.8	70.9	136	288	409	808	23.4	69.1	148	249	409	768	1710	2674	4592	8025		
	45.1	55.2	65.0	78.2	85.3	100	41.8	54.9	66.5	75.5	85.3	99.5	121	135	153	175		
2800	32.4	72.2	139	293	417	823	23.8	70.4	151	253	417	782	1742	2723	4677	8172		
	45.9	56.2	66.2	79.7	86.9	102	42.5	55.9	67.7	76.9	86.9	101	123	137	156	178		

续表

比摩阻 R (Pa/m)	水煤气管（公称直径）						上行通过流量 G(kg/h)，下行蒸汽流速 v(m/s) 直缝焊接钢管（公称直径）											
	15	20	25	32	40	50	15	20	25	32	40	50	70	80	100	125	150	200
2900	32.9	73.5	141	298	424	837	24.2	71.6	154	258	424	796	1772	2772	4759	8317		
	46.8	57.2	67.4	81.0	88.4	104	43.3	56.9	68.9	78.3	88.4	103	125	139	159	181		
3000	33.5	74.7	143	303	431	851	24.6	72.9	156.8	262	431	809	1803	2819	4841	8459		
	47.6	58.2	68.5	82.5	89.9	106	44.0	57.9	70.1	79.6	89.9	104	127	142	161	184		
3500	36.2	80.7	155	328	466	919	26.6	78.7	159	283	466	874	1947	3045	5229			
	51.4	62.9	74.0	89.1	97.1	114	47.6	62.5	75.6	85.9	97.1	113	137	153	174			
4000	38.7	86.3	166	350	498	983	28.5	84.1	181	303	498	935	2082	3255	5590			
	54.9	67.2	79.2	95.2	103	122	50.8	66.8	80.9	91.9	103	121	147	163	186			
4500	41.0	91.5	176	371	528	1043	30.2	89.2	192	321	528	991	2208	3453				
	58.3	71.3	83.9	101	110	130	53.9	70.8	85.8	97.5	110	128	156	173				
5000	43.2	96.5	185	391	557	1099	31.8	94.1	202	339	557	1045	2327	3639				
	61.5	75.2	88.5	106	116	137	56.8	74.7	90.4	102	116	135	164	183				
6000	47.4	105	203	429	610	1204	34.9	103	221	371	610	1145	2550					
	67.3	82.3	96.9	116	127	150	62.2	81.8	99.1	112	127	148	180					
7000	51.2	114	219	463	659	1300	37.6	111	239	401	659	1237						
	72.7	88.9	104	125	137	162	67.3	88.4	107	121	137	160						
8000	54.7	122	234	495	704	1390	40.2	119	256	428	704	1322						
	77.7	95.1	111	134	146	173	71.9	94.5	114	129	146	171						
10000	61.2	136	262	554	787	1554	45.0	133.0	286	479	787							
	86.9	106	125	150	164	193	80.4	105	127	145	164							

注：本表摘自 В. М. Спиридонов и др. Внутренние санитарно-технические устройства. Ч. 1 Отопление. М.：стройиздат. 1990.

附录 6-6

高压蒸汽管路局部阻力当量长度（单位：m）

公称直径 (mm)	局部阻力系数 Σζ																
	0.6	1.0	1.5	2.0	2.5	3.0	3.5	4.0	4.5	5.0	6.0	7.0	8.0	9.0	10.0	11.0	12.0
15	0.20	0.33	0.49	0.65	0.82	0.98	1.14	1.31	1.47	1.63	1.96	2.29	2.62	2.94	3.27	3.63	3.96
20	0.34	0.56	0.85	1.13	1.41	1.69	1.97	2.26	2.54	2.82	3.38	3.95	4.51	5.08	5.64	6.16	6.72
25	0.50	0.83	1.24	1.65	2.07	2.48	2.89	3.31	3.72	4.13	4.96	5.78	6.61	7.44	8.26	9.13	9.96
32	0.64	1.07	1.60	2.13	2.67	3.20	3.73	4.27	4.80	5.33	6.40	7.47	8.53	9.63	10.67	11.77	12.84
40	0.82	1.36	2.04	2.72	3.40	4.09	4.77	5.45	6.13	6.81	8.17	9.53	10.90	12.26	13.62	14.96	16.32
50	1.11	1.85	2.78	3.71	4.63	5.56	6.49	7.41	8.34	9.27	11.12	12.97	14.83	16.68	18.53	20.35	22.20
70	1.64	2.74	4.10	5.47	6.84	8.21	9.57	10.94	12.31	13.68	16.41	19.15	21.88	24.62	27.35	30.14	32.88
80	2.04	3.40	5.09	6.79	8.49	10.19	11.88	13.58	15.28	16.98	20.37	23.77	27.16	30.56	33.95	37.40	40.80
100	2.64	4.40	6.61	8.81	11.01	13.21	15.42	17.62	19.82	22.02	26.43	30.83	35.24	39.64	44.05	48.40	52.80
125	3.45	5.76	8.63	11.51	14.39	17.27	20.15	23.02	25.90	28.78	34.54	40.29	46.05	51.80	57.56	63.36	69.12
150	4.34	7.24	10.86	14.48	18.10	21.72	25.34	28.96	32.58	36.20	43.44	50.68	57.92	65.16	72.40	79.64	86.88
200	6.54	10.90	16.35	21.79	27.24	32.69	38.14	43.59	49.04	54.49	65.38	76.28	87.18	98.08	108.97	119.90	130.80

注：本表摘自 В. М. Спиридонов и др. Внутренние санитарно-технические устройства. Ч. 1 Отопление. М.: стройиздат. 1990.

高压供暖系统干式自流凝结水管管径选择表

干式凝结水管径（mm）	15	20	25	32	40	50	76×3	89×3.5	102×4	114×4
形成凝结水时，由蒸汽放出的热量（kW）	8	29	45	93	128	230	550	815	1220	1570

注：干式凝结水管坡度 0.005。

余压凝结水管道水力计算表（$K=0.0005m$，$\rho=10kg/m^3$）

上行：流速，m/s；下行：比摩阻，Pa/m

流量 （t/h）	管径（mm）								
	25	32	40	57×3	76×3	89×3.5	108×4	133×4	159×4.5
0.2	9.711 626.0	5.539 182.1	4.21 87.5						
0.4	19.43 3288.9	11.07 732.6	8.42 350	5.45 109	2.89 20.2				
0.6	29.14 7397.0	16.62 1590.5	12.63 787.2	8.17 245.2	4.34 45.4	3.16 19.6			
0.8	38.85 13151.6	22.16 2914.5	16.84 1400.4	10.88 436	5.78 80.7	4.21 34.8			
1.0	48.56 20540.8	27.09 4555	21.06 2186.4	13.61 681.3	7.33 126.1	5.26 54.4	3.54 18.96		
1.5		41.54 10250.8	31.58 4919.6	20.41 1532.7	10.84 283.7	7.9 122.4	5.31 42.7		
2.0			42.12 8747.5	27.22 2725.4	14.45 504.22	10.52 217.5	7.08 75.9	4.53 23.3	
2.5				34.02 4258.1	18.06 787.9	13.17 339.8	8.85 118.6	5.66 36.3	3.93 13.9
3.0				40.83 6132.8	21.67 1133.9	15.79 489.3	10.62 170.6	6.8 52.3	4.72 20.0
3.5				47.64 8345.7	25.29 1543.5	18.42 666.6	12.39 232.4	7.93 71.2	5.51 27.2
4.0					28.9 2016.8	21.06 869.8	14.16 303.4	9.06 93.0	6.3 35.5
4.5					32.51 2552	23.69 1100.5	15.93 384.0	10.19 117.7	7.08 44.9
5.0					36.12 3151.7	26.33 1359.3	17.7 474.0	11.33 145.3	7.87 55.4
6.0					43.35 4538.4	31.58 1958.0	21.24 682.8	13.6 209.3	9.44 79.8
7.0						36.85 2663.6	24.78 929.2	15.85 284.9	11.01 108.7
8.0						42.12 3479	28.32 1213.2	18.13 372.1	12.59 142
9.0							31.86 1536.6	20.39 471	14.16 179.6
10.0							35.4 1896.3	22.66 581.5	15.73 221.8
11.0							38.94 2295.2	24.93 703.6	17.31 268.2
12.0							42.48 2730.3	27.18 837.3	18.88 319.2
13.0							46.02 3205.6	29.46 982	20.45 374.8

参 考 文 献

[1] 陆亚俊，马最良，邹平华．暖通空调(第三版)[M]．北京：中国建筑工业出版社，2015．

[2] А. Н. Сканави, Л. М. Махов. Отопление М.：Издательство АСВ 2008.

[3] П. Н. Каменев, Отопление и вентиляция. М.：стройиздат. 1975.

[4] 屠大燕，刘鹤年，马祥珺，钟济华．流体力学与流体机械[M]．北京：中国建筑工业出版社，1994．

[5] GB 50019—2003．供暖通风与空气调节设计规范[S]．北京：中国计划出版社，2003．

[6] GB 50736－2012．民用建筑供暖通风与空气调节设计规范[S]．北京：中国建筑工业出版社，2012．

[7] GB 50019－2015．工业建筑供暖通风与空气调节设计规范[S]．北京：中国计划出版社，2015．

[8] GB/T 13754—2008 采暖散热器散热量测定方法[S]．2008．

[9] GB 19913—2005 铸铁采暖散热器[S]．中国国家标准化管理委员会，2005．

[10] GB 29039—2012 钢制采暖散热器[S]．中国标准出版社，2013．

[11] JB/T 7225—1994 暖风机[S]．机械科学研究院，1994．

[12] JG/T 286—2010，低温辐射电热膜[S]．北京：中国标准出版社，2010．

[13] JGJ 142—2012．辐射供暖供冷技术规程[S]．北京：中国建筑工业出版社，2012．

[14] JGJ 26—2010．严寒和寒冷地区居住建筑节能设计标准[S]．北京：中国建筑工业出版社，2010．

[15] Проектирование и монтаж трубопроводов систем отопления с использованием металлополимерных труб СП41-102-98. М.：1999.

[16] 陆耀庆．实用供热空调设计手册(第二版)[M]．北京：中国建筑工业出版社，2008．

[17] В. Н. Богословский и др.．Внутренние санитанро-технические устройства. Ч. 1 Отопление. М.：стройиздат. 1990.

[18] 胡必俊．新型供暖散热器的选用[M]．北京：机械工业出版社，2003．

[19] 王子介．低温辐射供热与辐射供冷[M]．北京：机械工业出版社，2004．

[20] 金丽娜．严寒寒冷地区供暖热负荷计算修正方法．民用建筑供暖通风与空气调节设计指南[M]．北京：中国建筑工业出版社，2012．

[21] 刘孟真，王宇清．高层建筑供暖设计技术．[M] 北京：中国建筑工业出版社，2004．

[22] Н. Т. Ральчук, Палельное отопление зданий. Киев：Издательство Будівельник. 1964.

[23] 郭骏，邹平华．ISO 国际标准低温热水散热器热工性能试验台[J]．建筑技术通讯(暖通空调)，1985，05：20-22．

[24] 倪平．阀门流量系数和流阻系数计算式中量单位的分析[J]．阀门，2010，06：36-41．